CAOYUAN DE LUOJI XU
MUQU TIANYE DIAOCHA BIJI

草原的逻辑 续（下）

——牧区田野调查笔记

郑宏 著

民族出版社

这是一组反映所调查地区近年草原生态状况的照片（拍摄人：韩念勇）

一、定居点。定居点建设在不断发展，但同时，定居点周围的草场退化在不断扩展，春季裸地面积大，表土极易受到侵蚀，夏季虽有植被覆盖，但多被牲畜不喜食的退化植物群落占据。定居点草场退化几乎人所共知，但是扩展范围和速度却被忽视，至今缺乏长期监测数据。

定居点周边布满砾石、牧道的裸地（东苏旗，2013.4）

定居点周边的裸地（东苏旗，2013.4）

定居点周边的猪毛菜退化植物群落（东苏旗，2015.5）

定居点周边的篦齿蒿退化植物群落（阿巴嘎旗，2014.8）

定居点周边的裸地（二连浩特，2015.8）

定居点周边的裸地（阿拉善左旗，2013.5）

二、围栏放牧，踩踏的牧道。围栏改变了牲畜游走采食的习性，在围栏内侧出现密集牧道。草场耐牧性越差，草场面积越小，踩出的牧道越多，裸露地表面积越大，同时草场切分越碎，草场之间的牧道所占比例也越高，这在人口多、草场小的锡盟南部以及实行小区轮牧的地区十分明显。

围栏内侧牧道（东苏旗，2013.7）

围栏内则牧道（东苏旗，2014.8）

围栏内侧牧道（鄂托克旗，2015.8）

放牧小区之间的牧道（鄂托克旗，2013.9）

草场之间的牧道（镶黄旗，2013.9）

草场之间的牧道（镶黄旗，2012.9）

三、围栏门口。围栏门口是牲畜每天进出的必经之路，多被踩成裸地。同样，越是耐牧性差的草场围栏门口，地表被践踏破坏的现象越明显。

（东苏旗，2013.4）

（东苏旗，2013.7）

（鄂托克旗，2015.8）

（鄂托克旗，2012.7）

（镶黄旗，2012.9）

（正蓝旗，2012.9）

四、表土搬运。在耐牧性差的草场，围栏定牧增强了牲畜对草场的践踏，导致表土侵蚀和搬运。其过程是：枯枝落叶层消失—植被稀疏化—表土侵蚀和搬运—草场砾石化和沙化现象分别在不同地形出现。近年来草原上一些地区局地沙尘暴频发，这是表土搬运的极端现象。

表土被风蚀后草根裸露高出地面（鄂托克旗，2015.8）

表土被风蚀后草根露出地面近 10 厘米（东苏旗，2015.5）

表土严重风蚀后草场上砾石遍布（西苏旗，2015.8）

风沙沉积地段草场沙化（东苏旗，2015.5）

表土侵蚀，植被稀疏化，地表凹凸不平，牧民反映在草原上骑摩托车颠簸得厉害了（西苏旗，2013.9）

一牧户从棚圈一侧清理出刮来两年的积沙（阿巴嘎旗，2016.7）

五、植物群落组成简单化。草场退化的标志之一是植物种类明显减少，这容易被雨后牧草生长茂盛的表像所掩盖。下面一组照片是雨后的草场植被状况，远望一片草浪，但近看植被稀疏化和种类组成简单化十分明显。

大针茅与隐子草群落（东乌旗，2013.8）

克氏针茅和小叶锦鸡儿群落（镶黄旗，2013.9）

几乎单纯的针茅群落（鄂托克旗，2015.8）

被沙蒿占据的草场几乎不见其他牧草生长（鄂托克旗，2015.7）

丰雨年对同类草场调查，极少数未退化草场植物组成复杂（左），每平方米内有 20 多种植物（正蓝旗，2013.7）。绝大多数已退化草场植物组成简单，针茅占绝对优势（右），每平方米仅有 10 余种植物（正镶白旗，2013.7）

六、打草场状况。半舍饲模式促进了打草业的发展，最先进的打草机具已进入草原。但是打草场的生态状况却日益恶化，普遍出现优质牧草种类减少产量下降和针茅占据绝对优势的现象，打下来的草喂养牲畜时出现针茅危害。

多数打草场正在植物群落退化、层次简单化，一般仅有两层，只有稀疏的针茅可打（正蓝旗，2013.9）

打草后地表裸露，表土遭受侵蚀出现砾石化现象，加剧了草场的干旱化趋势（西乌旗，2014.9）

多年打草场，每平方米内仅五六种植物（西乌旗，2015.8）

草丛稀疏的多年打草场（锡林浩特，2015.8）

已不多见的以羊草为主未退化的打草场（西乌旗 2015.8）

游牧变成了游草。从内蒙古东部地区向外大量出口的青干草（锡林郭勒盟，2013.9）

七、一二年生植物暴发。遇到丰雨年在一些地方大面积一二年生植物暴发性出现，取代多年生植物。这是以往不多见的。草场一旦被某一种一二年生植物群落占领，其他植物生长就会被抑制，草场质量和生态系统稳定性下降，是草场退化的重要表现，但是容易被植物群落的生物量和覆盖度的提高所掩盖。

几十万亩的篦齿蒿群落（镶黄旗，2013.9）

大面积篦齿蒿群落（锡林浩特，2015.8）

篦齿蒿暴发现象在锡盟东部出现（东乌旗，2013.8）

黄蒿占领几十万亩草场数年不退（阿巴嘎旗，2013.9）

草场沙化后大面积沙蓝刺头出现（鄂托克旗，2015.8）

猪毛菜群落暴发。被风刮到围栏上的猪毛菜（东苏旗，2013.4）

八、沙地草场。围栏定牧制度对草原放牧的不适性在沙地草场表现得最为明显，沙地草场只适宜冬季表土上冻之后利用，草场承包到户后一年四季都在沙地草场上放牧的地方，沙丘裸露现象严重。

一直只用于冬季放牧的沙地草场保持良好状况（克什克腾旗，2013.7.29）

草场承包到户以来被用来终年放牧的沙地草场退化严重（克什克腾旗，2013.7.29）

用于夏季放牧的沙地草场被践踏成裸沙（正蓝旗，2012.9）

九、定牧制度难以抵御旱灾。围栏定牧增加了牲畜对草场的践踏，遇到干旱不能转场，牲畜为采食到足够的牧草，游走践踏程度成倍增加，旱灾与制度不适的负作用叠加。十年九旱，加速草场退化，使草场退化难以逆转。

干旱期间放牧的草场状况（东苏旗，2014.8）

干旱期间放牧的草场状况（鄂托克旗，2015.8）

干旱期间放牧的草场状况（西苏旗，2015.8）

十、植物群落围栏化。由于各围栏内的利用方式和程度不同，整齐划一的以围栏为边界的植物群落在草原上出现，犹如农田景观。这是草场承包到户多年后出现的现象，使草场植被管理和载畜量控制更加复杂化。

围栏左侧是黄蒿群落，右侧是针茅群落（东苏旗，2013.4）

围栏左侧是篦齿蒿群落，右侧是针茅群落（东乌旗，2015.8）

围栏左侧是篦齿蒿群落，右侧是针茅群落（锡林浩特，2015.8）

十一、草原上的粪渣堆。随着草场退化和每年舍饲的时间延长，从棚圈内清理出家畜粪便越来越多，并被集中堆放，中断了草场—家畜的营养循环，这是过去没有的现象。

多年被弃的粪渣（锡林浩特，2013.9）

多年被弃的粪渣（东乌旗，2014.9）

多年被弃的粪渣（西乌旗，2014.9）

十二、禁牧区植被老化。严重退化草场需要禁牧一段时间以恢复植被。但是禁牧时间过长，没有草食动物采食植被也会老化，呈现为另一种退化现象，这在以灌丛为主的荒漠地区十分明显。只放羊不放骆驼植被也会老化。

放牧利用的红沙群落（阿拉善左旗，2013.11.14）

禁牧十一年的红沙群落（阿拉善左旗，2013.11.14）

放牧利用状态下的红沙（阿拉善左旗，2013.11.14）

禁牧十一年的红沙（阿拉善左旗，2013.11.14）

放牧骆驼草场上的霸王群落（阿拉善左旗，2013.5.30）

少量放羊草场的霸王群落（阿拉善左旗，2013.5.30）

目　录

总　序 ……………………………………………………………………（1）

序　言——为《草原的逻辑》（续）而作 ………………… 任继周（1）

前　言 ……………………………………………………………………（1）

草畜平衡区调查 ……………………………………………………（1）

1. B **嘎查调查笔记** ……………………………………………………（3）

1.1 一位牧区走出的老干部讲述 B 嘎查的变迁 ………………（4）

1.2 嘎查老书记谈草畜双承包 ……………………………………（22）

1.3 为了骆驼支撑至今的老骆驼倌 ………………………………（29）

1.4 头脑清晰的老会计 ……………………………………………（35）

1.5 一个中上等户：棚圈盖好了，钱交不起了 …………………（39）

1.6 一个草场被一年生植物吞噬的牧户 …………………………（41）

1.7 后悔贷款盖房子 ………………………………………………（44）

1.8 三年里债务从一万元到二十万元 ……………………………（47）

1.9 住进新房的低保户 ……………………………………………（50）

1.10“土都吹跑了，地皮没有了” …………………………………（54）

1.11 妇女主任遇到新问题 …………………………………………（57）

2. **锡林郭勒盟其他牧户访谈** ………………………………………（58）

2.1 草原监理部门一位官员的看法 ………………………………（59）

2.2 一位苏木监理员的看法 …………………………………………（60）

2.3 阿巴嘎旗一个牧户经历的变迁 ……………………………………（62）

2.4 锡盟东部打草区一位老嘎查长的讲述 ……………………………（67）

2.5 草场宽裕又有400亩饲料地且精明能干的牧户 ……………………（74）

2.6 有一套独特见解的老嘎查书记 ……………………………………（79）

2.7 人多草场少的嘎查里的大户 ………………………………………（85）

2.8 被篦齿蒿包围的人家 ………………………………………………（90）

2.9 见证7.28沙尘暴的一家 ……………………………………………（93）

2.10 老哈的成功经验 ……………………………………………………（97）

2.11 老书记会 ……………………………………………………………（100）

3. 分家分草场带来的问题 …………………………………………（112）

3.1 一个因分家衰落的大户 ……………………………………………（112）

3.2 一个牲畜和草场都没分的大家庭 …………………………………（127）

休牧区调查 …………………………………………………………（133）

4. 大规模集中开发的饲料地 ………………………………………（135）

4.1 赛××嘎查的苜蓿基地 ……………………………………………（135）

4.2 赛××嘎查和草籽场 ………………………………………………（135）

4.3 打造百万亩苜蓿基地 ………………………………………………（138）

4.4 赛××嘎查出租饲料地的两个代表性牧户 ………………………（142）

4.5 赛××嘎查自家草场无条件开地的牧户 …………………………（147）

5. 连续休牧十余年后牧户的情况 …………………………………（150）

5.1 有30亩饲料地，但草场严重沙化 …………………………………（150）

5.2 一个中等户借贷欠款十多万元 ……………………………………（155）

5.3 冬天到黄河边农区走场 ……………………………………………（164）

6. 禁牧搬迁案例 ……………………………………………………………（167）
6.1 房子被推倒的生态搬迁户们 ……………………………………………（167）
6.2 一个拒绝搬迁牧户眼中的牧区发展 ……………………………………（173）
6.3 草场被买断的小夫妻 ………………………………………………………（182）
6.4 新建小镇上的移民户 ………………………………………………………（183）
7. H 嘎查调查 ……………………………………………………………………（184）
7.1 牧区新一代的中坚力量 …………………………………………………（184）
7.2 因病致贫 …………………………………………………………………（194）
7.3 嘎查书记的无奈 …………………………………………………………（198）
7.4 老嘎查长说分了草场后就一年不如一年了 ……………………………（200）
7.5“每天的劳动就是从一个方向盘到另一个方向盘” ……………………（203）
7.6 草场分给了儿子们，老两口去打工当羊倌 ……………………………（205）
7.7 一个大户也开始靠贷款维持 ……………………………………………（206）
7.8“越是干旱草场退化越厉害” ……………………………………………（208）
7.9 贷款还不起，媳妇被迫出去打工 ………………………………………（209）
7.10 种草料喂羊不如只种地 …………………………………………………（211）
7.11 打工难以维持生活，回来放牧又赶上天旱和羊价下跌 ………………（213）
7.12 贷款搞建设 ………………………………………………………………（215）
7.13 被圈养育肥压垮 …………………………………………………………（217）
7.14 饲料地一下子从 60 亩扩大到 200 亩 ……………………………………（219）
7.15“草场不是可以分给个人的东西” ………………………………………（222）

禁牧区调查 ………………………………………………………………………（225）
8. 阿拉善盟关于禁牧的访谈 ………………………………………………（227）
8.1 一位苏木退休领导讲述禁牧的前前后后 ………………………………（227）

8.2 一位原扶贫办干部谈禁牧与脱贫 ……………………………………（231）
8.3 对禁牧有自己见解的老嘎查长 ……………………………………（240）
8.4 由牧转农过程中一个少有的走过全程的蒙古族牧户 ……………（243）
9. 禁牧的“钉子户”们 ……………………………………………（250）
9.1 想拿回草场证 ………………………………………………………（250）
9.2 为了禁牧打官司 ……………………………………………………（253）
9.3“想禁牧都禁不成了” …………………………………………（256）
9.4 离婚的小伙子 ………………………………………………………（258）
10. 十三道梁调查——过度禁牧后草场植被老化严重 ……………（259）
10.1 禁牧8年后又回来放牧 …………………………………………（260）
10.2 禁牧5年但一直在放羊 …………………………………………（264）
10.3 禁牧5年仍然坚持放骆驼和羊 …………………………………（266）
10.4 禁牧5年保留了马群 ……………………………………………（267）
11. 阿拉善W嘎查禁牧调查 ………………………………………（268）
11.1“不要禁牧补贴，允许放牧就好” ……………………………（269）
11.2 植被老化最严重的一小片草场 …………………………………（273）
11.3 退化最严重的草场 ………………………………………………（275）
11.4 老嘎查长谈草场承包和禁牧 ……………………………………（277）
11.5 老书记特别讲到嘎查人口变迁 …………………………………（279）
11.6 放牧是为了给儿子买楼 …………………………………………（282）
11.7 合用草场放牧的三户人家 ………………………………………（284）

牧区其他问题调查 ………………………………………………（289）
12. 三种不同放牧方式下的沙地草场 ……………………………（291）
12.1 草场分季共用的白音××嘎查 …………………………………（292）

12.2 反季节利用草场的呼格××嘎查 …………………………………… (296)
12.3 终年在沙窝子里放牧的乌兰××嘎查 ……………………………… (299)
13. **打草产业链** ……………………………………………………………… (303)
13.1 锡林浩特草市 …………………………………………………………… (303)
13.2 外来打草人 ……………………………………………………………… (306)
13.3 打草区的牧民们 ………………………………………………………… (308)
13.4 牧民们议论打草 ………………………………………………………… (311)
14. **划区轮牧的实验** ………………………………………………………… (317)
14.1 因地制宜而不是照本宣科 ……………………………………………… (317)
14.2 呼伦贝尔的划区轮牧点 ………………………………………………… (322)
15. **牧民合作社** ……………………………………………………………… (324)
15.1 呼××尔合作社 ………………………………………………………… (324)
15.2 鄂尔多斯市阿尔巴斯山羊合作社 ……………………………………… (335)
15.3 想建立合作社，但力不从心 …………………………………………… (340)
15.4 共享饲料地的合作社 …………………………………………………… (343)
16. **草原上的奶牛村** ………………………………………………………… (348)
16.1 B 奶牛村…………………………………………………………………… (348)
16.2 C 奶牛村…………………………………………………………………… (355)

结 语……………………………………………………………………… (362)

总　序

本书《草原的逻辑》（续）分上下两册，是继《草原的逻辑》（4 册，2011 年出版）的续集。不同的是，2011 年的那套丛书是对牧民和来自不同学科的诸多专家的采访，汇集了众多人的认识。在其基础上，本书是对牧民访谈的原始记录和作者在调研中获得的认识的梳理。本项调研的范围是内蒙古草原的纯牧区，针对的是当前草原生态和牧民生计状况的关系。之所以选用与 2011 年出版的那套书的同样书名，是因为所针对的仍然是牧民、牧业、牧区在社会转型中遇到的一些独特问题，这些问题几乎无不涉及草原生态与牧民生计的关系，展现着牧民、牧业、牧区发展中特有的逻辑。

也正是自 2011 年，国家实施了草原生态补奖政策，在草原生态治理和牧民生计方面不断加大投入力度，在一定程度上使草原生态得到恢复，牧民生计得到改善，但同时也遇到许多新的问题和挑战，这些新问题和新挑战仍然反映着生态与生计之间的冲突，这种冲突有时是在变换形式和转移，有时还在加剧，我们的关注焦点也在随之转移和延续。同时，所调查和研究的具体问题也大都是 2011 年出版那套丛书时，在我们头脑里留下的许多待解的疑问，可以说这本书是 2011 年那套丛书的认识的继续深入和扩展，所访问的牧户中有许多也是在原来基础上的跟踪追访，采用的方法也依然是以牧户访谈调查为主。

本书的上册是我们对问题和现象寻根溯源所获得的认识的梳理，是我们对自己存在的诸多疑问探寻到的答案，这些认识仍然是阶段性的，因为社会转型仍在过程之中，特别是摆在牧民面前的是各种矛盾交织在一起的十分复杂的问题，远远超出我们的知识范围。调查和梳理的过程是我们自身的学习过程，认识或表达中的不成熟之处或许比比皆是。下册的内容以牧户访谈记录为主。牧民生计是草原所有相关政策的出发点和归宿点，他们的实践和处境是对所有相关政策的检验，也是我们取得一切认识的源泉，故牧民访谈录是本书与读者分享的不可或缺的基础部分。我们也深感仅有几年的对部分地区的牧户调查，而缺少全面的对牧民生计和草原生态的长期跟踪监测，具有局限性。我们把自己梳理出来的阶段性认识和素材来源一并与关心草原的读者分享，以期共同继续探寻草原的逻辑所在。草原是一本读不完的天书。

在我们调研和认识过程中，得到了来自各方面的帮助和支持。首先需要感谢的是在启动这一项目时得到了白爱莲老师的大力支持，是她意识到草原问题研究的重要性和长期性，坚定支持深入到牧民之中的调研方向，才使我们有可能进行了连续十余年的调研。在她离开岗位之后，她的几位继任者和同事也都给予了我们大力支持，在此一并致谢。在过去的5年多的时间里，我们走访了500余牧户，每一位受访牧民（包括牧民出身的干部）对我们认识草原牧区都给予了不可替代的帮助，是他们的经历和讲述，积累起我们如今的认识，也成就了这本书。在此意义上这本书的原作者是他们。他们是我们难以一一致谢的一个庞大群体。其中需要专门致谢的有：那木吉勒策林、策登扎布、乌尼孟和、毛牧仁、曹勒孟、白音昌、额尔敦乌拉、纳日松、吴巴图、马巴依尔、巴图那顺、豪布斯哈力图、豪斯巴依尔、斯琴巴图、布和础鲁、布仁巴依尔、苏仁格尔、宝音、布和、布和格日勒、赛音朝克图、布和吉雅、旭日干、巴依尔、刚苏和，他们为我们提供了大量宝贵的信息，在不同地方为我们做向导、翻译、司机或协助日程安排，帮助我们克服了各种困难，确切地说是他们和我们在一起工作，他们是我们在草原上奔走过程中交结的良师和挚友。在此，我们还要致谢的是许多同仁，他们之中有学者、志愿者、政府官员，他们长期关注草原，或从事内蒙古草原牧区的研究，或参与有关政策的制定，从他们的著作中或与他们的交流中，我们得到了许多启发，受益匪浅。他们之中有：恩和、额尔敦布和、海山、达林太、敖仁其、呼格吉日图、特力更、豪斯巴伊尔、李文军、王晓毅、郑易生、周立、胡敬萍、王中宇、张孝德、易津、陈继群、李兵、张倩、荀丽丽，特别是刘书润老师多年来一直参加我们的野外调查工作，虽年事已高，但不辞辛劳，兢兢业业，在草原植被调查中提出了许多重要见解和判断，对我们深入认识草原给予了极大帮助。还要感谢乌尼尔、苏日娜、莎丽玛、曹嘉诚、戴鹏参加了我们部分外业调查工作，给予了我们的宝贵支持和帮助。我们还要感谢的是我们所在学会的领导和同仁：张小艾、顾龙沙、苏琳真，他们在业务和后勤方面对我们的调研课题做了大量指导和支撑工作，否则无法想象多年来我们的工作该如何顺利地按计划完成。最后，我们要感谢任继周院士。任先生已 94 岁高龄，思路依然清晰敏锐，高度关注着草原牧区发生的一切事情，他虽然手头有大部著作待完成，还是用了三个半天仔细地听完我们的田野调查报告，并欣然为本书作序。

韩念勇

2017 年 11 月于北京

序 言

——为《草原的逻辑》（续）而作

内蒙古草原是欧亚大草原目前仅存的历史孑遗，有无可取代的自然的和人文的价值。

欧亚大草原是人类文明的摇篮，人类文明从这里出发，在欧亚大草原的西头，从原始草地畜牧系统发展为现代草地农业系统，即以欧洲为代表的现代农业系统。在欧亚大草原的东头，就是内蒙古草原。这里发生着草地畜牧系统和耕地农业系统的历史性纠葛，即两者之间的系统耦合，孕育着新的中华农业文化的草原文化分支，它为我们折射了草原地区人类文明发展历史。

2011 年末，正当我主编的《中国农业系统发展史》接近脱稿的时候，韩念勇先生约见，并送来他所编著的《草原的逻辑》四卷。我迅速披阅这套丛书。我所关心的草地畜牧业与耕地农业的历史纠缠问题赫然入目。这四卷的第一辑就是《草原的逻辑——警惕新名义下的农耕扩张》。

六年以后，2017 年，正当我编著《中国农业伦理学导论》的时候，他又完成了《草原的逻辑》（续，上下两册），并花了三个半天，借助视频实地影像，为我详尽地讲解了这部丛书的丰富内涵，为我送来了一餐丰盛的人生晚宴。我说是人生晚宴，因为我已经 94 岁了，这餐带有苦涩的菜肴特别珍贵。

韩念勇先生长期任职于“中国人与生物圈国家委员会”，曾兼任《人与生物圈》杂志主编，退休前他和他的团队就在草原牧区做过一些调研，退休后他和他的团队继续关注草原牧区，尤其聚焦于内蒙古草原。这两部文集，都是草原牧区现场调查研究的记录，第一手资料的萃集。有文、有图、有人，有情节，新鲜而生动，带着草原气息。我们常说十年磨一剑，这个文集的编著所下的功夫应不在十年以下。当我阅读和聆听这些资料的时候，不禁为之动容。它与当前流行的报刊调查文献截然不同，它以罕见的朴实、厚重，忠诚地记录了人、畜、草地这个社会生态系统的当前处境和遭遇。这是扣之有声的金石铸成的历史。

内蒙古的草原畜牧系统与华北的耕地农业系统的界面相连，演绎着漫长的故事。远在春秋战国时期，以农耕为取向的晋国就与北边的游牧民族有着生活、生产和军事的全面接触，发生了不自觉的系统耦合。史载赵武灵王学习“胡服骑射”的故事就发生在这里。但这只是历史长河中的小小泡沫，我们无暇长谈。我们只说说近、现代的事。农耕系统与游牧系统的系统耦合，在内蒙古发生了新的系统，这就是农牧业系统，这个新系统导致伦理学容量的扩大。在生活节奏缓慢的传统农业社会，其伦理学容量的扩大，从物理学层面的物质容量，发展到精神层面的伦理学容量，经过了约3000年之久。在农耕系统的山西，我们都知道晋商曾富可敌国，他们的票号在清末民初一度遍布全国。但考察他们第一桶金的获得，不是“走西口”，就是“下关东”，几乎无一例外。这两个走向都可与草原畜牧系统实现系统耦合从而获取效益，同时也汲取了草原文化的勇于进取和冒险犯难的文化基因，结出了晋商文化硕果。

内蒙古草原畜牧系统，也与农耕系统密切融合。至今内蒙古的通用语言与山西方言相同，可见两者融合之深之透。内蒙古草原游牧系统从农耕系统获取有益资源的同时，也使草原畜牧文化达到新高度，在草原游牧民族勇于进取和冒险的文化基因基础上，汲取了晋商精于计算的长处，发生了新的草原文化。这个新的文化尽管还没有引起足够关注，但今天我们所见到的内蒙古现代大型产业的勃兴，如以伊利、蒙牛为代表的牛奶业，以鄂尔多斯为代表的绒毛业和以草都、蒙草集团为代表的草业等，都可跻身世界大型企业行列。如上溯其文化渊源，应与此新的文化有关。但内蒙古的农牧文化并没有就此停步，它汲取了工业化和后工业化文化，继续前行，已经进入准现代化草原社会系统。我称之为准现代化草原社会系统，是因为它与现代化社会还有相当大的差距。

2016年内蒙古的GDP处于全国第六位，其一、二、三产业的比例是8.8%、48.7%、42.5%，其中第一产业所占比重不到9%，其中还包含了农、林、渔业，草原畜牧业所占份额很小。这片古老内蒙古草原的91%的财富，已经被其他行业所占有。每一个行业都有自己的界面，他们的界面之间发生复杂的系统耦合，取得能量或称财富的爆炸式增长。现在的问题，已经不仅是农耕与畜牧两个产业系统的耦合问题，而是多系统、多界面的矩阵式系统耦合。但不论怎样繁复多变，最后都直接或间接地与草原血脉相通。内蒙古草原承载了现代社会系统建设的重负。这本文集中，有大量事实说明，不论多么曲折、多么隐蔽，资源的涓涓细流都出自内蒙古大草原这个生态系统母体，而社会对草原的反馈却远远不足，内蒙古草原处于困境之中。

本书揭示内蒙古草原犯了双层非正义行为的伦理错误。

伦理错误之一是忽视了社会发展中的非主要受益方或受害方的生存权益。凡是不同生态系统的系统耦合，无论自然生态系统还是社会生态系统，都使系统质变为新的、高一级的系统而解放生产力，推动系统发展。其推动主体为系统耦合的主要受益方。但系统耦合与系统相悖总是相伴发生，是不可分割的一个事物的两面。在系统耦合造就主要受益方的同时，系统相悖则引发非主要受益方或受害方。前者往往处于优势地位，表现为社会的进步势力。后者则处于劣势地位，表现为保守势力。两者之间的争论成为社会永恒的话题。但是伦理学的中度原则告诫我们，永远不要忽略系统相悖的负能量，即非主要受益或受害方。聆听系统相悖非主要受益方甚至受害方的呼声，这是弱势群体的求生信号。世界的乱源，古今中外，莫不与系统相悖的处理不当有关。因此我们不应该把系统相悖全然视为系统进化无关的负值。只有负值得到消减，正值才能稳增。伦理学的重大任务之一是对系统相悖的弱势一方予以较多的关注和深刻理解，保护他们的权益，建构社会公平、维护社会正义，促进社会稳定发展。在内蒙古以91%的效益获得者给不到9%的弱者适当反馈应该没有困难，但他们把这一重大伦理责任遗忘了，至少是关注不足。

伦理错误之二，为农耕系统向草原畜牧系统的强力入侵。且不说内蒙古草原将大约1.5亿亩的优质草原转换为耕地，作为产粮大户，参与了北粮南运的大军。更在仅余的部分草原上，抄袭农耕地区“土改”的方式，强行把草原分包到户。把“人居—草地—畜群放牧系统单元”肢解为碎块。牧民和畜群宛如生活在囚禁之中，演绎着一系列悲惨故事。这本文集对这一过程的详尽、忠实的描述，必将作为社会伦理凌虐案例铭刻于中国农业发展史中。

我们必须认知“人居—草地—畜群放牧系统单元”对于草原上蒙古民族的重要意义。其中包含的人居、草地和畜群三者的友好相处与和谐发展。这是一个草原畜牧业与社会生态系统的天然结合，不妨引用现代语义，称其为“草原牧民生态合作社”。在这里不但人居过着集体生活，草地和畜群也群集为人居群体服务。这与一家一户的农耕民族生活方式存在断崖式区别。任何草原建设忽略或破坏了这个放牧系统单元，就从根本上毁灭了草原社会生态系统，将人居、草地、畜群三者统统置于死地。而现行的草地承包措施，正是对草原社会生态系统的致命一击。

这里暴露了我们农耕民族的无知和偏见。恕我引用一句老子说的分量很重的话：“不知常，妄做——凶！”①

韩念勇先生在向我介绍他们的工作时说，2011 年《草原的逻辑》（四辑）出版后，引领他们继续开展调研的三大问题是：1. 如今草原放牧业发展中大量顾此失彼现象的发生过程和背后原因（机理）是什么？2. 草原放牧业与它所依存的生态系统发生了怎样的冲突？草原放牧生态系统是否存在不可触动的底线？底线是什么？3. 生态（环境）与生计（发展）是否能够兼顾（耦合）？如何兼顾？

我在这里可以毫不迟疑地回答，问题的总根源就在于从根本上破坏了“人居—草地—畜群放牧系统单元”，这个现代语义的“草原牧民生态合作社”，就是不可碰撞的底线。破坏这个底线无疑是对准现代化草原社会系统命门的致命一击。

让我们深刻反省“无知妄做”所犯的历史罪过，以新的伦理观拯救人类文明的发源地，欧亚大草原的孑遗，促使它完成后现代化的草原社会文化的转型，重新构建“人居—草地—畜群放牧系统单元”或现代语义的草原生态合作社。

拯救内蒙古这块欧亚大草原的孑遗，到了刻不容缓的时候了，因为在内蒙古的局部地区，“人居—草地—畜群放牧系统单元”已经被摧毁，人、家畜和

① 任继愈：《老子绎读》，第十六章，36 页，北京，北京图书馆出版社，2006。

草地都如生活在囚禁之中，他们的饮泣之声已隐隐可闻。

写到这里我忍不住再向世人提出赤诚叮咛，为了珍视、拯救这块欧亚大草原的孑遗，今后任何对内蒙古第一产业的投入，务必以有利于恢复或重建“人居—草地—畜群放牧系统单元”这一要素为依归，否则不但徒劳无益，反而徒增遗患。

也许有人质疑，你要我们回到“逐水草而居”的原始游牧时代吗？不，现代化的“人居—草地—畜群放牧系统单元”，已经在西欧有所体现，甚至像荷兰、爱尔兰这样的小国，仍依然保留了它的内核，没有抛弃放牧，他们创造性地把它纳入新型现代农业系统而呈现全新的式样。智慧的内蒙古人有没有可能创造类似的“内蒙古版”？我们应有充分的信心。

感谢韩念勇团队为我补上了这充实、动人的一课。

任继周

序于涵虚草舍

2017 年 8 月

前　言

访谈笔记的整理从2013年就开始了，断断续续到成书的2017年，延续了4年多，内容既包括了2015、2016年的新笔记，也有对2010年甚至2008年的一些材料的整理。拖延的大部分原因源于作者的拖延症，但在这个过程中却也不无收获。因为事情总是不断发展的，一些原本只在臆想中的事情得到了事实验证，一些原本自以为正确的观点又受到了新问题和新事实的冲击与挑战。草原就是这样一片土地，无论是刮风下雨出太阳还是草场的丰茂衰败，变化都是急速的，生活在其中的牧民们的变化也同样迅速，甚至有些问题的出现让当事者措手不及，还没想出应对方法，新的问题又跟着来了。

经历了2010—2012年的好年景，2013年的雨水差强人意，2014年一些地方开始了用牧民的话说是几十年不遇的连续旱情。大部分区域整个春天都没盼来一滴雨水，七八月的草场原本一片葱绿，却仍满眼枯黄，一些地方的牧草几乎没有返青。2014年，干旱的同时牲畜价格开始持续走低，2015、2016年，盼望中的畜产品价格回升没有到来，许多咬牙坚持宁可不卖牲畜也不想贱卖的人家都坚持不住了，只能低价售出牲畜，售卖价格甚至还不到之前饲喂成本的一半。在好年景开始的一系列基础建设、投资再生产和逐渐提高了的消费水平都让牧民们原本就捉襟见肘的生活更加紧张。同时饲草料和草场租赁的价格又在不断上涨，这让牧户们的生计更是雪上加霜，高利贷与贷款都比之前更加普遍，许多家庭就在循环往复的借贷、还贷中耗尽了仅有的积蓄，“羊吃人”在旱情严重的地方开始成为一种常态。

作为调研队伍中最年轻的一员，我主要承担记录工作。除了记录，还被赋予了“门倌”的“职称”，就是在草场上从一家到另一家时，不断从车上下来打开网围栏门，车过去之后再把门关上，有时一天光是重复开门关门就得几十次。在一般人的印象中，草原就应该是一望无际的，而实际上，自从 1984 年草场第一轮承包后，就开始有家庭陆陆续续把自家草场用铁丝网围栏围了起来，到 1997、1998 年草场二次承包时，拉网围栏逐渐开始成为常态。网围栏不仅给牧民们带来了他们描述的“草场围起来就被牲畜踩坏了”或“草场纠纷变多了”这些问题，即使我们这些外来调查者也备受网围栏的困扰。从一个牧户到另一个牧户，往往要经过两道以上的围栏，有时顺着草场上一条碾压出的路走着走着却发现“此路不通”，明明是条路，却被围栏截断了，而且周边都找不到可以打开的门。要不是每次调查我们都请当地牧民做向导，恐怕我们立刻就会陷入围栏的围困中了。

在着手整理笔记时，我先对这些资料进行了通读，一方面困扰于资料的繁杂琐碎，一方面却在“一边做一边学”中对我们的工作方式有了一定的心得。

当然，田野调查牧户访谈势必有一定的导向性，这与我们的项目假设目标相关，也与我们在调查前对问题的初步判断相关，但实际操作中却很难按照预定的问题照单进行，因为每户人家都有他们特别关心的问题以及特殊情况，有的人家里有病人，有的人家里饲草料赊账还不上，有的人家里贷款买房买车，有的人家里孩子读书花了一大笔钱，有的分到的草场地势不好，有的草场无水，每天要远道拉水，有的分家后败落下来……更多的人家则是跟你念叨着雨水、年景、牲畜价格这些事。想要用一套规范明确的问题照单提问，并获得一套完整的统计数据，那几乎是不可能的，也是脱离现实的。若是那样，我们能够拿到的将是一份经过我们单方面筛选的片面结果。所以我们在更多的情况下是，走进蒙古包或房子，坐下来，喝一碗茶，闲聊一会儿，慢慢打开局面后，更多的是以倾听者的身份，以在倾听中继续追问的方式展开访谈，并记录下一切。

牧民的声音是非常重要的，他们处在生产的第一线，是与充满了不确定性的自然打交道的人，他们眼看着草场上发生的一切变化，具有长期监测的性质，不同于外来者的即时所见，也不同于某几个点上的监测仪器的读数。他们认定的事实和感受应当是制定政策最原初的依据，而他们的原话是真实情景和多面生活的展示。

当然，由于这种特殊性，我们很难要求一个牧民在访谈中只谈一件事，只谈他对某件事的意见，所以几乎每一篇访谈都是多话题的、复杂的，这反映了真实生活的复杂性，也给我们最后的梳理归纳带来很多挑战。

在众多的访谈记录中，锡林郭勒盟苏尼特左旗的B嘎查和鄂尔多斯市鄂托克旗南部的H嘎查是我们较为系统调查的两个嘎查，也是最让我感觉难以下手整理的。因为往往涉及牧户日常生产生活的收支数据，看起来每一家收支条目似乎都差不多，话题中心不外乎年景、牲畜、钱，而具体到各项生产成本和支出上，被访谈者往往只能给出一个大概的范围，比如一两百只羊、两三万元等，但是在数字之下却隐藏着各家不同境遇背后的各不相同的原因，这让每一篇访谈看似大同小异，细读下来可发现包含极大的信息量，可解读的部分异常丰富。在尝试了进行数据统计、事实综述等整理方法之后，最终我们决定，最大限度地保留访谈原文，同时对我们的访谈时间、背景加以交代，让读者们能够跟着我们一起走入牧户，直面最真实的语言和问题。这也是我们除了不厌其烦地跟每一户牧民算着收入支出，还尽量不遗漏地记录了其他零零碎碎各种细节的初衷。

除了牧户访谈，我们还增加了对草场植被的调查，如对一年生植物的暴发现象的调查、共用草场与承包草场的对比，还有一些专题性的调查，如牧区的饲料地调查、奶牛村调查、禁牧区与草畜平衡区的调查、休牧和划区轮牧调查、打草产业链条、羔羊育肥等，最终的田野笔记虽然已尽量囊括，却不免还是挂一漏万。

最终成稿大致按草畜平衡区、休牧区和禁牧区将调查记录归类，这也大致与内蒙古的东部、中部和西部地区分别吻合。但也有些交叉情况，例如在中部地区也有禁牧案例的调查。另外将打草专题、划区轮牧专题等单独列出，也有一些牧户专题访谈会特别拿出来，作为能多角度反映牧区问题的个别案例。不过即使这样，也很难避免各个分块里话题的重复及阅读上的重复感，这是整理的难处，也是笔记的特点。

在此，还要感谢协助我们工作，给了我们各种支持的牧民们。我们的工作展开往往是从一家一户开始，谈到投契时，主人家甚至自发承担起我们的司机、向导和翻译的任务，陪同我们在他所在的嘎查进行访谈调查，周边听到消息的人们不断赶来跟我们谈话，接着又会有其他嘎查甚至其他苏木、旗县的牧民闻讯而来，接上我们继续走，我们的工作也在这种接力中不断丰满和全面起来。我们访谈过的许多的牧民则跟我们成了好朋友，保持着持续的电话联系，这样，即使我们远在北京，也能不断得知哪个地方刮了大风，哪个地方起了沙尘，哪个地方又干旱或下雨了，这也对我们的不断回访起了非常关键的作用，比如应该何时对哪个地区针对什么问题进行追访和回访。对牧民朋友们的帮助我们没有更多能做的事，只能以出版笔记的形式转达他们的声音。

行文中，对具体嘎查名字和牧户名字进行了省略式表达，只保留了首字，希望对大家的阅读不会造成困扰。

郑宏

2017 年 11 月于北京

草畜平衡区调查

1. B嘎查调查

苏尼特左旗的B嘎查在2013年被我们纳入系统调查清单。其实这个嘎查早在2006年就已经是我们草原调查的一个点，2006年这个嘎查刚刚遭遇多年未见的旱灾加大风，整个春季和夏季一直干旱，直到7月还滴雨未下，整个地区遭遇严重打击，很多牧户成了无畜户，有的背上了沉重的债务，这场旱灾让全旗贫困户从2005年的372户直接增加到2007年的1329户。很多牧户回忆起那时的情景都还心有余悸，他们说："草场上光秃秃的，就算每天把羊放出去，也只是溜达，什么都吃不到，羊都乏得不行……干旱还不算，还刮大风，两三天羊圈就得清理一次，要不然很快就会让沙子堆满了，沙尘暴一刮起来啥都看不到，沙子落到羊身上，必须得两个人把羊倒拎起来把沙子抖掉，要不然本来就乏得厉害的羊根本就站不起来了……沙子落在羊毛里，太阳底下一晒，沙子把羊毛一块块烫掉了，露着红乎乎的肉，天一变冷羊可受不了，还得用麻袋布片绑在羊身上，给它们穿衣服……"很多牧户不得已选择了走场，却往往是赶着羊出去，两手空空地回来，羊都被抵了租草场和买草料的钱了。

当时我们的调查重点是草场承包与蒙古马的消失，对这种灾害状况及原因并未过多关注。2008年、2010年，随着不断回访，我们对那次大灾进行了各种追访和分析，并将其与草原承包制度结合起来进行了思考，这也促成了我们最终将B嘎查作为一个全面进行入户访谈的点展开工作。B嘎查位于苏尼特左旗，是荒漠草原与典型草原的过渡区，近几十年经历过从大集体到牲畜草场双承包，在承包到户的前提下又进行过统分结合的经营模式。又经历过2000年年初的休牧政策，目前实施的是草畜平衡政策。

在几个平年之后，2012年，锡盟普遍降雨丰沛，很多地方甚至久违地出现了一个个水泡子，一些本来几乎成了光板地的草场又重新长出了草。姑且不论那些草的性质（一年生、多年生、对牲畜的适口性和营养等），B嘎查一片欣欣向荣，羊的肚子也都是圆滚滚的。2013年，我们对嘎查的85户牧户进行了挨家挨户的入户调查。

这里仅选出部分调查记录分享给读者。当然，粗略读过后不难发现，每家似乎都是那些事，卖牲畜、买草料、租草场等，细读却能又发现各家都有与众不同的故事。要从这些故事中总结提炼出共性当然重要，但是走进一个个牧户家，摆在你面前的是看似七零八落的碎片故事，没有耐心去听这些故事，共性是无从提炼的。而各家的这些不同的故事也提醒我们，现实本就是如此复杂的。

2013 年 3—4 月 B 嘎查牧户调查情况

- 调查牧户：85 户（使用草场户共 92 户），嘎查户口登记 1984 年 64 户 187 人，2013 年 120 户 380 人
- 调查涉及人口：315 人（占总人口 83%）
- 调查涉及草场面积：92 万亩（占承包草场面积的 94.5%）
- 调查结果：2012 年 12 月牲畜（85 户）：25488 头只（32820 羊单位），大畜比例 7.3%，合 28.1 亩/羊，草畜平衡允许载畜量 15350 羊单位（60 亩/羊），现实载畜量是规定载畜量的 2.14 倍，超载牧户达到 95%。

1.1 一位牧区走出的老干部讲述 B 嘎查的变迁

策登××今年已经 78 岁，曾任 B 嘎查的会计、书记，旗政协副主席。作为一个牧民出身的基层领导，经历了草原上的互助组、合作社、人民公社至牲畜草场承包几个时期，见证了政策和环境变迁，他将自己的经历和认识整理出版为《巴彦塔拉草原历史变迁纪实》一书。第一次结识他是 2008 年在北京的一次关于牧区问题的研讨会上，老人在众多专家出席的会议上，说起牧区的事情如数家珍，且对当下实行的政策有着诸多独特的见解。其后的这些年，我们每年几乎都要见上一两次，或者在他牧区的家里，或者在他呼和浩特市的家里。他亲眼见证了牧区的几次重大变迁，比如解放后从互助组到初级社，又到人民公社的过程，人民公社解体后承包制的实施、草场退化和生态治理，直到如今的半放牧半舍饲，他甚至做过很多大胆的尝试，比如承包后在他所在嘎查展开了“统分结合”的一系列探索，尝试过集体种植饲料地和饲料加工，牧民

办冷库，如今又在启动建立合作社，有行动也有思考。最终我们还将他的家乡——B 嘎查作为我们进行逐户访谈点的重点。要把这位老人这些年的访谈资料整理出来是件不容易的事情，却非常有价值、有分量，在这里我们尽力将多次访谈做一简单的梳理，与读者分享。

现在的草场不是以前的草场，生活也不是以前的生活了。要我说，牧民们是比原先富裕自由了，可最好的年头不是现在。我从一个牧民到嘎查长、嘎查书记，再到苏木书记、旗政协副主席，草原上的这些变化都是我眼看着一步步过来的。1951 年，我 13 岁，那时的草场跟现在完全不同，又高又密实，一些地方的草比我还高，当时几乎所有地方都可以打草。河滩地上的芦苇还有芨芨草更高，骆驼走进去就看不见了。后来我长大了些，能去打黄羊了，应该也就是 1960 年左右吧，草还跟黄羊背一样高呢，成千上万的黄羊群，人蹲在草里就能藏起来，站起来冒出头打，它们转身就跑。

旧草年年吃不完，地上剩下厚厚一层枯草，开春时候接羔子，都不需要专门打草喂羊羔，从蒙古包走出去一点就能撮起黑黑的枯草，足够喂羔子了。1958 年我们还去阿巴嘎那仁宝拉格打过草，草特别高，不好打，我们就直接搂枯草，光枯草就有半尺厚，当时我们几个小年轻偷懒不打草就拿那个交账。这种发黑的枯草都是枯了好几年的，软软的，有营养，还能保温，这样第二年青草就能早早返青，哪像现在，别说什么黄羊了，就是满地跑的小耗子都能看得清清楚楚的，地上就剩了沙子、石头，有时候春天不下雨等到六七月份草场还返不了青。

1966 年我们这儿大旱，之后慢慢地枯草就不多了，以前是到处都有枯草的，那之后有些地方就没有了。不过我们白音塔拉的 4 万亩打草场到 90 年代还有枯草呢。如果说以前的草场 100% 都有枯草的话，2000 年前有枯草的草场可能不到 30% 了。到 2000 年沙尘暴之后，别说枯草，连草都没了，以前的草场覆盖率是 70% 的话，那之后裸露出来的地皮都能占 60% ~70% 了。2006 年大风灾后就更厉害了。没了草之后，风就吹得厉害，土都被吹走了，草根突出来就让太阳晒死了。如果能好好管理，先把草场围起来一两年，后面只让大畜进去的话，估计有三五年、十年的可能会恢复吧。现在草太稀拉了，尤其是针茅，以前一丛针茅能长 100 条叶子的话现在只有 30 条了。

2012 年雨水好了出的事儿是，针茅都长出来了，但是挺高的针茅牲畜还不愿意吃。以前也有针茅，也挺多的，但是马多就能把针茅踩掉。比如进冬营盘之前，让马先跑几趟，马的尾巴就能粘一大团狼针，毛茸茸的，它们不怕。现在没有马了，狼针都成灾了，扎羊的皮子和嘴。过去针茅下面的细叶子多，上面针就少。后来是细叶子越来越少，狼针的茎越来越粗，针也越来越多。原来脚下的地方能数得出的草有二三十种，现在只剩七八种了。

我们第一次从草场生态和牧民生计角度进入东苏旗调查是 2006 年，刚经历过大旱和风灾的草场上大部分是光秃秃的，随处可见沙子被吹走后留下的砾石。随行的草原生态专家解读道，东苏旗草场属于荒漠化草原与典型草原的过渡区，土壤相对较薄，就应该是这样的景观。而策登 × × 的描述中，1960 年前的草场不仅没有砾石化，甚至还能有厚厚的枯草层，这让我们无法想象。应该说，在 2012 年以后，我们才意识到枯草层对草原和牲畜的重要意义，而今梳理以往的访谈笔记时却发现，早在 2008 年的访谈中，他已经对枯草层有过描述，并未引起我们的注意。这又让我们深刻体会到了那句话："有时问题就摆在眼前，只看你是否有发现问题的眼光。"2013 年，我们的队伍将"枯草层"作为一个专门问题进行了相对系统的调查，之后队伍中的生态专家提出，枯草层应该作为一个重要的草场退化程度指标纳入现有的草场健康状况评估体系中。

2014 年 8 月的一天我们跟着策登 × × 来到七八十年代还是嘎查的打草场的一片草场上，这里地势比较低，能够汇聚雨水，相比周边草场来说算是条件较好的。据策登 × × 回忆，大集体的时候这里的草能够及腰，枯草层也是非常厚的，而在我们面前的草场，枯草估计不足 1%，显然还都是雨水冲来而非自身凋落的。

以前生活简单，没钱，但也没什么花钱的地方，牧区太分散，什么都缺，离农业远，离工业更远，物资交流少，都是用毛皮做衣服穿，布匹都很少。我还记得我小时候，每年入冬都要组织几个小伙子一起走阿音（商贸驼队）。我们草场上有个盐湖，夏天把结晶出来的盐花捞出来，冬天就用骆驼拉出去换粮食和茶叶回来。一趟来回要花半个月的工夫，整个冬天就这么走个三四趟的也就过去了。平时要买日常用品都靠从河北张家口来的商队，商人们赶着毛驴车，拉着茶叶、衣服、粮食过来，一般都是春天来，也拉着帐篷，一边走一边做生意。他们卖的东西都得用牛羊直接换。我记得 1951 年左右，一双靴子就得用一头两岁牛去换，一只大羊只能换到一块砖茶。现在看来是极不公平的，但是因为草原上交通太不方便了，出去一趟市集怎么也得走上一个星期，所以没法跟这些商人们讲价钱，只能是他们说多少就是多少。不过这些商人们在一定程度上还是起了很大作用的。

我爷爷说，旧社会草场是王爷的，牛羊是各家自己的，牲畜多的牧民可以把牛羊租给牲畜少的人代放，也就是我们说的“苏鲁克”，一群基础母畜租出去，除了一定要保障这群母畜的数量之外，牧主和接受“苏鲁克”的牧工一起分这群牲畜生下的羊羔或牛犊子，给牧工多少分成都由牧主来定，除了奶和绒、毛等畜产品之外，牧工分到的很少，能得 10% 的小畜就算不错了，90% 都是牧主的。草原上真正一家能有几千头牲畜的都是少数，当时牲畜多了没用，花钱的地方又少，不用养大批牲畜卖钱，每个人维持一两百只羊的水平也就行了，够吃，能换点衣服粮食就够了，要不然劳动力需求就太大。

草原上灾害多，很可能一场大灾一家人就没了牲畜，只能靠给人家放苏鲁克，再慢慢重新发展自己的牲畜。牧工通过辛勤劳动有可能多年后变成牧主，同时牧主也可能一夜之间就成了牧工，所以牧区的剥削也不那么厉害。大家都这么说，蒙古人不多，见到一个人就高兴得很，穷也好富也好，没有互相歧视，啥人来了都给吃的住的。旧社会没有现在的嘎查或者大集体时候的大队，但是有跟这规模差不多的组织叫巴嘎，下面是几个“阿拉温”，大概 10～15 家牧民一个阿拉温，共用一个饮水点，上面有什么任务下来的时候，就落实到这一层面来完成，算是基层组织。1947—1951 年解放期间，行政组织大概换了五六次，都是上面政府定的，不过换来换去也都是为了执行上面的指令。

说说互助组和初级合作社。1946 年我们东苏旗人民政府成立，第一任旗长就是牧民出身，还参加了乌兰浩特的内蒙古人民政府的成立会。我们这儿先是实行了互助组的制度，按照以前牧民们合作的习惯。合作开始是临时的，牧民们在接羔、剪羊毛或者打井、打草等需要较多人手的时候聚在一起干活，干完就走人，只是生产互助。后来发展成了长期互助组，每四五家组成一个互助组，参加或者退出都是自愿的。牲畜还是属于各家，但是放在一起，劳动力在这几家里统一调配，比如每十天换一次班，轮流放羊，腾出劳动力去干别的。草原上讲究五畜，就是绵羊、山羊、马、牛和骆驼，那时候不是家家都有所有种类的牲畜，而是每家都有绵羊和山羊，绵羊用来吃肉，山羊用绒和毛，另外还会有四五十头牛用来挤奶，骆驼和马则有专门人家来养。因为骆驼和马跑得远，跟其他牲畜放不到一起去，就有些人家帮其他家庭代放骆驼和马，需要用马和骆驼时就去群里抓，其他人家则代马倌、驼倌家放些肉食羊。

到了 1954 年，这种互助组的组织形式比较严格具体了，在政府号召下，也开始用法律形式来确定合作关系，牲畜仍然还是属于自己的，不用入股。不愿意参加合作的牧民可以自由退出。互助组的命名就是某某某的互助组，用领头人的名字命名。那时候穷的富的都愿意互助，因为对大家都有好处。这个阶段，除了这种劳动的互助，还有了“新苏鲁克”制度，也就是放牲畜上的互助。这可是个好制度啊，跟以前的苏鲁克差不太多，也是凭着双方自愿的原则，但是由政府出面规定分成比例，牧工和牧主对小畜分成比例，从原来的一九分变成了六四分，或者由苏木政府出面协商工资。没有牲畜的人通过这种牲畜互助的新苏鲁克，很快就能发展起自己的畜群，牧主也能通过把牲畜外租出去减少劳动压力的同时获利，牧民们的生产积极性变高，日子也好起来了。从我们嘎查的情况看，1946 年的时候，我们嘎查是

35户，117人，7316羊单位，每户平均260羊单位，人均62羊单位，比较富裕的有2户，牲畜1560头只，人均260羊单位。上中牧民是6户，户均590羊单位，贫困27户，户均82羊单位，没有无畜户。

1956年，牧民入股的初级合作社开始了，还订了章程。那时的合作社包括了信用社、供销社和牧业合作社，可以自由选择加入。供销社负责买卖，帮牧民把牲畜卖出去，买牧民缺的东西进来，定价比以前那些外省来的商人公道得多，如果需要的话，牧民还可以借点钱。信用社是可以存钱和贷款的，根据入股多少年底还有分红。牧业合作社就是在以前互助组基础上的生产合作，自由入股，也能分红。我们嘎查经历初级合作社的时间并不长，前后只有两年左右。跟后来的人民公社不一样，这时候你的牲畜是不离开你的，比如你有100只羊，50%入股了，如果每年你的羊群生50只羊羔子，那么25只羔子就是你的，25只是属于合作社的，但是羊还是让你来放，并不拿走，25只属于合作社的羊羔所产生的利润上交合作社，用来做一些建设、打井等公共事业。到了年底，合作社盈利了，这25个羔子的利润也会用分红的办法发给你。当时有的富户和牧主入了好多呢，好几百只羊、牛、马。因为要把财产拿出来，也有些富户不愿意参加。我家当时6口人，每人交5元入股以后，可以贷款，也可以贷货，就是从供销社拿货物先不给钱。

那时候很好，每年都要开社员代表大会，代表是从入股人里按一定比例选举出的，监督、选举和财务公开都是在社员代表大会上公布，供销社有专门的监督委员会，是牧民和国家干部搭配的组织，算集体企业。牲畜入股方面，那时候乌兰夫说了，自留牲畜是自愿的，你想留多少都行。一般家庭入股的数量就是自家牲畜的40%～45%。你入股的牲畜也还是你个人的，国家统计的时候也都算你个人的，主要是经营方式上的合作，但是这部分牲畜的收益分两部分，一部分叫公益金，比如谁家出了什么事故大家来帮助，还有年底分红等等，另一部分叫公积金，是用来补贴生产的，比如要买点集体的机械等。

我觉得初级合作社是非常好的，当时订立的章程我还保存了一份，社员的责任和权利都很明确，牧民自愿加入合作社，也可以退出，生产上各家合作，同时还能有自己的牲畜，而且有专人分工打井、打草，或者是跑买卖这类的事儿，方便了很多。原来的互助组只有劳动力的合作，没有公共资金和公共事务的统一管理。初级社好就好在有了集体经济的力量，比如能买打草机了。过去一个打草机1000多元，谁能买得起呢？一只羊才能卖八九元。还有集体的供销社，不会经营的牧民能有个分红的经济来源。很多老百姓其实不那么会经营，有了合作社，带头人说怎么做就怎么做，不用考虑那么多。那时候牧区主要的凝聚力还是在有经验的老人、有威望的人身上。

策登××所说的“初级社”阶段，我们在牧区一些60岁以上的老人那儿还能偶尔听到一些追忆，年轻些的甚至四五十岁的中年人就对那个阶段几乎毫不知情了。我作为一个刚接触牧区问题的年轻人，之前对牧区组织形式的理解就是牧主牧工时代—人民公社大集体时代—承包，而现在却有了更加细致系统的了解。策登××在几次访谈里都谈到并给予了这个阶段极高的评价，这也让我们在讨论现代合作社时，与策登××所回忆的初级社以及基本被全盘否定的大集体相比，有了一个更加适合的参照。

人民公社阶段。1958年7月，很突然，上头说要“一步跨进共产主义”，要开始搞高级合作社了。我们谁也闹不清楚到底什么是共产主义，反正所有牲畜都变成公共的了，有些以前没入社的牧户牧主忽然被拉进来，谁反对就要斗谁。这个高级社我们还没来得及弄明白，同年11月又突然开始实行人民公社了。就这么着，我们嘎查的互助组也没啦，初级社也没啦，高级社还不知道是什么呢，也都没啦。听说有的嘎查连初级社都没经历过，就一下进入高级社和人民公社了。

1959年，人民公社开始了。公社就是“一大二公”（指人民公社的两大目标，第一规模大，第二公有化程度高），所有牲畜都是公家的，无论是当初初级社的时候入社的还是自家的自留畜或者是那些没有入社的牧民家的牲畜，谁不同意就批斗谁。如果说互助组和初级社时候的合作是自愿的话，这时候虽然也是合作，但是属于强制性的了。整个公社的劳动力都被打散，重新安排工作。全锡盟减少了三分之二的苏木，我们东苏旗的11个苏木被合并成了5个公社，一下就乱套了，出了很多问题。

比如牲畜合群，我们家当时把其他牲畜都收走以后，给分了一个100多头牛的牛群放，可这些牛原来是属于好多家的，牛都认识自己家，每天不用跟着放牧，早上挤完奶，放出去自己吃草，到晚上就自己回来了。可这时候不行啦，白天晚上都要有人看着，不然就都跑回各家了。其他牲畜也是类似情况。

实行公社化以后，必须完成上面要求的头数增长任务。羊倒是发展得很快，听说外头都在搞大跃进呢，我们这儿也跃进。1959年一年我们嘎查增加了5200多头只牲畜，为了达到增产目标，牲畜不让吃也不让卖。我们家6口人，以前过冬至少也要杀十几只羊的，这时候只能杀一只羊。没办法，做饭的时候只能把肉切碎了星星点点地放进去，比现在城里人吃肉还省。那时候菜倒是多，土豆啊白菜啊不知道哪儿来的，粮食也多。

各家的财产也都变成了公社的了，我当时是会计，统计出一共有207样东西都从私有变成了公有，镐头、铁锹、锅、盆、剪子、绳子、麻袋、粪筐、骆驼粪筐、毡子，甚至蒙古包，缺啥都去各家拿。

第二年也就是1960年吧，外地人开始大批进来打黄羊了，这是从来没有过的。之前牧民虽然也打黄羊，但都是一只两只地打，挑着公的和老的打，母的和小的都放了，从没这么大规模地打。听说是因为内地饿饭必须找吃食，上面给地方下的任务。我们大队也派了一年打1300只黄羊的任务，打完交上去，必须完成。外地人都是开车来，找我们带路，晚上车灯一亮，眼前都是黄羊，就用枪扫射，再把黄羊成车地运走。一辆车一天能打二三百只。开始的时候黄羊没见过汽车，也不懂，车上的大灯一亮起来，就都齐齐站住回头看，后来让打得远远看到汽车就跑。我们除了带路，自己也打，公社里组织小伙子们带枪出去。那段时间眼看着黄羊就少了，什么只打公羊、不打母羊的传统等等也都顾不上了，逮着就打。黄羊那时候真是救了我们的命了，你想啊，一年一家只能分一只肉食羊实在是过不下去的，不打黄羊就真没得吃了。从那以后，连着打了十来年吧，把黄羊都打没了。

也是1960年，内地农民一下穷得厉害了，没饭吃，大批往草原上跑，听说内地饿死不少人，牧区至少还能吃着肉。当时我们全嘎查才有150多人，一下子就安排了76个内地的农民。这些人干不了别的，只会种地，于是三四月份，上面给发了双铧犁，把这些人集中在一起，成立了农场，让他们开地种粮食，嘎查又拿出18000元支援这些新来的人。这些人没日没夜地种地干活儿，一共开了10000多亩地，可种了两年地，啥也没种出来。怎么可能种得出来呢？我们这儿又缺水，地又生，结果就失败了。但是草场一旦开了就不好恢复起来，到现在都已经过去50年了，还能看到那一万多亩开过地的痕迹呢。当时各大队都这么干的。

1961年七八月份，农场实在支撑不了，就拉来一批小猪崽子说要养猪。牧区啥时候养过猪呢？眼看猪崽很多都冻死了，后来又运到其他地方去了，那些外面来的农民有些跑回老家去了，有些最后还是留了下来。要我说，这些失败也是必然的。本来我们这儿就是牧区，不是能种地的地方，这是老一辈人都知道的常识。别说开地了，以前连动土都是不允许的，听说成吉思汗的法典里都有规定，动土的人是要受罚的，严重的要砍头的。以前蒙古包搬家走前都得把挖开草皮盖炉灶的地方填平弄好的，男人们在草原上小便都不能站着，必须跪下一条腿，就是怕小便会把草皮冲开，破坏了草场，更别说开地种粮养猪什么的了。这都是不尊重自然、不尊重传统的结果。

1962—1966年，种地失败的人该跑的都跑了，制度上大家也开始慢慢适应，1966年是牲畜最多的年头，人均100多只羊。但是刚适应了一些，“文化大革命”又开始了。牲畜死的死跑的跑，很多牛都跑到别的地方去了，人们天天忙着革命和造反，损失太大了。一直到“文化大革命”结束以后才慢慢开始好起来。

1975年直到1984年分牲畜之前都很好，政策也稳定，每个大队都积累了几十万元的公共资金，遭灾也有应对能力，有车、有拖拉机，基层干部为牧民服务的水平也提高了。当时我是大队书记，确实干了不少事。打了14眼土井，两口大口井，8口机井，基本解决了人畜饮水问题。大队还建了修理部，培养了两三个管机械的人，专门修拖拉机、柴油机。建了大队办公室、仓库、兽医站、两个配种站、4个药浴池。1978年成立了饲料基地种草种树，并且专门划出了4万亩抗灾基地，用围栏围了起来，留着抗灾。1981年我自己设计，给100个蒙古包都安了板床，1984年还给每个蒙古包安了风力发电机，并且给每个人都上了合作医疗保险。大队4次请大夫给牧民体检，还办了中学，请了国家的老师，我儿子就是大队的中学毕业的。当时光是集体积累的资金最高时候就达到四五十万元，如果能延续至今，还不得有1000万了，那还有什么事情是做不了的呢？要说这段时间有什么不好的话，主要就是管理问题，有些嘎查对那种懒汉混日子还能拿工分的事儿反应很强烈。其实说到底，牧区的主要问题就是管理问题，好好管理的话，大集体是很好发展的。

1983年，承包开始了。人民公社建立的时候就很着急，解散的时候也着急，刚刚发展好了一点就被解散了。

听得出来，策登××虽然对公社化阶段有着诸多意见，但是集体对公共事业投入的能力和价值是无法否定的。这与我们对一些老牧民和老畜牧干部访谈得出的结论是一致的。与内地农区很多地方大集体公社化时的“大锅饭”问题不同，牧区因为劳动对象是活生生的牲畜，出工不出力的结果可以非常明显地显现出来，那就是牲畜死亡和繁殖率低，这也让牧区对公社化阶段的抱怨更多集中在了对个人自由的限制而非对“大锅饭”不公平的质疑上，同时也证明了牧区比农区更加适合集体经营。

草畜双承包阶段。1983年，第一轮承包开始了。我们牧区承包跟农区不一样，因为我们这儿不光有地，还有牲畜。第一轮承包主要就是针对牲畜的，我们嘎查1983年分牛和羊，1984年分马和骆驼。我们是把牲畜都折合成钱，按照整个嘎查的人口和劳动力平均分配。比如你们家里应该能分价值5000元的牲畜，你要马也可以，要羊也行。有8户以前是马倌，只要了马，骆驼除了每户分了一峰之外，剩余的都给了一户人家，现在那户牧民还养了100多峰骆驼，这在全旗也是少见的。分牲畜的时候我们开了一个月的社员大会，一多半牧民都是不乐意的，尤其是其中有十来户入社的时候牲畜比较多的，有的是牧主，有的是中牧，他们的意见就大了，说这里头有他们当初的牲畜，应该考虑照顾他们，先还给他们那部分，然后再分。没有牲畜或者牲畜不多的人就不同意，说：如果你们要拿走的话，我们分的就少了。最后上面没有明确说法，我们也没别的办法，只能不考虑入股的事儿，都按照劳力和人口平均地分下去了。

对于当初入股的牲畜如何处置，各地都有自己的处理方法，在我们的调查里，有的是先退还入股牲畜，将剩下的再进行分配，有的是不考虑这部分，完全平均分配。但是不考虑入股牲畜的分配方法在策登××的嘎查里埋下了很多隐患，直到2010年我们调查时牧民们仍然试图通过各种渠道向上反映这个问题，这也无形中影响着如今的牧民合作和合作社的建立。

牧民不是人人都会经营的，尤其大集体的时间那么长了，都是服从领导听指挥干活而已。这阶段各家没有那么多自己的牲畜和财产，也没有完全自主经营过全部牧业生产和草场，现在分了以后，有些人家觉得总算自己能做主了，很了不起，就把牲畜都卖了；也有些人，认为以前成立公社时就是突然把牲畜收走的，怕政策再变再把牲畜收回去，就急急忙忙把牲畜用很便宜的价钱卖掉，钱用来喝酒、买摩托车花了。从1984年承包了牲畜，短短两年时间，我们嘎查就有18户把牲畜差不多卖光了。眼看这样不行，我就把这18户叫过来给他们做3年规划，把嘎查的牲畜作为铁畜交给这些牧户去放养经营。嘎查里实行一个党员管理两户的办法，监督这些无畜户养多少、卖多少牲畜，接多少羔子。3年以后，我们嘎查就没有无畜户了，最少的人家也能有20多个牲畜。所以说，牧业最重要的就是统一管理，不管理不行啊。

在我们的调查中，很多老牧民尤其是一些退休的嘎查长和嘎查书记都有过类似表述，认为放牧是需要统一经营和管理的。因为放牧是需要跟自然打交道的，必须具备相当广的知识和丰富的经验，不是每一个牧民都有能力应对的，就如同不是每个人都能经营整个公司都能自己当老板一样，放牧需要组织化管理。

牲畜分下去没多长时间，上面又下文件，要求承包草场。当时还有个法律性文件，说可以联户也可以单户经营。我们牧区一向都适合联户经营的嘛，不可能分成一家一户的，这样也能节省劳动力。所以我们组织了22个畜群组联户经营，草场的冬春营盘和水井大概也都分了一下，几家合用一口井，没有划分各家的草场界限，但是每家大概多少亩草场是有数的。第二年发现一个问题，牲畜多的人占草场就多了。当时旗里面规划一只羊31亩地，超过的话就会对草场不好。之前的联户经营，各家大概的草场面积是有的，我们就根据这个定了牲畜头数，如果你家牲畜太多了，超过了自家应该有的草场面积，占了别家草场，就要给人家补偿。那时候是要交草场费给嘎查的，一亩5分钱。如果你的羊多了，就得替羊少的人交这个草场费。承包以后就没有集体收入了，只能靠草场费来搞公益建设和解决办公费。

那时候一亩地2分钱，最多1毛钱。收草场费的政策正式实施是1990年5月25日，自治区下了二次改革的文件，要求收草场费，一直持续到2000年后停止牧业税的时候。1990年我是苏木书记，上面派了一个工作组在我们苏木搞试点，进行第二次草场有偿承包。之前是无偿承包的，这时候开始有偿承包了，每年按照承包面积给嘎查交草场费，其中30%上交给旗里，苏木不要。

虽然说交草场费对牧民来说有一定负担，但还是有道理的。草场是集体承包给牧户，不是无偿给牧户，那牧民就得对集体负责，包括保护草场的责任，不能随便出租草场等等。停交草场费以后这个承包关系就没了，我承包大队的草场不交费，还能出租草场收钱，就乱了。

当时虽然说草场承包给牧户，但基本都还是按照小组使用的，有些小组内部还做了一些建设，比如几家共用的棚圈等。嘎查有规定，各家可以围栏，圈一些过冬的储备草场等，但不能超过自家应有草场面积的25%。因为大牲畜还要走呢，你各家都围起来了，骆驼群、马群怎么办？当时的骆驼群、马群跟以前集体的时候一样，是集合了全嘎查牧户们的大畜，平时混群放，要骑马使用的时候就去抓。所以你围了草场限制了这些大畜走动的话，也等于是限制了自己的牲畜。骆驼、马这种大畜跟羊可不一样，总不能也给算成吃多少斤草、占几亩地吧？

二次承包到户，我们嘎查还是坚持留下了一部分公共防灾草场和饲料地，我给我们嘎查的这种模式总结了一下，就是统分结合。

实际上统分结合是我们国家宪法里都有的，宪法里就说了我们国家农村是包产到户、统分结合的双层经营模式。那时候中央一号文件也有，都说了要坚持这个原则。河北那一带，我听说来往的人也都说了，一分就乱套了，仓库也让抢了，拖拉机都是你一个轱辘我一个，其实谁都没用啊。

虽然从2005年我们第一次进行草场调查时就已经关注到草场退化与承包制度的关系，但是策登××谈到的关于承包带来的这种细致入微的影响和变化才是深刻反思的依据，尤其值得关注的是巴彦塔拉嘎查这种“统分结合”的尝试。

从1984年第一轮承包开始，我们嘎查就在做这个“统分结合”，后来我也总结了一下，嘎查有五件事情要统一管理：

一是统一管理抗灾，不管谁遭了灾，嘎查都进行统一指挥和管理。我们把4万亩最好的防灾草场围起来，受灾时就能调配，主要给大牲畜用。这片草场有专人管，使用的人按一头牲畜30元交费，收上来的钱用来维护这块草场的网围栏和做公共事业。这也是大队内部用市场手段维持公共服务的一种做法。收费的意思并不是现在的那种租草场，这片草场是你的租金就归你，而是建立公用抗灾草场，你进来使用就要交维护费用，草场费也是大家一起统一使用。如果真的想靠租草场赚钱，就不是只交这一点使用费了，就完全放开让外来牲畜进来了。遭灾的时候，围栏里的草这么好，花多少钱也有人愿意把牲畜放进来。所以这种抗灾草场收费跟现在的那种租草场完全是两个概念。同时，大队用积累下来的公共资金盖了储草棚，平常储备上25万公斤草，遭灾时用。棚子是铁制的，草存在里面不会放坏。遇到实在抵御不了的灾害时，嘎查会帮着联系草场和组织搬家。1989年雪灾，我们全嘎查走场到锡林浩特附近，孩子、老人和蒙古包用三台拖拉机和汽车统一送过去，其他人赶着牲畜走。当时大队的车和拖拉机还没分，有专门的拖拉机司机，工资从嘎查的公益金里出。牧区最薄弱的环节就是抗灾。所以在分牲畜的时候，我们的合同里就明确了，遇到灾害时必须听嘎查的指挥。

二是配种。嘎查里有一户专门养种公羊，别的牧民使用一个（只）种公羊，就给这户人家一个（只）公羔子作为酬劳。引进新的种公羊，以及相关的技术鉴定等都由嘎查负责。如果由改良站挨家挨户上门服务可不行，那样成本太高了，也管不过来。

三是兽医。家家户户没有这个技术啊，于是每户交点钱，由嘎查专门配备了技术员，准备了药品，为大家洗羊、打针等。药浴池等也是统一管理的，牧民分成几组集中洗羊。这些费用由全大队的牧户一起分担，各家并没花多少钱，而且兽医上门服务，一次就把所有的病羊都看了。现在要自己开车或者雇车去找兽医，花的钱就太多了。

四是饲料基地。嘎查最初有300亩饲料基地，种的都是玉米，打了几口机井，这些饲料地没有承包，要统一管理。种出来的玉米牧民必须买，每一户都有青贮池子，每年收割下来切好了就给家家户户送过去。嘎查雇一个人看着，草分下去，钱收上来，养这块地和种地的人，由大家共同受益和共建。

五是发展科学养畜的技术。比如西门塔尔牛、其他改良的品种牛，等等。这种科学改良单家独户干的话，摸不清楚方向，也掌握不了新技术。集体组织集体管理的话，能够成规模，请技术员也便宜。

这种“统分结合”的模式运行了15年，直到1998年，都没出什么矛盾，尤其是牲畜承包之后效果特别好。我们嘎查因为实行的是双层经营制度的大承包，跟初级社有点像，牲畜是各家的，牧民困难时有集体帮助。当时中央还专门派人去调查了五六天，我们被评为内蒙古的头一个文明嘎查，还在中央做了汇报的。我们白音塔拉嘎查的资料，在河北保定地区的报纸头版都登了。但是1998年，整个内蒙古出台了一个要求牧区落实承包草场的管理条例，法律文件一出来压力就更大了，我们一直坚持到了2000年，正好原来订的合同也是到2000年，把草场彻底分给了各家。

彻底分了以后，原来有些畜群点建立的设施棚圈等又在内部分，还拆了很多设施，浪费了很多。各家开始拉网围栏，矛盾也多了。一家一户拉围栏，亩数不多，钱数不少，差不多每家都得花了十几万，没钱就贷款。本来应该更好保护和经营的，结果却越来越难管理，这就是利益问题了。以前牲畜也都是个人的，也没那么多矛盾，可是草场划分了，拉了围栏就是我的了。以前这一大块草场，虽然纸上写了有你多少有我多少，但是大家一起用，现在我的就是我的，你不许用。其实牧区整个草场是可以智慧地靠合作来调剂和平衡的，你非得给个人，就不对了。人一坏（自私了），别的事情就都坏了，草场退化还能恢复，人坏了（自私了）就回不来了。

牧区一般都是缺水的，我们嘎查从1962年开始打井。分了草场后，最大的问题就是水源。如果分到没有水源的草场，又不能去别人家的草场用水，只能买车、买桶去拉。人畜天天都要喝水，方圆十几公里没水，又打不了深井，一天要拉多少水，一年要花多少钱啊！没有了集体，我们的饲料基地也被河北人弄走种土豆赚钱去了。2002年上面给配了大型的喷灌机让种饲料，一年后，就被和旗领导有关系的外地人拿去种土豆了，1600亩地就成了农地。

还有一块始终没分的集体草场，有10万亩，当初承包草场时有规定每个嘎查可以留出一定百分比的公共草场。承包到户之后，这部分草场用租用的名义给了个人，租金只有市场价格的十分之一都不到，原来的防灾作用也就彻底没有了。

2012年开始生态补奖，国家给草场发补贴了，这10万亩怎么办？光是休牧补贴那一项，每亩1.5元，就是15万元。草场是大家的，法律规定是每人平均都得有份，可这块草场又没承包。是明知承包有问题还继续把这块草场分下去，还是让一些手里掌握权力的领导占了这一块草场的补偿？我很担心。

B嘎查的统分结合强调的是“集体的服务功能”，当然这种统，已经是在承包前提下的统，许多需要合作需要统的，尤其是草场，已经被分了，集体也少了原有集体经济组织的能力，想要再做大的公共建设和服务已经很难了，但这种尝试仍然有着不可忽视的价值，尤其对当下正在进行的牧民合作社的探索。可惜的是，这种有限的统也仍然没能走下去，这也是让策登××觉得最遗憾的一点。

之前小组放牧的时候，毕竟每个小组的草场面积还是比较大的，而且遇到灾害的时候，嘎查还是会出面帮助协调到别的地方走场，可草场完全承包到户以后，再也不能走场避灾了，就算要走场也只能是各家自己联系，花钱租草场。随着草场越来越差，每家每年花在抗灾上的钱越来越多，就越来越穷了。

我记得以前灾也多，但是能走场，能不能成功避灾就要看放牧的经验还有运气了。比如1957年大雪灾，全旗死3.9万头（只）牲畜，我们这儿因为走场选的地点好就没遭灾，一只羊都没死。1959年下了三天冷雨，突然下起来的，我们嘎查死了3000多只羊。1963年雪灾，全旗死了4.5万头（只）牲畜，我们到阿巴嘎旗走场了3年，牲畜基本没损失。

雪灾虽然可怕，但是如果草料能供得上，还可以扛过去，旱灾的损失其实更大。旱灾会导致牲畜繁殖率低，膘情受影响，来年卖价低，羊毛羊绒质量也会下降。以前羊的个头大、体质好，不容易得病，过去没有那么多兽医，牲畜生病了用针放放血、吃点草药也就好了。现在兽医倒是多了，可病也越来越多，花钱治还不一定治得好。不知道是不是跟草场不行了草种类变少了有关。

牧民们也都说，以前大集体没什么思想负担，很简单，活儿干完了就没事了。现在呢？牧民说，东西是多了，有汽车有房子了，但思想也复杂了，买饲料、租草场、卖牲畜、买兽药，什么都得自己操心，这些都是从承包开始的，集体的事儿没人管了，人心也都变了，各家顾各家的，各种开销也越来越多。过去说生产长一尺生活长一寸，现在完全颠倒过来了。上面给的项目给的钱，就是给牧民盖房子，只能盖房子。以后牲畜价格再降，牧区就垮了。这些房子都白盖。现在形式主义比以前还厉害。来个领导三天盖了三间文化站。现在每个嘎查都要盖一个文化室，买了多少多少书，牧民多忙呢，一年开不了一次会，过去一趟看书还得花油费。好多都是上面积压的东西，送到牧区了，名声挺好的，都是汉文的，牧区有多少人能看汉文书呢？但每个嘎查还必须有，好听嘛。现在就是要求好听、好看。

当官的来了就从苏木旗里拿点东西来摆摆，他们走了就都拿走了。我们老人就看不惯这些，我们是实实在在真正干事情的。我们旗里开会说下乡多少人次什么的，也不管下去干嘛，就宣传这个。过去60年代的时候，我们大队来过三个下乡干部，在大队住了一晚上就去蒙古包了。我们那时候有个贫困户家里孩子多，有个干部就去他家住了一个多月，连家里的毡疙瘩都给补上了。那还是个厅级干部，给他家解决了问题。他家的孩子看到还说他都带着小手枪呢，要不都不知道是个大干部。那三个干部下乡是真正调研呢，待了两个多月都没人知道。现在一个干部下去就前呼后拥的。

有些刚成家的小伙子，没有生活经验的，乱花钱。以前大队的时候就有这样的户，那时候我们两个月发一次钱，他们要是乱花钱还会骂他们。现在没人管了，好多小伙子都进旗里住旅馆打麻将了，人还是要管一管说一说的。现在的大户要不就是牲畜品种好，或者能租到大草场，或者能有水浇地。但是这里面就有不少不公平的问题了。

现在鼓励以消费拉动经济发展和预期消费贷款消费，“生产长一尺生活长一寸”似乎已经成为过时的消费观念，由嘎查领导来掌管个人生活消费更是不可接受的事情。然而，在脆弱多灾的草原上，如何把握好消费与生产的关系是至关重要的，如今草原的退化与两者关系的失控不无关系。

我活了这么多年，现在回头来看的话，还是初级合作社的时候最好，既有个人的自由自主，又有合作，又有公共的服务和集体经济的力量，草场也好，也能走场避灾，我觉得这种模式才最适合草原。

现在草场补贴发着，草场租金也越来越高，听说呼盟那边一亩草场都能20多元了，这样都不用放牧了，我们这儿现在也差不多一亩能租8元、10元的了，出租草场倒是比放牧还好，不用干活就能拿钱，只是这样租草场，草场越来越差。而且前面连着十来年，牲畜价格越来越高，我觉得我们牧区没有什么实质发展，都是价格发展，结果2014年价格一下来就都不行了。有些人家光想着牲畜价高的时候了，比如家里有200只羊，觉得秋天一个羔子能卖1000元，就先贷款20万买了辆车，结果秋天干旱羊价掉下来，这一家就都完了。这样的事儿也多了。

现在一些人提出要做牧民合作社，其实我们以前一直都是在合作的嘛，如果没有80年代的承包，牧区到现在也都是合作的呢。第一轮承包的时候，我也想过要做合作社，可是没有任何法律依据。中央很多文件都提到，嘎查的政治管理和经济管理应该分开，可分开了又缺乏真正的集体经济性质的组织，结果公共服务就没人做了。以前我们嘎查有五个功能的，其中就有可以盈利的服务功能。像我们嘎查，有10万亩公共草场，完全有能力靠获得收入来提供服务。

嘎查是个村民自治组织，合作社是个经济组织。合作社完全可以聘请外面的经理人来经营，而不见得让嘎查领导兼任。我们的宪法里有规定，合作社是经济组织，嘎查村民委员会没有经济功能，我不知道内地有没有。

只是现在要把合作社做起来难度就大啦，人心都变了，也很难找到带头人了，而且现在需要合作的关键环节是生产环节。都说东苏旗羊肉好，好在哪儿，就是生产上。好的产品好的羊肉才能搞后面的销售。现在的合作社都是不支持生产方面，光搞销售合作，上面的政策也是，只鼓励销售合作。咱们国家的合作社法也是只强调流通环节。

1.2 嘎查老书记谈草畜双承包

老书记苏××是B嘎查首屈一指的大户，这与他的清晰头脑和在他家长式的管理下大家庭一直没分家有关，也与他处于嘎查领导位置能够看得更加全面有关。他经历过大集体的年代，又亲身参与了牲畜承包与草场承包在嘎查落实的过程。现在，能够清楚回忆起这个过程的老人已经越来越少，更遑论他这样处于嘎查领导位置、经历过这个过程的人了。

牲畜承包与草场承包

我今年（2013年）60岁，1973年开始当干部，到2006年9月退休。承包的时候是按每个劳动力分2400亩，18岁以下每人1800亩，（那时）全嘎查105万亩，60多户。

大集体的时候我们嘎查是比较富裕的嘎查。承包之前牲畜2万多头（只），承包以后，到1998年、1999年的时候最多有4万多5万头（只），2000年以后就不行了，牲畜数量就下去了，之前还是可以的。主要就是管理问题，集体的时候管理好，承包了以后家家都是自己管自己的，有的管得好有的不行，都不一样。

牲畜承包的时候，我们这儿是按照每个劳动力分37只羊，18岁以下的每人21只羊，大畜也是折合成小畜的羊单位来分，一头大畜等于五只小畜，二岁的大畜按两三只羊来算，马也是。不过骆驼和马都没分，都是给的专业户，这是队里面决定的。草畜为了承包到户，当时开了三天的会，讨论了三天，一部分人觉得应该按照以前一样牲畜全都不要分就好了，这是多数人的意见，只有少部分人同意分。因为大家还是觉得集体好，几代领导都抓得比较好，大家都习惯了嘎查集体经济和领导，一般牧民都不同意分，可上面的政策要求一定要分。当时开了三天会，苏木的干部也下来了，可牧民们就是不愿意，不管是牲畜还是草场，当时就说分了的话以后就遇到困难该不好办了。那时候很多人已经想到分了以后就不能四处走了，只能住一个方向，现在看看，当初担心的事儿都出现了。那时候我还年轻，几个老领导一起商量闲聊的时候就说，这下去咋办呢，肯定就散摊了。也有人说分的好，牲畜都是自己的了，自己能做主了。

后来领导也做工作做动员，就分了。分的时候考虑到，如果每个人家都要分五畜，劳动力肯定就不够，所以就搞了专业户，养马的和放骆驼的就只养马和骆驼，这个专业户确定下来以后，牛和羊就都分了。

当时之所以搞专业户主要就是考虑到劳动力的问题，如果每家都有五种牲畜，那每家还得有专门的马倌、骆驼倌，劳动力不足，倒没想到骆驼和马必须成群的问题。现在看来如果当时没搞专业户，马群和骆驼恐怕早就没有了。最后，嘎查的马分给了8个养马专业户，骆驼就给了一家。现在这些养马户都没有马了，因为马需要大草场，而且经济上不如羊。我家倒是有100多匹马，是后来发展起来的。

牲畜承包时，家里人口多的就还可以，一家能有一两百只羊。我家当时兄弟都在一起，我是老大，8个孩子，6个男孩两个女孩，分了300多只羊，加上自留畜就有将近500只羊了。现在已经分了六户，草场一共3万多亩，五户在一起用。只有一个弟弟分出去了，8000亩草场，不在3万亩里面。

我家牲畜发展最多的时候是1998年，两群羊一共3000多只。后来两个妹妹结婚，各带走了200只羊，牲畜就减下来了，草场没变。

1984年承包的时候分的是铁畜，就是公家的牲畜给到你家放养的意思，所有制还是嘎查的。那时候铁畜给你，集体是要收费的，每年铁畜里的每头大畜（牛）20元，小畜（羊）10元，这是要交给大队的，其他的都是自己的。铁畜不能卖不能动。个人还有自己的自留畜。

后来改变了一下，40%的铁畜作价归了个人，60%还是保持铁畜的身份。之所以要把40%作价归户就是因为有一些牧民们保不住铁畜，一部分铁畜已经开始出现流失，所以才出台了这个政策。我记得承包没多久，大队开会的时候，全队60多户里有20户的铁畜都损失了。这20户有的还是比较好的勤劳户呢。有些人家在1984年的时候走浩特（走场），去了阿纳旗，那边的羊贵，一只大羊带羔羊就能卖五六十元，在咱们这儿才卖35元呢，有的人家觉得还不如卖了呢，就都卖了。因为那时候人没钱啊，第一次看见自己手里能进这么多的现金，就把铁畜也给卖了。到1985年，发现这种方法不对，大队上开始想办法。一是作价归户，减轻牧民的负担，因为当初如果给你了100只，还让你还100只，负担太重，那就让你就赎买40%，只还60%。作价马是80~100元，羊十几元，牛也是80~100元。骆驼是专门一户，就是骆驼倌苏伊××家，没给其他户，也就差不多跟大畜一个价。

这样执行到了2004年，剩下的60%铁畜也都给了牧户了，而且是全部白给不再作价。当时嘎查想成立个合作社，从呼和浩特市请了一些专家过来，专家们就提出，嘎查集体所有的牲畜也都是1958年合作化的时候从牧民的手里收回来的，再让牧民出钱赎买是不合理的。可大集体刚开始的时候只有30多户，后来承包的时候就60多户了，也有一些是后来从外面进来的人，大家都一起投入过劳动，都对嘎查有过贡献，很难分谁家交了牲畜谁家出了多少劳力，就干脆把剩下的60%铁畜都无偿归了各户了。

1984年的时候分牲畜，也把草场大概分了，只是没有明确草场边界，1990年开始画图，1996年明确了界线。以前全嘎查一共19个浩特（畜群点），每个浩特里两三家。承包了牲畜以后，浩特基本上没怎么变，都还在一起，因为一个浩特只有一个棚圈，每天牲畜往外放的时候是分开的，回来的时候再集中回到一个棚圈里。不过1995年开始浩特逐渐增多了，2000年以后就都是单户了。现在一户就是一个浩特，100多户也就是100多个浩特了。

以前大集体的时候是分四季草场走着放牧的，分了之后在自己的浩特里还能稍微走一点，但是2000年开始有了围栏以后就彻底不能走了。

租草场就是在养活别人，但又不能不租

我家的3万多亩草场，西侧是定居点，所以羊群都往东走，这样让牲畜按一个方向走，就不至于天天在一个小范围里转圈子，也不至于天天啃一块草场，对草场是比较好的。草场里面没有围栏，外面的围栏也基本没花钱，都是别人围完了以后，其他就都是我家的了。只有我跟贫困户交界的地方，围了点围栏，意思就是我不用你的草场你也别进来。

除了自家的3万多亩之外，我还租了邻居的2万多亩，共约6万亩。这样就可以倒场了，至少能做到两季草场。我家租草场比较早，从分草场的时候就开始租了，1996年吧，刚开始5毛钱一亩，2006年以后涨到了2元一亩，2009年我一次性给了18万元，租了五年。另外，我们嘎查南部紧挨着我们家的草场，我还租了3000亩，3年一共给了6万元。那个草场离我的井近，所以看中了。其实按亩数算，都超过了一亩6元了，不过能跟我家草场连起来，而且离井又近，贵一点也是可以的。那家人家去了他媳妇的草场上。

现在长期租草场的人少，季节性短期租草场的人多了。因为长期租的时候，就算干旱了灾害了也一样要给钱的，而且一次就要拿出一大笔钱，压力比较大。而短期租的人可以哪儿草好就去哪儿，价格贵点也没关系。只有那种跟自家草场紧邻，比较早就租下来一直延续租的才会长期租。但是短期租草场对草不好，有时候一个草场一下能来好多牲畜，不到一个月吃完了就走了，不像长期租的还能计划着使用。

我家运气不太好，租的5年里都比较干旱，只能在北边边境上又租了一块，2元一亩，租了15000亩，2011年冬天开始租的，每年都过去过冬，去年因为雨水好，就提前回自己草场过冬了。

听说现在是有个政策的，规定租的草场上必须要减少30%的载畜量。比如一块6000亩草场，按载畜量规定每60亩养一只羊，可以放100只羊，租到手里就只能放70只羊了。估计这是草监部门还是畜牧部门的意思吧，为了怕你租了草场以后破坏性使用，不过没有真正实施。

现在的矛盾就是，要发展牧业就必须要租草场，买草料不行，太贵了，自己种的话可能还好一些，能解决一点，但又不是每一家都有开饲料地的条件的。有的没有长电，有的打不出井水。我家就是没有饲草料地，每年买草至少要花2.8万元，1000捆70斤的，一捆28元。买得早能便宜些，真到冬天下雪以后就要一捆45元了。料100斤一袋110元，买了300袋，加上青贮饲料10元一捆，1500捆，差不多8万元。这个数字还是去年（2012年）年景最好的时候，算是花钱最少的了。我们这儿不光没法种饲料地，也没法打草，就算想打草也打不了什么，都是猪毛菜。

多根葱、猪毛菜虽然还能利用，而且多根葱对牲畜抓膘好，但都不是过冬草，风一刮就没了。刮沙尘沙子多了后，沙葱也开始多了起来。原来我们嘎查有很多可以打草的地方，结果沙尘暴的沙子把草场埋了一寸厚，沙葱和猪毛菜开始大量长出来，再也没法打草了。

现在我家草场是3万亩，加上租的草场共6万亩，一共三家人在这儿，我这边的羊群还有我的两个女儿、一个儿子，我弟弟那边也有儿子、儿媳妇等，其实一共是6户小户的牲畜，夏天羊超过2000只，过冬存栏羊也有1000多只，分了三群。我这一群里有两个女儿、一个儿子加上我和老伴的羊，将近1300只大小羊，还有60头牛和100多匹马。

现在政府定的是60亩一只羊的载畜标准，我觉得这个标准定得不太合理，其实30亩一只羊比较合适，不行的时候就自己租草场调节呗。牲畜太少的话生活水平就下降了。

不过，租草场等于是在养活别人。遭灾的时候羊都吃自己，就是买了草料给它们也没有回报。羊一年只能接一个羔子，就算能卖出1000元一只也没多少钱，何况还限制载畜量呢？18000亩草场，60亩一只羊，只能养300个羊单位。一家四口人人均不到100个羊单位，怎么活呢？现在每一家都是这样的矛盾，已经出现啦。现在的年轻人，独生子女的话两个孩子就要养活四个老人，压力大，草场上的劳动力也不足，还得花钱雇人放牧。可孩子多了人口压力大，就那么点草场只能养那么点羊，就更难生活了。

那些出租草场的人是靠我们承租草场的人来生活的，是我们养着他们，现在租草场就等于在养活别人。他们低保啊、租金啊、补贴啊，什么都拿着，旱涝保收的，灾害对他们没影响，一遇灾有牲畜的人就倒霉了。那些人什么都不干，舒舒服服拿上钱，还稳定。

我觉得，如果有条件的话，还是种饲料地好一些。我算过，自己种饲料其实一斤只有一毛钱的成本。我们嘎查在大集体的时候是有集体饲料地的，2000亩。如果能利用好，全嘎查的需求就都能满足，基本够了，冬天就不需要租草场了，可惜现在管理上不去。如果我家有条件，早就自己打井自己种了，不用多，有100亩就够。

我们嘎查开始种饲料地就是从1977年大雪灾开始的。那一年雪特别大，好在我们都走场了，到了北边边境上，损失不多。之后我们的经验就是必须自己种，就打了机井，1978年开始种树种地，一直到2000年，旗里也重视，国家投入，井啊喷灌机啊什么的都有了。

从一开始就是组织嘎查内的年轻人种，尽量不用外面的人。可是集体种了青谷子之后，遇到雨水好的年头卖不出去是个大问题。而且因为是集体的，每家的意见不一样，有的人家不想买，有的人家想要买粉碎后的，但是要增加成本，集体的就走不下去，只能租出去了。2006年，饲料地租给了外面来的人，一部分种经济作物，一部分种青贮饲料。

如果能够草场联营，很多问题就能解决了。但是如果一定要承包，就只能开地，牧民变成农民，自己种地，不过地下水会下降得很厉害，家家都开饲料地对草场破坏就大了。

草场承包是个根本问题

草场承包是个根本问题，尤其是现在很多草场越分越小，越小就越容易坏。比如我家的这块18000亩的草场，我们6月过来，2600只大小羊60头牛200多匹马，吃到10月15日还没吃完，草还挺好的。我弟弟家那边把草场分成了小块，1500亩一块，200只羊几天就给吃完了。所以草场越大越好，要整体利用，小围栏不适合，一下就都踩坏了，围栏成本也太高了。

我这一辈草场就没分，兄弟一起用，我孩子他们也是。但这是因为我现在还在，而且我是家里的老大，弟弟妹妹都听我的话，等我不在了，我的孩子们会怎么过呢？像农村分田地一样分草场？那肯定是不行的，不仅草场不行，父子兄弟之间还得闹矛盾。不过估计分的可能性越来越大了，没办法啊，你的羊多我的羊少，吵来吵去就干脆分了吧，可这对草场太坏了。

很多人家都是这样干的，家里孩子大了成家了就要求分家，可草场承包的时候就是死不减生不增，地不会自己增加。新增户肯定想要草场，可是已经定死了，你只能分家里的那一块。如果老人不在了，老人那一份就给赡养老人的孩子，后面再争就只能按人平分了，一个小家庭只有两三千亩，不够用的只能出去租草场。

现在强调的是只能在本嘎查内出租草场，而且严格控制载畜量。刚开始每年只是让我们基层干部把牲畜数字报上去，最近几年上面开始下来人数羊了，这个矛盾就太大啦。上面的政策不执行不行，我们这些基层干部还拿着工资呢，可真的减畜牧民们不好生活，社会矛盾就大了。完不成工作不好交待，完成了在牧民面前又说不过去，我们也难做呢。

我跟西乌的朋友聊天，说到有一年牛闹口蹄疫，按照传染病法必须要处理，后来杀得都不行了，其实这个病大概挺过一个星期就能自己慢慢好，不传染的，可这种话没法说，所以当基层干部实在是左右为难。

我们嘎查里你去看，只要家里加上羔子超过800只羊的户就都是超载的，家里大羊超过600只（加上羔子超过1000只）的算严重超载，估计有10户左右。都让他们把牲畜减下去？开销一年比一年大，又要买草买料又要基础建设的，减畜就是减少收入，很难。

虽然1989年左右，嘎查都有了自己的储草棚，1977年大雪灾以后都有了备草的意识，每年畜牧局给供给草。但是直到1999年，我们这儿还有牲畜不吃趴下的草的说法，就是说不吃干草，只吃草场上的草。不过2000年遇到大灾后，买草料的越来越多，而且什么都不挑了，那些从呼和浩特市运过来的以前都看不上的草也都抢了。2000年的大灾嘎查里大部分牧户都损失很严重，一直到2006年才有所恢复，紧接着又遇到风灾，这两年才开始恢复过来。

确实是草场不够了，才会大量买草料，有能力的人家就多备些，没能力的只能遇到灾再买，可越遭灾草料就越贵，越难翻身。

我们嘎查还是没承包之前最好了，没有贫困没有借债的。

1.3 为了骆驼支撑至今的老骆驼倌

2013年春天我们在北京收到了一位牧区朋友发来的一组图片，照片是血淋淋的，一峰骆驼倒在地上，驼峰被人割去，还有一峰骆驼少了一条腿，伤口处已经感染，长了蛆虫，画面非常惨烈。随同图片而来的是一段简短文字，锡盟苏尼特左旗一位70多岁的老骆驼倌至今仍然坚持放牧骆驼，但是由于草场已经承包到户，到处都是铁丝网，骆驼这种需要长距离行走的动物不是在网围栏上挂断了腿脚，就是跑到别人的草场上被人抓住圈起来。而这次是被割去了驼峰，老人无奈而伤心地希望外界能够关注这一状况。2013年，我们在苏尼特左旗的牧户调查中，将这位老人纳入了首要访谈名单。

苏伊××已经70多岁，在大集体的时候他就是骆驼倌，承包时他把自家的可以分到的牲畜全部置换成了骆驼，一直坚持到现在仍然有100多峰骆驼，在整个苏尼特左旗来说，能保有牛就已经很不容易的情况下，他的坚持是非常难得的。为了表示对他的支持，嘎查还把一块 8000 亩的公共草场租给他用来放骆驼。

我们在访谈之前，先看了老骆驼倌的草场。值得注意的是，租给老人的 8000 亩公共草场上长满了猪毛菜，一刮风就被连根吹走，人们叫它风滚草，这样的草场冬天什么也剩不下。向导告诉我们，嘎查承包的时候留下了 3 块公共草场，共 3 万亩，当初是为了留作公共打草场或者抗灾草场的，遇到大灾的时候允许本嘎查牧民把大畜放进去，交适当的费用。但是 1993 年以后，管理越来越松散，由于收取的费用比一般出租草场低，很多小畜也都被放了进去，而且没有限制牲畜数量。到 2000 年时几乎已经寸草不生，后来这块被出租给了苏伊××家放骆驼，其他公共草场也都被包给了别的牧户。

我家承包时候分了 17000 多亩草场，又租了 8000 多亩大队公用草场。因为我家算是骆驼专业户，嘎查特别批准把公共草场用每亩 8 毛的价格租给我放骆驼，现在一般的草场出租价都已经 3～5 元了。不过草场还是不够用。

那块公共草场我已经租了 6 年了，其实那儿并不适合放骆驼，而且因为经历过无组织放牧，我租到手里的时候全是裸地，表面的土都坏了，虽然我从没放过骆驼以外的牲畜进去，放牧压力并不大，可恢复得还是很慢，因为土都已经坏了嘛，草不好骆驼膘情也不好。去年（2012 年）雨水那么好，也没能恢复起来，长的全是沙葱和沙蓬（猪毛菜）。骆驼在里面放了几年，一直都吃不到好草，体质也不行，去年雨水好草也好，羊都肥了，骆驼却死了 50 来峰。

去年雨水好，看着草一下都长出来了，但是我仔细数了数，只有不到 20 种草，以前都有 100 多种呢，现在长的还都是不好的草，沙葱、多根葱、沙篷，一刮风就都没了。以前沙葱、多根葱都是在定居点附近才有的，去年雨水好了却满地都是，我这辈子还从来没见过。我觉得就是因为土变了，表面上的土没了，长出来的草也不好了。以前针茅是下面的叶子一堆堆的，一堆里面几十根叶子，去年雨水好，针茅都长得高高的，跟芨芨草一样高了，骑摩托的时候都会扎屁股，可是稀稀拉拉的，一根一根的都是秆子，下面的叶子少了，一堆里面只长几根叶子，别的都不长了。

草不行了以后，土吹得厉害呢，以前都只看见风大吹起来雪，现在风大吹起来的都是土。土坏了以后就只能长出不好的草，浮土吹到锦鸡儿（一种灌木）那儿都堆起来，成了沙包，沙子太多把锦鸡儿也都压死了。大风时候草根能让吹得露出地面一寸多，后来又被刮来的土填平了。过去的草和灌木截留的都是雪，现在截留的都是土，而且也都不是好土。

2006年我们这儿大风干旱，棚圈都被沙子埋了，我们是自己挖的，挖了40辆三轮的沙子，都扔到路边沟里了。羊身上也都是沙子。每只羊身上至少有一斤沙子，骆驼绒里面也都是沙子。

所有的定居点土都被刮走了，马路旁边，还有定居点之间的土路，都是刮土的地方。如果没有网围栏的话，风滚草也就让风刮走了，现在是都堆在围栏上，沙子再堆上去就把围栏压坏了。我就观察过这个事儿，过去只有干泡子边上才会刮土的，其他地方没有这样的，现在定居点啊路啊都是这样了。我家的旧棚圈后面都让沙子堆平了。你看这三个东西不会说话呢，沙子、围栏、风滚草，风一吹风滚草都挂围栏上，沙子再一埋，围栏肯定就都不行了。今年风滚草长这么多，我看这围栏又要完了。

以前骆驼好的时候，骆驼的两个峰旁边都胖得鼓起来，到了秋天驼峰都是直直的，现在一年到头都是倒的。70年代的时候8岁以上的骆驼一峰能出1000斤的肉和骨头，现在最大的也就能出600多斤。以前的羊膘能有两指厚，现在只有一指。以前羊一天能往返走30里地，也胖，现在走不了那么远了，也胖不起来了。以前的骑马（指骑乘马，充当交通工具的马匹），胖得背上都会凹下去了，现在再也见不到了。不管什么牲畜都不如以前了。

苏伊××反复跟我们讲，土不好了，我们在别的牧户访谈里也曾听过这样的说法，却很少有如此全面的描述，草、土、风之间的关系非常清晰。接下来，老人又说起了围栏的问题。

以前没有围栏，人勤劳，放牧必须跟着羊群走。现在是赶到围栏里就不管了。伸手的人懒的人多了，勤劳的人少了，有手不好好干活，牲畜没了就天天跑去伸手跟政府跟国家要东西。

有了围栏以后，邻里之间串门少了，挨着的都不来往，我弟弟住得离我那么近都不上我的门，爸爸跟儿子也是。以前放牧的时候，马倌可是走到哪儿吃住到哪儿的，现在都不行了。以前走敖特（转场）的时候，路过谁家了还要招待你喝茶的，现在走场要租草场不说，路过别人草场都是用摩托赶着牲畜赶紧走，不然就把人家草场吃完了，走得慢还要一只羊收 1 元。2000 年我们这儿遇灾的时候就是。2003 年我家 170 多头牛转场去了阿巴嘎旗，回来的时候，走到哪儿都不让喝水，非得一头牛收五角、一元的饮水费，我们祖祖辈辈听都没听过这种事情。

这些都是围栏闹的。围栏拆掉了就什么都好了。现在国家的补贴发着，我觉得应该一个网子给 300、600 元的，让大家把网子都给撤了，那就都好了。要不围栏在这儿，草场牲畜都不行了，还得每一年花钱修它。

以前还经常有人来我这儿住呢，上面下来的领导啦，亲戚朋友啦，现在一年也来不了 10 次人，见面还都是埋怨的话，跟你说你家的牲畜进我家网子了，连打招呼的客气话都不说了，见面就是这样。以前我是骆驼倌，家里就老来人，都是一起劳动，驯生骒子，而且都要溜须我，才能拿骆驼去骑，现在再也没了，就算好不容易见面也是一见面就说，你会不会放牧啊，你要是会的话怎么能让牲畜跑到我家围栏里呢！

以前我们嘎查是出了名的，90 年代的时候有个数字，多少年都没有过治安案件，现在却出了打死人的事，就是为了围栏。一个小伙子开车去别的嘎查看他妈妈，回来的时候发现路被围栏堵了，拉围栏的是隔壁嘎查的哥俩，于是发生纠纷，最后小伙子开车把兄弟俩都压死了，自己也被枪毙了。

我一直养骆驼，骆驼这东西就是要远远走的，自己知道什么季节吃什么，去哪儿吃，会自己调节。夏天顶风走，八九月份时候自己回来，三五个待在家旁边，其他的离家远一些，到冬天骆驼倌出去把骆驼圈回来，春天抓完驼绒就又走了。现在不行了，到处都是围栏，进了别人的草场就让人撵，一个人撵完了另一个人继续撵，现在养畜太难了。

当我们问到草场跟牲畜之间是不是有关系的时候，老人异常感慨，他说放牧知识别说年轻人不知道了，很多中年牧民们也慢慢地都不知道了，其实草场跟牲畜之间是有着非常紧密的关系的。这种感慨我们在很多有经验的老牧民，尤其是被当地人称为“瑙图克沁”的老人们，即“有知识的人”们那儿也时有听闻，自从承包之后，放牧的很多知识就渐渐用不上了，尤其是牲畜和草场之间的关系之类的知识，因为即便你掌握这些，可已经承包了，再也无法自由转场，即使你知道这片草场已经不能再放牧了却也无处可去。相对的，现在很多对其他知识和技能的需求取代了传承千百年的有用的放牧知识，比如开车、开拖拉机、舍饲圈养、上网……三四十岁的新一代牧民们正是现在牧区的中坚力量。

牲畜的粪便是好东西，以前老人总说，马蹄子下面长草呐，粪尿都像雨水一样重要，马走过的地方长冷蒿。冷蒿春天返青早，喂羊羔是最有营养的，但是没有马就不长了。没有了骆驼草场上也就不长高壁草（盐性植被）了。以前沙葱、多根葱只在定居点附近长，现在遍地都是。有一些细细的草再也没了，长的都是风滚草。

以前人骑马，不破坏草场，现在摩托啊车啊人啊，破坏得厉害。以前一家前面就是一条细细的小路，现在每家前面都是五六条大路了。你算算那些路，要多少面积呐？牲畜是不会破坏草场的，它们本来就是这儿的东西，都是围栏、人、车把草场破坏了。

不客气说，白新（定居的房子）最破坏草场了，以前住蒙古包是要到处走的，大集体的时候都是强迫着你用牛车搬家，夏天围着水的人家多一些，随着水走，但是绝对不能超过一个月就必须搬家，秋天要走着抓油膘，到冬天才回到冬场接羔的地方。定居以后门前就不长草了，有点草也很快就让牲畜踩没了。

我家来这儿已经20来年了，光板地越来越大，从家门走出去50米是围栏，这一块已经完全没草了，东边5里的水井上也都让踩得没草了，都是红色的裸地，下雨好了还能长出来一点，但也都是猪毛菜那类坏草了。以前一个牧业点三四户，管着800～1000只羊，100多头牛，接800多羔子。可现在我们附近几户加起来也就是130多头牛600多只羊，骆驼都是我的，牲畜少了，草场还不行了。

我们问老人：这么多年，您眼看着草场越来越坏，牲畜也越来越差，要怎样才能把牧业搞好呢？

以前大集体的时候，一个牧业组或者10户里面就有一个头，给你记工分，干了什么就记多少分，这样到了年底来分红。当时的人团结，人心也齐，不光劳动，还要学习呢，什么十六条啊什么毛泽东语录之类的，人心都很齐，都只为公共考虑，不会自私只想自己。领导都是骑着骆驼、马下来，挨家挨户地走，但是不好的一点是以前的工分给的钱太少了，如果能把钱提高了，也能激发劳动积极性，而且现在牲畜的价格也都高了。不过最关键的是要有个能干的而且为大家考虑的带头人。这个带头人很关键，最好还是自己当地的牧民里面出来的，他能熟悉情况。现在国家给的补贴那么多，我们嘎查105户，差不多100万亩左右的草场，这就得上百万的补贴呢，那个补贴不应该发到个人手里，应该给到嘎查，这样集体账户上有钱了，谁家有困难就可以帮助谁家。

现在的领导嘛，十八大也都说了，现在用人都是看面子了，不是为百姓着想的，都是为自己着想的人。真正能干事的人用不上嘛，还是用人制度的问题。现在的人文化都不用在点儿上，虽然有文化了，可不会用在百姓身上，自私心太重了。

1999 年的时候让我处理骆驼来着，因为我的骆驼太多了，草场不够就老往别人的草场跑。但是我舍不得啊，最多的时候骆驼发展到 300 多峰，加上别人家代养的，一共 400 多峰骆驼呢。开始的时候，代养（到别人家草场放养）一峰一年 15 元，后来涨到 30 元。但是没办法，草场不够，骆驼跑到别人草场上老是闹矛盾，只能处理。留了 10 个公骆驼，40 个母骆驼，现在发展到 100 多峰了。卖了骆驼之后，我才开始买羊、牛、马，才算是五畜齐全了。

去年我家死了 50 来峰骆驼，都是被人撵得太厉害了。去年一开春草好，后来旱了，骆驼就跑到别人草场上。一个人撵完了，另一个人接着撵。骆驼你要追是追不上的，别人就是这么撵。以前这些人还让我给代放骆驼呢，现在就是这些让我代放过的人倒是反过头来撵我的骆驼了……

1.4 头脑清晰的老会计

闹××是 B 嘎查的老会计，2007 年退休，已经 60 多岁了，但是对以前大队时期的各种数字，从牲畜数量到人口数量到走场次数，如数家珍，说着说着还能拿出个破旧的小本本翻翻，上面是各种密密麻麻的记录。老会计家生活水平在嘎查里算中下等。2013 年我们对他进行了第一次访谈。

我家一直没分家，三口人两个户口，就是我、我老伴和儿子，现在有 200 只羊。

我们嘎查是 1984 年承包的牲畜，到 1985 年冬天，全嘎查存栏有马 671 匹，牛 1212 头，骆驼 207 峰，绵羊 7265 只，山羊 1204 只，全嘎查牲畜 1.7 万头只。发展到 1999 年是牲畜最多的时候，夏天全嘎查牲畜 4 万多头只。

1984 年全嘎查 64 户，187 人。现在 100 多户，380 多人了。

2004 年是我家牲畜最多的时候，10 匹马，40 多头牛，还有 400

多只大羊。但是2006年大旱，只能走场，30多头牛就花了3000元雇了辆大车拉到锡林浩特走场，一头牛一个月给人家100元，牛没损失。羊没走，死了70多只。那一次之后，家里就剩了200只大羊，发展到现在还是200只。我家12906亩草场，没再分草场，儿子的羊跟我们还是一群，用耳记区分。

与访谈别的牧户，一问到收入开销就一脸茫然时不同，闹××因为当过会计的关系，对数字非常敏感，不用我们一项项追问，他就把自家的收入开销细细数了一遍，很多我们之前都没想到的开销细项也都包括在内了。

2012年开销：

买草400捆，料80袋（50袋玉米，30袋饲料），一共开销2.3万元
买摩托车6000元（过年时）
汽油4100元
网围栏7600元（为了修理买的围栏，项目有一定的补贴）
围栏修理费1250元（每年差不多）
柴油1500元（柴油三轮）
电瓶电线电视天线2000元（每年差不多）
上礼（包括那达慕）5500元，亲戚多给点（每年差不多）
煤2000元（芒来煤矿，自己拉5吨煤，每年差不多）
兽医兽药3000元（每年差不多）
人吃药2000元（每年差不多）
吃的穿的22000元（3口人，不是高消费）
过年4000元
总支出：84850元
收入：卖牛3.77万元，羊24709元，总收入6万多元。
贷款1万元，没有存款和余钱。

接受的项目有2011年的“白新“砖房，自己出15000元，买家具暖气还

花了8000多元，还有围栏和老棚圈。前几年旱得厉害时，买草料花钱更多。每年从11月开始完全舍饲喂5个月，只能靠买草。最贵的时候，大捆草能到50元一捆。

闹××的账算得非常细。在这儿我们也遇到了数字统计上的问题，例如他家在2012年过年时买了一辆新摩托车，开销6000元，这笔开销若直接计入当年开销统计中，则遇到这是一次性的且是用于购入“设备”的费用（若以一个公司的形式来看待一个家庭的话），若要按使用年限进行折旧，则会增加了每家的统计难度，且各家使用和淘汰设备的年限都不一样。我们的做法是，详细记录，在权衡一年的收入支出时视情况而定。不过即使不考虑这笔开销，闹××家的收入和支出也仅仅是刚能持平，贷款金额加上收入，刚刚与开销（未计算购入摩托车的）相抵，这已经很能说明问题了。

2015年8月，我们对老会计进行回访的时候，老人对未来充满了忧虑。他家原本就不富裕，又遇到了干旱和羊价下跌，更加困难。

> 我们这儿已经旱两年了，苏木那边还可以。不过不能走场了，太贵了走不起。现在往外走场的话，一头牛一个月150~200元，马也是。一只羊一个月15~20元。一走场起码3个月，300只羊就得15000~18000元。
>
> 羊价也不行，8月份卖了几个羊羔子，350元一只，比前几年低多了，以前最高时候一只羔子怎么也能卖800元呢。可不卖也不行，喂着就是干掏钱。也不知道为啥羊价格那么低。这一下生活没办法了。今年老母羊10元一斤白条，羔子17元一斤白条。一个老母羊能出40斤白条吧，也就是400元。卖羊羔和母羊的时候，你看这个肉价格有差别吧，可冷库往外卖的时候都是一个价，没有说是老母羊所以低价卖的，都是我们牧民吃亏。
>
> 今年一头牛5000元，前几年都7500~10000元的。我家卖了3头牛，一头5000元，两头5300元的。
>
> 去年我一只绵羊都没卖，因为觉得价钱不好，想着再养一年就能卖大羊，怎么也能多卖一些钱的，没想到今年羊价更不好了。

去年我家卖了7头牛，收入4.1万元，7只山羊，2600元，一共4.36万元。买了400捆草70斤一捆的，每捆42元。115袋玉米13200元，20袋牛饲料，2580元。另外还买了30箱牛奶，一箱45元，喂羊羔子的。光是喂给牲畜的就一共开销33530元。现在这就是羊吃人了。

去年贷款5万元，现在就是头疼了，怎么才能还上。去年打算挺好的，想着不卖羔子，多养一年今年可能牲畜价格能上去一点，而且羔子养到2岁也能多卖点钱，所以100多羔子都没卖，结果今年的价格又更低了。

牧区现在羊的价格和草场都没法预测，不知道明年羊价怎么样，草场怎么样。我们牧民一辈子放羊，只会放羊，别的不会。如果羊价格好了草好了，我们就行了。可去年价格不行，今年又旱还继续掉价，就真是不行了。

种地的还有保底价，牧区没有。要是把羊都卖了，想重新发展回来至少得三年，得买羊发展。要是不卖，只要羊能保住命，等到价格和草场好了，一年就能赚回来。所以牧民基本都是硬撑着也不想卖羊，可这羊价如果继续掉就只能卖了。现在这样就不知道得几年才能恢复，如果草场好，价格别再跌的情况下，也许四五年能恢复起来，如果再差就不知道了。

最大的问题还是出在分草场上，现在人都把草场当买卖挣钱了。有牲畜的牧户爱护草场，没有牲畜的牧户卖草场不保护草场，越是年景不好的时候，草场越贵，用得越厉害。草场坏了，在这个基础上灾害就来了。保护草场是每个人的事，现在是为了钱不保护了，有了钱没草场了。

不少人说牧民不会算账是发展不起来的主要原因，闹××做过会计，小本子上的账记得清清楚楚，但还是没能算计到羊价连年下跌和连续的旱灾而遭受巨大损失。由此看来，认为牧民不会算账的说法既是事实又不是完整的事实。真命题是承包后的牧民们处在自然和市场的双重不可预测的风险之中，除了不可预测的自然风险，因承包而不能避灾只能原地抗灾外，草场的市场化更是牧民们不得不面对的，越是遇灾越是退化，草场越贵。在这种情况下，即使能算账的牧民们也无法发展起来。

另外，从闹××账本中我们第一次得知，牧民们居然需要买牛奶喂羊羔，尤其是近两年，由于干旱、草场退化以及很多牧户提到的长期舍饲圈养，很多母羊体质下降，产羔之后没奶，而绝大多数牧户家已经不再养牛，就只能整箱买奶喂羊羔。这是我们第一次听说这样的事情，以前只知道因为不养牛了，许多牧户煮奶茶要从商店买牛奶。这次访问闹××之后，我们开始关注到这一点，才发现这种状况在草原上一些地区已经是相当普遍的了。

1.5 一个中上等户：棚圈盖好了，钱交不起了

巴依××在B嘎查算是中上等户或者大户了，因为头脑灵活懂得算计，即使在承包后成本不断上升的情况下，依然能算得过账，2014年遇到干旱时，他把自己的草场以比较高的价格短期租出去，同时以比较低的价格租用妹妹的草场。我们2013年对他进行了一次访谈，2014年进行了一次回访。

我家大小羊800只，还有40头牛，七八匹马，家里12000亩草场，又把妹妹家的8000亩按一亩3元租过来。妹妹家的草场已经租了十多年啦，当初她家发展不行，羊都没了就把草场包给了我，我妹夫在别处有草场，他们就去了那边发展，现在也有200来只羊了。

去年（2012年）冬天的雪太大了，我家从11月3日就开始给羊喂料，到今年3月底还在喂呢，已经喂进去了七八万元的草料了。一共买了大捆草400捆，每捆30元（11月买的），小捆草1400捆，每捆20元，共4万元。买料10吨，一吨2700元，差不多2.7万元。三辆摩托（一个汽油两个柴油）两辆车（四驱皮卡和一辆小车）一年放羊拉水的油费3万元。加上租草场的2.4万元，光牲畜吃掉的就12.1万元。

去年（2012年）卖了280只羔子，平均700元一只，还卖了山羊60只，平均540元一只，牛20头，平均6000元一头，收入将近

35 万元。

家里一共四口人，两个儿子都在呼和浩特市体校上的中专，两个人每年得 5 万元，现在都已经毕业了，也不回来，就在呼和浩特市、锡盟住着，找不到工作，花钱倒是厉害呢，大儿子今年要成家了，明年小儿子成家，成家以后他们都得回来放羊了。

我家发展得一直都挺好，从来没有雇过羊倌，就是我们夫妻俩干活。1999 年我光母羊就 650 只了，接羔子以后就得有上千的羊。但是 2000 年开始连着遭灾，牲畜一下就减少了。2000 年，沙尘暴多又干旱，还赶上季节休牧，4—6 月不许把牲畜放出去，亏了好多。喂多了买不起，喂少了牲畜就乏得很，容易死。光那一年我家就死了 250 只大羊和 100 多只羔子，还有 30 头大母牛和 20 头牛犊。2000 年年底我就只有 300 只羊了，还有包给别人的 60 多只羊，一共才接了不到 60 只羔子，羊太乏了，都站不起来，必须要人一个一个把羊扶起来。

到了 2006 年，天灾更厉害，连续刮大风。不过我 6 月 3 日就走场了，大羊加羔子 600 多只，雇了 8 辆车，拉了两趟，一车 400 元，去白音宝勒道我朋友的草场，那边下雨了。待了 40 多天，花了 3000 多元草场费，好在牲畜没损失。

自从 2000 年后，我家羊差不多一直维持在 400 多只大羊，养太多成本太高了，养不起，只能维持这个水平。那几年羊价低，现在价钱好了，400 只大羊生活就可以了。不过我们这儿现在要求草畜平衡，60 亩允许养一只羊，按这个算，我的 12000 亩只能养 200 只羊，那可不行，生活都不够了。

2014 年我们再次回访的时候，内蒙古羊价已经开始下跌，羊羔从之前一只最高能卖 1000 元的水平直接掉到了不足 500 元一只，同时饲草料的价格却逐年走高，等于牧民手中的牲畜直接贬值一半以上。卖出去就是亏一半，不卖出去就意味着要用更高的成本继续饲喂这些仍在继续跌价的牲畜。由此带来的打击让即使是巴依 × × 这样的大户也难以承受。回访时他异常烦躁，不停地抱怨，手里没钱，但新盖的棚圈刚刚验收，需要马上交 4 万元。

2014 年我们回访时发现，巴依××家定居点上矗立着三座棚圈。原来，2012 年他家盖了一座国家项目支持的棚圈，2014 年又盖了一座更大更新式的国家项目支持的棚圈，加上之前自己盖的老棚圈，就有了三座圈棚。他抱怨，要是知道羊价会下跌，肯定不会花这个钱。据向导说他家除了棚圈项目，其实还争取了两个政府补贴的建设项目，像他这样，已经习惯了前几年的牲畜高价，并习惯以这种高价来预估自己收入，进行建设和消费支出的牧户不在少数。已经预先支出了并非紧要的诸如棚圈建设、围栏建设的开支，下跌的羊价却让他们的预估收入无法实现。他家门前的三座棚圈也反映出当前存在的建设攀比的问题，其中有项目导向的原因，也有牧民自身的原因，他们对设施改善的愿望与他们的支撑能力十分不对称。而我们的这次回访也因为巴依××激烈的抱怨没能如计划进行。

1.6 一个草场被一年生植物吞噬的牧户

斯琴××家的草场上密密麻麻都是一年生篦齿蒿，尤其在与邻居草场交界的地方，围栏两边非常清晰地显现出两种颜色，一边是深褐色根根竖立的篦齿蒿，一边是金色的枯黄针茅，在 2013 年春天我们第一次对巴彦塔拉嘎查进行调查的时候就注意到了。虽然经历了 2012 年那种多年未见的丰水年，草场上随处都能看到一个个的水泡子，很多原先寸草不生的极度退化的草场上也欣欣向荣地出现一片绿色，斯琴××家的草场上长出的却都是篦齿蒿。对这种情况牧民们的解释各自不同，有人认为跟干旱后再充裕降雨有关，有人认为跟下雨时机有关的，但不能不承认，在承包草场后，草场退化呈现出整体趋势，同时各户草场的状况又参差不齐，这与各户的使用时间、使用方式密切相关，呈现出破碎化的状态。这在视觉上形成了极大的冲击力，却让我们不禁思考，在复杂的环环相扣的人草畜关系中，该如何针对这种各块不同草场进行个别治理。

2014 年 8 月，我们对斯琴××进行了访谈（遇到的时候他正在修草场围栏）。

我今年 62 岁，70—80 年代大集体的时候，这里是打草场，都是马拉打草机打草的，草普遍都有60—70厘米高。那会儿也不怎么打草，冬天都是吃枯草，不吃打的草。打草是为了更新，不是为了吃。羊会吃枯草里的红沙（一种灌木）。2000年以前草平均也都有20厘米高，下面是厚厚的枯草层，10厘米厚吧，冬天的时候一出门扒开雪，就能捞出一麻袋的枯草给老弱畜吃，那会儿都不能在这儿抽烟的，草太多太危险。2000年沙尘暴以后就越来越不行了，现在随便都能看见地皮，别说枯草了。

过去没有围栏，羊到别人家草场没事，最多跟主人说一声就行了。现在羊到别人家草场，遇到讲理的，跟你要点钱，遇到不讲理的要抓你的羊，还得生气吵架。现在都是这样，没有办法。

我家草场这样大面积长臭蒿子已经有两三年了，以前的开黄花的、白花的草都没有了，甘草也没了。我觉得是因为长时间干旱以后一下雨就会容易长蒿子。多根葱在过去是好草，牲畜吃了能长膘，可现在长得太多了，有的草场只有多根葱，牲畜就不爱吃了，吃多了会觉得又苦又热。

我记得有一年旱得厉害，夏天下了一点雨长的都是多根葱，羊吃得拉稀。那会儿我还年轻，就问老人为啥，老人说羊需要多种草合着吃，光是多根葱就不行，水太多了。以前牲口没有那么多病，草场上草药也多，牛羊自己就会吃。现在是长得都是一种东西，吃多了肯定（生）病。

与原来相比，现在90%的草都没了，之前有人来统计过的。他们说了，剩50%的话是好草场，剩30%的算还行的草场，现在可是90%都没了。针茅也跟以前都不一样了，过去是下边的草丛大，上面有针的部分小，现在是针大，下边的草丛小。60年代的时候，粮食少，人还吃过针茅籽儿呢，八月多抽针时打下来，把籽儿磨碎了，用油炒着吃。以前针茅不怎么扎羊，针是软的，而且针茅不靠种子繁殖，主要靠根繁殖。现在的草变质了，针茅也扎羊了。以前下雨的时候长的那些草，现在干旱不长了。那会儿雨水多，打下来的草倒不容易坏，现在是一下雨就沤烂。而且现在下雨，一场雨过去几天地就干了，不像以前一下雨至少地皮能湿下去10厘米以上，一个月都不干。

我家是从2000年开始买草料的，2000年先是沙尘暴然后就是大旱，那年下雪时候起的沙尘暴，雪都是红的。到了春天草都没了，全是沙子，三四月份就算你一直喂料也不行，羊开始死。那一年本来我家有600多只羊的，当年就死了200只，卖了200只，只剩100多只，这是牲畜最少的时候了。

1984年承包的时候，我家分到104只羊，其中母羊49只，马十几匹，现在没有了，牛13头，现在有40多头，90年代最多的时候是50多头。羊最多是今年（2014年），380只母羊，有近100的双羔，接了500多只羔子。因为我家是科技示范户，2012年的时候专门买进来两只都伯（一种品种）种羊，花了3万元，容易下双羔的，养得还可以，个头也大。我看到秋天必须卖300多只羔子了，否则没钱买草料。

我家育肥羊还可以，就是羔子下来以后圈起来，专门喂一种羔子料，一袋（100斤）180元，因为草场退化太厉害了，所以只能育肥。家里有一个羊倌，一月2500元，包吃住，不管抽烟喝酒。

我们嘎查这儿规定是60亩可以养一只羊，我家草场这么算只能养130多只，但是要想生活的话，不养到400~500只是不行的，所以只好超载了。超载是要罚款的，好像超过一只羊罚30元吧，我家一共罚了1.6万元，如果及时交罚款，就会减一些，也可以用草畜平衡的补贴抵罚款。不过就算罚款也比只养130只羊强多了，那样没法生活的。

家里项目建了四间棚圈，自己花了8000元，草棚自己花5000元。房子是旧房改造的，要求加保温层，安了太阳罩，自己花3万，装修花了三四万。每年有点存款，但是到了卖羊之前存款都会花完，比如去年的三四万收入，用到了8月就没钱了。

斯琴××家是嘎查里为数不多的育肥户之一，也因此被列为科技示范户，虽然他自己觉得改良和育肥的效果不错，但也不得不承认，这是草场退化严重后的无奈选择。在我们挨户走访时时常听到别的牧户，包括嘎查长议论，这种育肥和改良其实是不可持续的，目前来看可行是因为有一些扶持政策，而且冷库在收购羊时针对放养的草原羊和育肥羊是统一价格的。一旦育肥羊价格大大低于草原羊时，这也是当前绿色食品和食品安全越来越受到重视的必然发展，育肥和改良一定会受到冲击。同时，2014 年开始，苏尼特左旗政府明确宣布，不鼓励大规模育肥，因为那会破坏了苏尼特羊品质，有损苏尼特羊的品牌。所以，斯琴××家的改良育肥可能也只是发展过程中的一种短暂尝试。

1.7 后悔贷款盖房子

在 B 嘎查，我们观察到一个有趣的现象。不同于农区的嫁女儿，在这儿姑娘招上门女婿似乎更加普遍，而这些上门女婿大多又是些之前跑生意过来的能干的汉人小伙子。汉人的精明能干加上蒙古族姑娘的勤劳并有草场，虽然绝大多数这样的小家庭只有一口人的 2400～3000 亩草场，但这些外来的上门女婿的日子过得还都算不错。吴××家就是其中很典型的一户。

我来这儿已经 20 年了，我家是集宁的，当初来这儿跑生意认识了我媳妇，1999 年结的婚，结婚以后我俩还在旗里住了四年，继续跑生意。

我媳妇有两个哥哥一个姐姐，大家庭 14600 亩，五个人草场。以前我跑买卖没在草场上，2003 年我和媳妇回牧区的时候草场分开了，按照人头分的。他们一共 9000 亩，一人 3000 亩。我家就是我媳妇和我岳母的两口人的草场，5600 亩。我们刚回来的时候只有 20 来只羊，慢慢发展，每年留一半母羔子，发展羊群规模。现在有 320 多只大羊，加上 200 多只羔子，就 500 多只羊了，还有 40 多头牛。

之前为了发展羊，卖得少，每年卖羔子的钱都不够买草料的。前些年生活什么的就要靠赊账，大米白面什么都赊，尤其是过年的时候。这几年可以了，最多也就是赊个给牲畜的料钱。因为以前我跑生意的时候，认识好多人，有门路，赊账可以不加利息钱，还可以。老乡他们赊账都要加钱的，比如赊一袋玉米，至少得多加 5 元。

以前也租过草场，租了一块6000亩的，从2004年租到2010年，人家后来不给租了，就只能在跟前租夏草场，按月租，一个月一只羊多少钱，6月出去到10月回来，自己的草场秋天到第二年春天用五六个月，每年都要花一万多元走场或者租草场。

冬天基本就全靠圈养人喂了，一天一只羊纯粹喂的话要3斤草，半斤料，这样一只羊一天等于吃2元多钱。平常从12月开始喂到来年4月，一只羊就要吃将近300元。而且把羊圈在圈里喂3斤草都不如出去在看起来没长草的草场上啃一点。冬天雪大，也得出去，上午10点到下午三四点，必须溜达一下。一直圈养的话是赚不到钱的，一只羊一年就是720元草料，所以买草料不如租草场。

可现在草场就是又贵又不好租。平时就得互相打听各家的信息，谁家有草场往外租啊，怎么样啊，而且尽量找能跟我家草场连上的，或者离得近的，要不太麻烦。现在家里的5600亩分了两块，轮着用，要不根本用不了几天就都踩坏了。如果不能租草场，最多也就是养个100~200只羊。

如果连着干旱，比如都跟2006年那样，只要两三年，老乡里面60%都得垮了。前几年我们这儿休牧，每年四月五月不让出去，必须圈养，先不说得花多少草料费，羊这么圈着到能出去的时候腿都是软的，真是不行。

现在我家就是我、媳妇和我岳母三口人住，孩子15岁了，上六年级，在旗镇上住在老师家，每个月交650元。

说牧区合作嘛，要搞就必须得搞好，搞不好还不如单干。因为现在都要喂饲料了，每家喂的东西都不一样，喂的方法也不一样，这个纯粹喂的方式，还是个人经营好些，大集体就做不到。几家合作这种事就更不好说啦。

外来女婿对牧区已经很适应了，起码在买草料还是租草场的问题上，账算得很精。但是在草场日渐紧缺的情况下，租不上草场也只能在自己的围栏里转悠，很难发展。2015年我们又再次回访了吴××家，2014年的干旱及连续两年牲畜价格下跌让这个外来女婿的日子也艰难起来。

> 去年太旱了，11月一直喂到了今年5月，喂了大概半年的时间。本来想留住羊羔以便以后发展羊群的，但太旱了，地皮上一点儿草都没有，去年的羊羔子就没敢留，全部卖了出去，平均520元一只，卖出200只，还卖了130只母羊。羊价不行啦，前年（2013年）平均每只羊可以卖到800元的，去年就跌了300元左右，而且又旱，羊乏得不行，去年白条平均每只22斤，比前年的白条少5斤左右，这就又少了一笔收入吧。如果去年是个好年份，打算最多也就是卖出去100来只羊的，结果卖出去了300多只。按每只少卖300元算，这就等于一下少了9万多的收入。
>
> 去年（2014年）光买草就花了12万元，买了72吨草，还有11吨玉米，每斤1.18元，饲料买进3吨，一吨半合成羔羊饲料，1.9元/斤，一吨半大羊饲料，1.65元/斤。草料一共花了15万元。租草场3000亩，5元/亩，共花费1.5万元，把羊包出去给人家按月算，又花了1万元。等于光让羊吃就吃掉了18万元。
>
> 去年盖了一间86平方米的平房，国家补贴60%，自己出40%，政府出15万元，自己出10万元，其中5万元是贷款。还有个草棚的项目，自己出10050元，自己又盖了六个小棚圈，花了7000元人工费，材料是从附近废弃矿场的房子那儿拿过来的，倒是没花钱。现在想想后悔死了，本来觉得只要羊卖出去，还三五万的账没问题，没想到又是干旱又是羊价不行，要知道就不要这些项目了，不盖房不盖草棚了。现在一共欠了15万元的外账，其中5万元贷款，10万元是借私人的，就等着今年卖羊好还上。好在借的是朋友的钱，不要利息。
>
> 去年我家第一次贷款，为了盖房，是从农行贷的款，利息七厘八，每个月要交500元的利息。如果跟前几年年头好的时候那样，到秋天最多卖出200只羊就能还上了，年份不好还要多卖羊才能缓过来。
>
> 今年我家这边的草场雨水比嘎查其他地方都多，不旱。但是春天刮了沙尘暴，本来沙尘暴来之前，我家草场的草已经返青了，而且今

年返青来得比往年早。没想到沙尘暴一吹，吹来了好多土把返青的草全都压住了，现在长起来的都是风滚草（猪毛菜），冬天风一吹就全没了。今年冬天还得多买草料。

1.8 三年里债务从一万元到二十万元

朱×也是个外来的上门女婿，跟我们之前访谈的吴××是连襟，他俩娶了姐妹俩。他家的日子在整个巴彦塔拉来说也算中等户了。

我是从集宁来的，1999 年结婚，家里现在四口人。刚来的时候跟我岳父他们都住在一起，没分家，19500 多亩草场，各家牲畜做了耳记一起放牧，这样其实挺好的，大家庭。岳父岳母一共有两个儿子、两个女儿，女儿都是招的上门女婿，后来分家就成了五个家庭。1999 年我刚来的时候只有 250 只羊，现在我家 500 只大羊，29 头牛，2 匹马。

2000 年遭灾厉害，我自己的 250 只羊剩下 100 多只，整个大家庭全家一共剩下 300 只羊。2001 年秋天，因为我们家困难，大队给联系从阿（巴嘎）旗包了 180 只羊过来，说的是要包三年的，结果 2002 年又遇到干旱这 180 只羊全死了。把我们自己家的羊赔给人家以后，全家就剩了五六十只山羊和 200 来只绵羊。

2002 年，我自己又去外面租了 50 只羊过来给岳母，一只羊一年给人家 100 元，100% 接羔，算是留下 50 只羔子，可 2003 年风又厉害了，还赶上政府让休牧五年，每年春天最困难的时候必须把羊圈起来 45 天。那时候实在是太难啦，为了少买点草料，我们只好把羊赶到北部不休牧的草场去，租草场放牧，一只羊 3 元一个月。

2006 年，我家从大家庭里面分出来了，我的 180 只大羊单独拿了出来，就在我媳妇一个人的 3000 亩草场上放，另外还租了块草场。2500 亩的是长期租的，开始一年给人家 10 只山羊，不给钱，2008 年开始给钱，从一年 3000 元到现在一年 1 万元。那个人有 2 万多亩草场，羊少，就把2500亩租给我家了。2012年开始我又多租了4000亩，一亩2.5元。

去年（2012年）我租草场花了2万元，买了600捆草（28元的480捆，32元的120捆），350袋料每袋110元，一共支出5.6万元。

去年卖了40只绵羊羔子每只700元，10头牛平均每头8000元，山羊羔10只平均500元，收入11.3万元，除去饲草料的支出，剩余5.7万元用来生活和应付其他的开支，像汽油费、兽医兽药等等。另外还赊了3万多元的账，主要是买草料赊的，等今年卖了羊再还。好在都是跟亲戚赊的，没有利息，也没有银行贷款。

家里四口人，两个孩子都上学了，住在镇上的平房里，媳妇看着，我就在牧区放牧。牧区的生活就是这样，存不下什么钱，需要钱的时候就卖羊。去年为了发展牲畜，卖的羊少，今年秋天就能多卖点大羊了。

2013年第一次访谈时我们注意到，这些外来的上门女婿大都是有做过点小生意的背景的，认识的人也多一些，包括朱×自己，虽然他只轻描淡写说了句自己家的饲料是不要利息的赊账，但这对一般牧户而言已经是不可能的了。从2010年开始，我们对B嘎查以及附近的几个苏木嘎查断断续续做过些调查，“赊账”绝对是这些年跟牧民生活息息相关的一个现象。很多牧户告诉我们，一般过了春节之后手里就再也没什么现金，锡盟又是以养牧绵羊为主，春季山羊绒的收入几乎可以忽略不计，那么漫长的夏季和秋季的生活生产开销就只能依靠借贷和赊账了。起初的赊账没什么利息，可一旦要跨年或还款时间过长的时候，利息就开始增加，有些极端案例中，牧民最终只能把自家的牲畜、草场甚至蒙古包拿去抵账。当然这种极端案例的当事人我们始终没有见到，就像2010年时我们处处听闻高利贷坑人，走到哪家牧户也都不肯承认自家借了高利贷一样，这对受访者来说是件敏感的事情。2015年我们再次对朱×进行了回访。

我家在旗里买了楼房，贷款5万元，之前是平房。今年（2015

年）盖储草棚子，自己掏了4000元左右。可从去年开始羊价就不行了，越来越不行，要知道这样还不如不盖草棚了。

同样卖给冷库，2012年一只羊羔子还能卖770元，今年就只能卖560元了。2013年白条30元/斤，2014年大概21元/斤，今年只有18元/斤了。羊羔子都是先屠宰再一只只过秤的。我们现在和冷库都有合同协议，明确限制不许育肥，要保证苏尼特羊质量，这样一斤白条政府就给补贴1元，可即使这样羊价还是掉得厉害啊。

去年（2014年）卖了120只羔子，一只540元，收入6万多元，牛犊卖了两头，一头5500元，共收入7万多元。

去年买了1500捆大捆草，是赊的账，买了260袋饲料，90袋玉米，差不多草料上就花了近10万元了。2013年我只买了700多捆草，现在等于草多买了一倍，因为羊多了。去年觉得价格太低，想着是不是今年价格能好一点，就少卖了一些，到现在共有600多只羊。羊多了就必须多买草料喂着，只要今年的羔子价格能高一点，比如600元以上，差不多就能把草料钱赚回来了，但是如果价格继续跌就真是困难了。

其实还是租草场比较划算，可现在哪儿的草场也都不太好，就像今年，我家租的是嘎查里巴××家的草场，一亩10元，草还是不行，而且租草场越来越难了。

我两个孩子，大的已经14岁了，去了呼和浩特市上学，开销比较大，虽然学费免了，但是光吃和零花一年最少就要5000元。

现在手里共有20万元的债，其中10万元是不要利息的赊账的钱，另外5万元是二分利的，5万是一分利的，都是借的私人的钱。欠款一年比一年多了，2012年家里只借了1万元，到现在已经到20万欠债了。二分利已经算高利贷，这是第一次借，到现在借了四个月了，主要是借来还其他个人欠款的，等着7月卖了羊，先还高利贷。

即使是朱×这样头脑精明的上门女婿，在牲畜价格下跌、草场状况不佳的情况下也不免捉襟见肘，那么一般牧户家的生活就可想而知了。如果说能够找到不付利息的赊账让朱×占有了一定优势的话，牲畜价格的波动风险及草场生态的下滑则是即使他再能干再有门路也无法绕开的问题。

1.9 住进新房的低保户

车××因为他本人生病且身患残疾，他家成了B嘎查的低保户。2013年我们第一次对他家进行访谈的时候，车××住在镇上的亲戚家，家里只有他老伴和二儿子新朝××在。没有定居的砖房，甚至连土房子也没有，仍然住在蒙古包里。

新朝××（32岁）：

现在喂羊太贵啦，不喂又不行，草料又贵，雨水不好的话，每年从10月就得开始喂，喂到来年4月份。我家一共13000亩草场，200多只羊，弟兄三个，一个在阿旗给人家当羊倌，一个在嘎查当羊倌打工，我在家干活。生态补奖每年给2万多元的草场补贴。新的棚圈是前年项目给盖的，去年给的是个5吨水罐的项目，还有两个喂羊的槽子（放饲草料用的铁质槽）。项目还说要给我家盖房子呢，国家掏1.9万，自己要掏3.8万元。当然有房子是最好的了，要不蒙古包每年都要花不少钱修理，过几年还得换一次毡子，太贵了。

1984年刚分牲畜的时候，我家5口人，分了200多只羊，发展到1998年是数量最多的时候，300多只大羊，加上羔子就500多只了，10头牛。后来父亲身体不好，又要看病又要吃药，还动了手术，前两年我大哥和母亲也都动了手术，都得花钱，牲畜就一直没发展起来。我们兄弟三个都是小学毕业就没继续上学了，家里太困难，大哥是1994年毕业的，直接就出去当羊倌挣钱了，一直到现在。父亲和母亲两个人吃的是低保，每个月发100或者200元，都不一样，有时候冬天还会给点粮食和煤。

我家就是草场大，牲畜少，包了别人的100只羊之外，一部分草场就租出去，之前是租给同一个苏木的人，一亩3元，从2009年到去年。开始的时候他们按月租了一年，一只羊一个月8元，一头牛一个月30元，后来就整年都包了。租出去8000多亩，自己用4000多亩。听说现在草场价格更高了，前几天有人过来想4元一亩租草场，我没干，要是5元我就租了。

现在最发愁的是没钱盖房子，就算政府有盖房子的项目下来了，总也要自己掏钱的吧。每年光这200来只羊的草料钱就最少要4万多元，去年就是买了1000捆草每捆29元，120袋料每袋110元，草料开销4.2万元。

我家贷款3万元，信用社的，利息是一分一，还不了本金就只还利息。像我们这样的低保户，就算想多贷点钱银行也是不给的，现在是因为有了生态补奖的补贴了，银行的贷款也放松了一些，以前更贷不上钱就只能借私人的高利贷，三分的利息。

除了3万多元的贷款，料钱也都赊账呢，草钱给了。因为我们包羊的人家是一家汉人，来了20来年了，做买卖的，所以从他家赊账的料不要利息，挺好的人，草也是他从旗里给找的卖草的人直接拉过来的。放羊他一个月一只羊给我们12元，草料什么的另外给我。

现在是不出租草场就没钱，就算想发展牲畜都没钱，每年卖了羊先得还账，贷款还不上至少要还利息。今年牲畜生病，光打针到现在花了1000多元。一年一家五口人，光穿衣服吃饭抽烟就得3万多元，再加上三辆摩托车的油费、手机费什么的，生活费至少得4万元。

去年草场没租出去，今年必须租了，不租不行啊。其实按照要求，咱们13000多亩草场，载畜规定只能养200多只羊，没法生活的。可草原站说，要是出租草场就不给你补助，结果去年没租出去，可生活过不下去。所以我们现在就算把草场租出去也都不说了，要不然拿不到钱。

出租草场按月算的来钱多，现在一般一只羊一个月至少10元以上，接300只羊过来一个月就是3000元，不过不好的是按月租的话，一旦你草场不好人家就走了。

我家现在最缺的一个是房子，一个是网子（围栏）。之前项目给过10卷网，不够用，就只把草场围了一小块。我旁边是阿拉腾×××家，他家自己的羊也不多，都是包的别人的羊，去年夏天到今年冬天，老进我们草场上，我每天去说都没用。不行今年我们得去跟草原局的说说呢，老这样可不行。

如果再能有国家项目的话，再给盖个棚圈就好了，有棚圈的草场租出去也能租贵一些，人家冬天能在这儿就能6元一亩了，要不租了草场只能待半年，一入冬就得回去自己家。

我今年32岁了，还没结婚，大哥34岁，弟弟30岁都没结婚。嘎查里27岁以上的还没结婚的男的有十来个，还有两个离婚了，主要就是像我们这样小学初中一毕业就回来放牧的男人，再年轻点20多岁的，出去上学时间长的或者能出去打工的基本都有女朋友了。

访谈刚开始的时候，新朝××还很拘谨，而且害羞，很多事都要跟母亲先核实了才说出来，到了后来渐渐放开了，还要求我们给他和母亲拍了照片，并特意把我们引到蒙古包外停放的一辆越野摩托车旁边，让我们拍照。“这是我们嘎查最好的摩托车了！”他骄傲地说。外形炫酷的越野摩托车花了他8800元，虽然现在大多数人家的代步工具早就从摩托车演变成了皮卡车，近几年又从皮卡车向各种小卧车过渡，但这辆摩托仍然是新朝××的骄傲。但是别的牧民说他家里困难还买最好的摩托车是乱花钱。第二年再去时他已经把摩托车卖给别人了。虽然我很想问他买摩托车的钱是不是借的，原来的摩托车是不是还能用，但在整个社会经济都在急速向前发展的时候，一辆放羊、代步必须要用的摩托车又有多过分？

2015年5月和8月，我们对巴彦塔拉嘎查回访的时候，再次拜访了车××家，新盖起的砖房刚装修完，家具电器应有尽有。2013年接受我们访谈的二儿子新朝××刚刚结婚，并住进了新房，暖气、电视、沙发等家具电器一应俱全，但是新朝××的话却不多了。下面是他妈妈的叙述。

二儿子去年总算是结婚了，现在大儿子和小儿子还都是光棍。二儿子结婚以后，家里的羊分了两群，还在一起放但是都做了记号，一共200只大羊，另外还包了别人家90只母羊。

去年（2014年）从10月份开始喂草，买了1500捆小捆草，30斤一捆的，每捆20元，600捆大草，每捆40元，给了一部分钱，还赊了4万多元的账。还买了80袋玉米，110元一袋，料100袋，165元一袋，也是赊账购买，草料钱一共欠了65000元。就等着秋天卖了羊先还账了。

家里13000多亩的草场租出去了8000亩，给那边那户种饲料地的人。那个女老板是从西苏旗（苏尼特右旗）过来的，雇了好多人包下大队的饲料地种土豆，还雇了个羊倌放羊。本来是不允许把草场租给外来人的，不过他们给的租金高，一次租三年，每亩5元，一次给了13万元。当时家里急着盖房子，又要买草料又想拉围栏，都要花钱，就租给她了。

去年从信用社贷款了6万元，今年只要6月还了就还能续贷。农行的贷款有数量控制的，不给贫困户，这个太不合理了，国家政策本来不就是应该帮助贫困户的嘛！有钱的人去贷款，多会儿银行都给，10万20万元的人家都给，你没钱的说啥人家也不给。拖个十天二十天的1万元都不贷给你，我们羊不够多，所以信用社银行贷款困难呢。

房子是2013年盖的，你们上次来以后上面就下来了盖房子的项目，一共5万元，自己花了3.8万元。但是租出去的草场用得比较厉害，草越来越差了。可拉围栏、盖房子都很要紧。以前因为没有围栏，不好租，都是短期租出去，按年租的少。那时候按羊的个数租，一只羊一个月5元，接500只羊，一个月就能有2500元收入。去年上面给了围栏项目，国家补贴5万元，自己出3万元，把8000亩围起来了，围了三面，剩下的4000多亩没有围，就是自己家放牧用。

家里除了200只大羊以外，还包了别人90只大羊，接下的羊羔子都是我们自己的，每年给对方18000元，等于一只大羊一年租金200元，一只羔子去年可以卖出500多元，等于能挣300元差价，要是再刨除饲草料的钱，其实基本持平。这两年羊价不行了，草料价格又贵，今年的羊价每斤比去年又掉下去了5元，这么养就赔本了，打算今年8月把羊都还回去。草不好的时候卖羊也早一些，只要羊吃草场不长膘了就得卖，要是不卖就该掉膘了，多养一天多赔钱。而且羊羔子不卖还要吃奶，大羊的膘就更不好了。现在赊账欠下的草料费有20万元了，今年还得欠。

最近几年，各种盖房子盖棚圈的项目越来越多，这让牧民们的基础设施提升了一大截，同时也让很多人陷入了矛盾与困惑。眼看着政府补贴的项目下来，要还是不要？不要，觉得没能享受项目补贴，很亏；要，自家到底急需的是什么？新房子，还是别的？这些建设项目都是需要自己配套的，项目出资一定比例，自家还得出一定比例。不要，享受不到这笔钱，觉得有点亏，要了，就得在原本就捉襟见肘缺乏现金的情况下增加一笔不小的额外开支。

2014年开始，羊价突然下跌，这让很多已经习惯了之前好年景和高羊价的牧户们更难以接受。他们从初期抢着要项目，只要有项目就一定要，到开始思考甚至后悔自己的选择。“要是知道羊价会掉下来，要是知道会干旱，要是知道草料价格这么高，我就不要项目了！”一些牧民这样告诉我们。

坐在车××家新盖的房子里，着实无法想象这是个严重贫困户，只凭眼前簇新的家具电器、现代化的装修甚至让我们产生了我们并不是在牧区而是在大城市里的错觉，然而欠下的债务却原来越多。对他们这个极端贫困的家庭来说，这种选择又该如何评判呢？

1.10 “土都吹跑了，地皮没有了”

2013年第一次访谈时，巴×已经62岁，除了两个儿子一直没分家外，他家还是少有的五畜俱全的牧户，生活在嘎查属于中上水平。

我大儿子已经成家了，小儿子还单身，一直没分家，牲畜也都做了耳记在一起放着。家里13000亩草场，五畜都有，两家一共400多只大羊（绵羊），山羊30多只，10多匹马，30多头牛，30多峰骆驼。牲畜最多的时候就是90年代，大羊600多只，接羔以后羊超过1000

只，牛50多头，没有马和骆驼，后来才五畜齐全了。必须要五畜都有，要不就不是草原，跟农区一样了嘛。

我们这儿是草畜平衡区，上头要求60亩养一只羊，我家13000亩草场，按规定只能养200来只大羊，养太多了要罚款的，国家给你发了补贴就必须得处理牲畜，听说别的嘎查有罚款的，我们这儿还没开始。所以去年我家处理了100多只大羊。

去年（2012年）卖牲畜收入大概20多万元，草场上七口人，一个小车，一个农用车，一个三轮，四辆摩托车，加上机井抽水用的油，一年油费3万元。医药费1万元，生活费差不多每人1万元。

去年买了1000捆草，200袋料，为了骆驼还租了嘎查的5000亩公共草场，每亩1元。差不多开销6万左右。

牲畜以前都不喂的，2000年开始买草料，但是不多。2006年牲畜比现在还多一点，也没现在喂得多。现在光喂400只羊一天就得花500元，各种饲料和草。30多头牛一天120元，一个月就是3000元。前几年开始要求每年春天要休牧45天，牲畜都不能放出去必须圈养，这个很不好。不下雨的话，放牧不放牧都一样的，都不会长草，完全圈着还得多花钱买草料。

其实还是不分草场的好，以前大集体的时候草的种类特别多，现在都没了，而且以前可以搬家，每天走不同方向，牲畜也能养得多，分开后就不行了，还老闹矛盾。大队的时候哪儿都能走呢。如果能合作起来的话空间就大多啦。

2015年8月，我们再次回访时巴×家就剩了老汉自己，因为干旱家里人都赶着牲畜走场去了。

牲畜都走了，走了一个月了，到30里外的草场走浩特。在那边包了6000多亩草场，5元一亩。今年太旱啦，从5月20日到现在（8月25日）一点雨没下来。羊和牛都走了。那边待了一个月也不行了，草都吃得差不多了，还得再走场，去北边的达赉苏木，那边下雨还好一点，但是还得再花钱租草场。现在牲畜养不起了，可都处理了又没法生活，都卖了想再买可就买不回来了。

我活了60多年，这种5月以后就再不下雨的情况还没见过。1966年有过一次大旱，但是到了8月份就下了好雨，结果秋天还能打草，牲畜的膘也都长起来了，那时候的地皮好长草也快。现在已经8月，就算马上下好雨也不可能长那么好的草了，因为地皮上就剩小石头了。2000年以后开始，地皮慢慢没了，土被吹走了，石头都露了出来，这就很难恢复了。

以前大家都是一心一意管理草场，而且都听老人的话，这个是最重要的，老人都是知道怎么养畜怎么干的。大集体的时候，也是老人和大队的队长书记一块管理，队长书记也都听老人的，该什么时候转场，该到哪儿去。现在都不行了，没有人统一管理草场了，都是个人家的了，都只看眼前利益，不管明年后年以后怎么办，管理就不行了，草场也越来越坏。其实牧民的力量是很大的，什么都要做，跟书上的科学不一样。书上的科学研究羊就是研究羊，研究草就是研究草的，可牧民是什么都要知道什么都要做的，因为草啊羊啊什么都得管，所有的事情都得盘算。

我家去年贷了15万元，10万元从信用社贷的，5万元从农行贷的。信用社的10月份到期，农行的是3年的。这样看今年肯定还不上，只能往下续了。这两年又是干旱，羊价格又不行，走场还得花钱。我们走场的那边草场上没有羊棚，7月过去了，10月底就得回来，花了一年的草场钱其实就用了三四个月，可就这样也必须走，不走不行了。以前羊这时候走场一个月差不多就该卖了，估计还能长点膘，现在这么旱，怎么都不好养活，能不掉膘就不错了。今年为了租草场还借了点高利贷，就等着赶紧卖了羊还上。

家里还有50峰骆驼，跟苏伊××的骆驼群放在一起，马没了。现在这么旱骆驼还好一点，耐旱。要说旱吧，以前我年轻的时候，只要下一场雨，地皮能好长时间都不干。现在下一场雨几天就又干了，因为地皮没了，不保水了，湿气都跑了，结果就更旱了。现在是干热得厉害，牲畜也是干热干热的。羊喝水都比以前多得多。往年 8 月份的时候，一天饮羊有 1 吨水就足够了，现在 2 吨水都不够喝的。

以前到这个季节，就该不让羊喝水，吃点沙葱吃点草籽，好好抓油膘了，现在倒好，一天还得饮水两次，羊都忙着喝水了，哪儿还给你长肉呢？

虽然保持不分家不分草场，但无法解决干旱避灾和生产成本过高的问题。巴×老汉强调了还是不分草场的好，对他来说，不仅是家庭内部不要分，而且所有草场都不要分才是理想状态。

1.11 妇女主任遇到新问题

每个嘎查的嘎查长往往都是最能掌握整体状况的，而嘎查的妇女主任，却最能掌握牧户家遇到的各种生活问题的细节。B 嘎查的这位妇女主任也告诉了我们不少事情。

2012 年我们开始发生态补奖的钱。以前是没钱，现在发钱了，结果矛盾也多了。国家是考虑把钱直接发到牧民手里，就要求每家每户都得办一张卡，每年补贴下来就打到卡里。这说的是 1997 年之前的户，之后的户没有草场本也就没有补贴卡了，只能是跟原来的大家庭共用一张卡。结果这一张卡上有好几家人，相互之间就开始争，好些嫁出去的姑娘也要回娘家去要补贴的钱。

我是从外面嘎查嫁进来的，我家那边也开始发补贴了，不过因为我家条件比较好，就没回娘家去要钱。但是很多 1997 年草场承包以后结婚的，一家三口用一个人的草场生活不了，女人就得回娘家要钱。要么是要补偿，或者要自己名下的一个人的草场，要么就是要求每年把羊赶回去几个月，或者把草场租出去拿租草场费。从草场流转就开始有回娘家要草场的事儿了，后来草畜平衡实行补贴，这种事儿更多也更厉害了。

草场刚承包的时候，最多家里人争争草场，后来草场开始出租后就开始争租金，再后来就是争补贴了。老子、儿子、兄妹之间都吵得不行，来我家这儿要求解决纠纷的特别多，去年（2012 年）尤其厉害，因为去年是草畜平衡补贴的第一年。以前草场承包的时候是户之间，邻居之间闹矛盾的多，现在是家里人之间闹矛盾了，比以前更厉害。我男人是嘎查长，我是妇女主任，结果现在我家是接羔的时候忙接羔，过冬的时候忙草料，等忙完了草也长出来了，就得开始给嘎查里的人解决矛盾了。邻里之间因为草场矛盾闹的也有，但是现在边界清楚好处理，倒是家庭里面的矛盾越来越厉害，越来越难办。

以前我们传统上是最小的儿子留在草场上养活父母，大孩子分出去，女儿嫁出去，大家都没什么可说的。可后来草场承包了以后，尤其是草场能流转收租金以后，矛盾就越来越厉害。小儿子说我赡养父母了，草场都应该给我，大儿子说分草场的时候按人头分的，草场有我一份，补偿也得有我的，嫁出去的闺女说你们都有草场和补贴，我也得有。

其实 2013 年调查时的草畜平衡的补贴标准是一亩 1.71 元，按草场承包到户时人均 2400 亩来算，一年一个人才能拿到 4000 多元，并不多，可牧民十分看重。很多家庭最终都选择不管是儿子还是嫁出去的姑娘，只要当初参与了 1997 年的草场二轮承包，就都能得到一份补贴，补奖的初衷——希望以补贴形式达到草畜平衡、保护草场的目的却被遗忘了。现金补奖刺激了利益纷争，钱被分了，减畜责任无法落实，补贴与保护草场的责任并未挂钩。

2. 锡林郭勒盟其他牧户访谈

在我们的调查中，草原监理局、农牧业局、农村信用社等，只要有可能都是必须要去拜访的。因为这些机构的工作人员的工作对象就是牧户们，他们手里掌握着丰富的第一手资料，可惜的是很多机构并不欢迎这种自下而上的调查访谈，有的用一些政府报告来保持“统一口径”。于是仅有的几次，与这些机构工作人员的比较诚恳的对话成了我们能够得到的宝贵资料。

2.1 草原监理部门一位官员的看法

现在基层干部都是两边受着夹板气，明明知道牧民们如果真的按照载畜量减牲畜的话就没法生活了，可不管是现在的生态补奖还是以前的季节性休牧（锡林浩特市是两个月的，或者40天左右，比其他地方要短），都要求我们要严格进行监管。我们的成本也很高，需要到每家堵着圈门口数羊。但是在执法的时候仍然会手下留情，明明知道牧民们很困难，没办法下狠心罚款。罚款的额度从以前的超载一只羊30元到现在一只羊100元。其实大家都知道，没有人家不超载的，本来草场就是要靠天气，下雨好了怎么都好，下雨不行就算你一直不利用，也不会长草的。

不过2012年虽然雨水好了草好了，但与以前相比仍然是草种单一化、少了很多草种。同时，狼针的危害一直都是存在的，从很多年前起就有了，其他的缺素症等倒还没发现。

在我们问到如果一块草场只能养200只羊的情况下，牧民必须要有500只羊才能生活，那么是买草买料合算还是租草场合算，他却直言不讳给了我们一个让人吃惊的答案：

罚款更合算。现在草监部门每年都会下去点羊的数量，超过载畜量的话就要罚款。罚款标准应该是一只羊100元，原来是30元一只羊的，不过大多数情况下都是通融一下意思一下就算了，平均每家也就是一年罚2000元，之后虽然要求减畜整改，但是通常都没有做，牧民和上面也都对这种妥协乐见其成。几千元用去年的羊价来看，也就是多卖几个羔子就回来了。所以罚款仍然是最合算的。

这种牧民们宁可交罚款也要超载过牧的现象是相当普遍的，我们在实际调查中也屡屡能听到类似表述，当然会有专业人士解读为，这是因为触犯法规的成本太低，应该严格执法并提高处罚水平就能达到目的。可这种处罚本身是合理的吗？载畜标准又是否合理就是需要严谨对待的问题了。

现在（2013 年）的草畜平衡补贴是 1.71 元一亩，禁牧的是 6.36 元一亩，具体禁牧还是草畜平衡也不是跟草场联系那么紧密的。刚开始实施的时候是以嘎查为单位而不是牧户为单位进行禁牧，只要愿意就可以申请。判断草场情况也是一种参考，不过也就只是参考，因为要尊重基层民主嘛，只要大家都愿意，整个嘎查就可以禁牧了。可这样发钱牧民们生活上越来越懒了，这就是鼓励你不干活拿钱嘛。离婚率也越来越高。

2.2 一位苏木监理员的看法

我在苏木的草监所工作，我们每个苏木都有草原监理所。每年上面要求我们上报两次牲畜数字，一次是四五月的时候，一次是 11 月已经把羊羔处理完了以后。超载了就要罚款。不过也没有要求一年一定要罚款多少，没有罚款当然是最好的。一般我们都是抽查，要是真要一家一户那么查，做不到的。

一般都是嘎查里的巡查员先自查，统计完了报给嘎查长，嘎查长再报给我们。巡查员本身就是本嘎查的，肯定会有一些水分，到了嘎查层面又加一些水分，而我们苏木拿到数字之后又加了一层。之前就出过一件事儿，苏木上报到市里的一个数字居然比下面巡查员统计的数字少 2 万多只，这就夸张了是吧？可见报上来的数字里面有多少水分。

就拿我们嘎查来说，草场承包时是一个人 1980 亩，现在载畜量要求 30 亩一只羊，等于一口人能养 66 只羊，一家四口只能养 200 来只羊。再加上家里草场承包后出生的人，一家五六口只能靠 200 来只羊生活，肯定不现实。所以嘎查里不超载的基本没有，要不就是家里劳动力不够的，头脑不行或者遭了灾的，只有100来只，只要是个中等户肯定都超载。

我们的任务就是数羊，超载的只要被查到就罚款。去年（2012年）嘎查里平均每家都罚了2000元左右。当然，罚了款以后你就不能再查了啊，不是，你必须要整改吧？不管你是处理牲畜还是圈养，都得整改吧？你都圈养的话，养1万只也没人管你不是？不过按去年一只羊能卖1000元来算，这个罚款也就是两只羊。交出去两只羊就能多养200只，这个账怎么算都是值得的吧。

除了我们下去数羊，牧民之间也有互相告状的，有时候就打电话说旁边谁谁家都超载了你们怎么不管啊！就是因为自己家超载被罚款了，心理不平衡。现在牧民里面这种告状的情况也经常出现，要是这样我们就必须得下去查了。

我要还是牧民的话，肯定觉得不合理。不说去年，去年草是太好了，就算按照前几年草场状况不太好的时候来说，其实15亩养一只羊也是可以的。因为现在冬天就基本都靠人喂了，夏天的草场完全能再多养一些。比如一家2口人，只有3000亩吧，按照载畜量只能养100只羊，一年就算90个羔子，一个羔子800元，也才7.2万元，去掉草料钱、运输钱，手里能剩一二万元不错了，那要怎么生活呢？你随便打工一年也能拿4万元吧？当然人口多的家庭还行。

我家1996年就搬到市里住了，刚开始在蒙古营买了平房后来又买了楼房，牧区雇了个羊倌放牧。羊倌是白旗来的，一家人过来，不管吃住，每个月2000元工资再加1只羊。当地羊倌有是有，很少，基本都是白旗黄旗来的。

可现在租草场也越来越难了。而且政府还有个规定，要求凡是承租草场的人都要在原有载畜量的基础上减少30%的养畜量，本来就是因为草场不够用才租草场的，花了草场租金还要减少养畜量，这就更不现实了。

在书稿整理时，我们听到消息，锡盟开始尝试调整载畜标准，按照新的载畜标准，每家允许养的牲畜数量要高于以往，却也规定了必须严格执行草畜平衡的新标准。这在一定程度上缓解了牧户们与执法者之间的冲突，也缓解了之前执法者提到的牧民生计与政策法规的矛盾，却无法解决围栏放牧的负面影响和高成本养牧的问题。除去那些执行新载畜标准后仍然超载过牧的人家外，大部分牧户面对的最大挑战其实一直都不是罚款，而是不断提高的养牧成本该如何解决。

2.3 阿巴嘎旗一个牧户经历的变迁

遇到刚××的时候已经是 2016 年我们调查接近尾声，由于有了前期调查的基础，对刚××的访谈更有针对性，大多针对当下存在的问题。刚××66 岁，对承包、现在舍饲圈养以及分家都有很多想法。

我家现在五口人，15000 亩草场，我、老伴、三儿子、三儿媳妇和小孙子。之前一直都是大家庭一起生活的，到 2005 年分的家，二儿子进城工作了，大儿子拿了他自己一个人的 3500 亩草场出去，剩了我、老伴和三儿子，三儿子身体不大好，2013 年结婚后也一直跟我和老伴一起生活。

大儿子拿出去的 3500 亩草场根本不够他用的，每年春天只用三个月，就必须出去租草场。谁都知道 3500 亩太小了不够，可是不分又不行，都在一起矛盾太多了。谁都想多养一点牲畜，可是账都在一起，你卖多少羊我卖多少，喂贵的料还是便宜的？我干活你出去玩了怎么算？谁出工多谁干得少？还有共用一口井，抽水谁花钱机井坏了谁修，围栏坏了谁修？合在一起各种矛盾都出来了。

以前大集体的时候，你不干活就不给你工分，可家里没法这样干。最后只能分了，也都乐意分开。有时候我们老人碰面也聊这个，谁都没想到会成了今天这个样子，都没办法。自己管自己算了，别的你想管也管不了。1983 年分草场的时候出生的孩子都有草场，1983

年之后出生的都没有草场。新户没有草场只能在家里分，越分越小，用铁丝网隔起来。我的三儿子1985年出生的，就没有草场。

大儿子他一家分出去以后就一直租草场放牧，现在光大羊就五六百只，接完羔就七八百只了。租草场是越来越贵，越早越贵。以前一亩一两元的，现在一亩七八元了。除了租草场的钱，拉水还得花钱，旱的时候去别人井上拉水，一吨水10元，抽水的油另算。

刚××说的这种分家情况在草原上已经屡见不鲜，虽然大家都在说如果能够在家庭内部合作的话，就能节约很多成本，可说起来简单，要实现却遇到了各种现实问题。即使一些家庭在有权威的家长的主持下暂时没分，却也不得不承认当下的大家庭协作只是暂时，迟早还是会走上分家的路。而分家势必会分草场，这也是在草场承包后出现的让人无奈的选择。我们就之前的放牧历史问过很多老人。传统上，蒙古族牧民实行的是幼子继承制，儿子长大了成家就会分出一个蒙古包，父母也会给他一些牲畜，最终留在父母身边继承父母牲畜并给老人养老的是小儿子，草场仍然是共用的，形成“埃列”，也就是畜群点。大集体时就更简单些，所有成年人都是劳动力，听从大队的安排进行劳动，很少私有牲畜，草场也是属于集体共用的。真正开始对草场有了“财产”概念，还是从承包开始的，而且是从1996、1997年的二轮草场承包开始的，1984年牲畜承包到户、草场承包到组虽然也对各家有了一个大概的草场界限的划分，却并不明确，直到二轮承包，草场越来越成为一种个人财产，也有了直接流转变现的价值后，各种矛盾开始围绕草场出现，比如邻里草场纠纷、家庭内部的草场纠纷等等。分家从原先的只分牲畜到开始分草场，而草场承包时申明了“减人不减地增人不增地”，让所有在承包之后出生的人都没分到草场，只能从自己父母也就是原先的大家庭里分，分家的矛盾更加尖锐了。

说起来草场越来越坏就是从分了草场开始的。1983年虽然分了牲畜，但还是小组共用草场，后来才到了各家。不过1983年以后就很少搬家了，以前四季草场都得搬着家转场的，分了牲畜以后，一个浩特用一片草场就基本轮转不动了。

刚开始一个浩特几户人家只盖一个房子，但是1988年开始每家都有房子了。这个很重要，这个时候开始草场越来越退化。而且孩子大了要成家，就要盖新房子，房子越盖越多。当时我家跟另外四户在一起，五户用着3万来亩草场，每年接羔的时候就很麻烦。因为带羔母羊和不带羔母羊要分开，有时羯羊也要分开，就会出现一个家三四个羊群，五个家起码15群羊，乱着呢。最后就是谁早上先起来谁的羊先走，晚一点的都到中午了羊才能赶出去，就只有这么点地方这个条件，劳动力也是压力太大了。

到1996年，二次承包，草场就都到户了，发了草场本。那时候还没有围栏，但是草场本拿到的三年内一下就都拉起围栏来了。没办法，不围不行，要不别人的牲畜就进来了。旗畜牧局专门有个围栏贷款，两年期的，不给现钱，就是直接给你铁丝网，来人测量安装，你两年内把钱还上就行了。那时候我家还没分家，一共18000多亩拉了三面。拉围栏这种事儿一般都是相邻的两家一起商量，是不是能只拉一道，人家同意的话就可以，不同意就得各拉各的。因为有的地方必须拉两道，中间空出来的是路。当时我家花了3万多元，都是畜牧局贷的，两年还。就是在那两三年里围栏一下子拉起来了。

以前草场上随便走的，拉了围栏就必须得绕路了，你不能从人家草场上穿过去，这样光油费就得多花好多钱。我家到大队部40多里地，拉了围栏后路程就加倍了。围栏拉起来还得维修，四五年就得大修一次，从1997年到现在，20年，我家花了差不多10万元，再加上一开始的3万元，就光围栏上差不多花了13万元左右。

可草场是越来越坏了，尤其是开始租草场以后。你2000亩3000亩的租出去，人家租草场的可不管，放进去四五百只羊一个月就吃光了，走了，再租给别人就吃得更光了。租草场就是这样，越租越坏。

关于租草场的问题，我们一路下来从牧民们那里听到了不少，2006年前后，大家都对草场外租，尤其是租给非牧户意见非常大，认为是他们不计后果地使用草场造成了草场退化。但是到了2008、2010年前后，更多的人开始承认是草场租赁本身造成了草场退化，我们的实地调查也从侧面证实了，租赁草场的退化与承租人是不是牧民虽有一定关系但并非全部关系。实际上，只要付出了成本租金，得到草场，多数人都会尽量将收益最大化，即透支使用草场。刚××的这种描述也再次证明了这一点。

现在看着好像收入高了，但是成本也高，卖了羊一还账就没钱了，只能再贷款和赊账，卖了羊马上还。我家是从2004、2005年开始贷款的，一开始贷5000元，多了银行也不给你，够不够的就这么多。2007年贷1万元，2010年贷3万元，2011年贷5万元。我家今年（2016年）贷款20万元。开始时利息低，大概3厘，2014年涨到9厘1。现在银行10万20万都给你贷。

贷款年年都要还，还不上就只能借高利贷。比如我今年从信用社贷款10万元，10月20日还。到时候还不了就从农业银行里贷出来还给信用社，等信用社的新贷款下来了再还给农业银行。要是两边都已经欠账了，就得借高利贷了，借一个月的，先把贷款还上再贷出来。放高利贷的人是直接扣利息的，三分利，你贷1万就给你7000元但是要你打个1万元的欠条。这样来回借还是不够的，因为还得买草买料喂羊，嘎查里很多家都有高利贷。

现在一般年景每年12月开始喂草，一只大羊一天2斤草半斤料，差不多3元，最冷的时候一天要吃5元的，早上2斤草，下午2斤草，还有半斤料。喂到春天三四月份，400只羊就要11万元的草。早的那几年都要喂半年以上。

原先我们这儿都是靠放牧的，很少喂草料，最多每年冬天给老弱畜补一点。2000年元旦大沙尘暴后草场一下就没了，开始普遍给羊喂草料，年年都得喂，就是没灾的年头也得喂，羊也都吃习惯了。刚开始一年喂两三个月，现在都得喂半年。牧民喂羊很少用那种高产饲料的，都是喂点干草捆喂点玉米豆。可羊是吃草的牲畜，不是吃玉米豆的，这么吃着牙都磨坏了。原来的老母羊起码能用到12、13岁还能生羔子呢，现在五六岁就要淘汰了，因为牙不行，吃不了东西了。你把羊嘴掰开就能看见，前面的门牙还在，后面的大牙都磨没了。有些卖玉米豆的为了压分量，专门把买回来的干玉米豆几十吨几十吨垛起来，把管子塞进去，把锅炉的蒸汽吹进去，蒸湿了再卖。我自己亲眼看见的。你冬天买回来打开，中间就是一个冻在一起的玉米疙瘩。开始的时候我们还不知道，后来看见羊拉的粪球里面都是没消化的豆豆，好多羊到春天就不吃草了，结果掰开嘴看，五岁的大羊后面就没牙了。所以现在母羊最多五六岁就得换。过去下了 8 次羔子的母羊都不算老呢，现在下个三四次羔子就得淘汰了。而且饲料喂得多事儿也多了，原先每天把羊赶出去，它们自己就能吃饱，现在一到冬天就靠人工喂，隔两天还得打扫一次棚圈，劳动量太大，还得花钱。

现在的草种类比以前少多了，起码少了一半，好多都看不见了。以前哪儿都是草看不见地皮，现在到处都露出地皮，夏天估计有 40% 地皮都露出来了，到了春天就看不到草全是地皮了，地皮占的比例比草都多。草不行了，牲畜的身体也都不行了。

过去我们这儿都是冬天死牲畜，遇到个雪灾什么的。现在冬天基本大羊不会死了，尤其是看着母羊的膘还可以，可生下来的羔子不行，好像缺钙一样没精神。过去小羊羔一生下来自己就跑了，现在生下来是软的，有的干脆都站不起来，就死了。我们觉得就是吃料吃得，母羊看着胖，可营养不行，结果羔子就不行。有的母羊没奶，还必须买牛奶喂羔子，就是成箱的蒙牛、伊利的袋装奶。过去的羊不光不缺奶还能挤羊奶呢，现在还得买牛奶喂羔子。今年我家一共接了 300 多个羔子，死了 30 多个。

每年冬天除了玉米豆还得喂草，很多草都是从东边来的，东乌旗、西乌旗那边，北部边境的草多是多，但是不好，狼针多。有一年就是，我们以为羊病了，不吃草，就给吃药打针，结果都不行。直到有一天早上我发现羊的嘴都烂了、臭了，嘴里面扎的全是针茅的针，那还怎么吃草呢！一只一只检查下来，发现许多羊的嘴都被扎了，喉咙里、嘴里都是狼针，只能一个人按着羊掰开嘴，一个人把狼针揪出来。羊还好，两个人配合着就能揪出来，大牲畜就不行了，牛呀马呀都会扎。

后来有经验了，一看羊不吃草了，就知道肯定被狼针扎了，就得开始揪。每天都得找这种羊把嘴里的狼针揪出来。后来我们就尽量不买这种有狼针的草了。可没有狼针的草又太粗，很多是水草没营养，所以也很难办啊。

除了扎嘴，狼针还扎羊皮，扎上针的羊皮就卖不出了。去年一张羊皮1元人家都不要的，只能点火烧了。还有一点奇怪的是，以前狗都是吃羊皮的，把皮吃了，把毛留下来，可现在狗都不吃了，不知道是不是跟喂草料也有关系。

买牛奶喂羊羔的事，据刚××说已经好几年了。如果说现在丰雨年旱年草场差异很大，不好评判草场是否退化的话，其实最明显的表现就在牲畜身上。从以前的死大羊到现在的死羔子，从前些年刮沙尘暴就要给羊抖沙子，发展到现在冬天喂草要给羊拔针茅，草场变化的影响常常超出我们的想象。

草没了到处都露地皮，就开始吹沙子了。风大的年头，房后面羊圈后面的沙子都堆上房顶了，每年自己用小四轮怎么也得拉四五十车，拉完了又刮来了。2001年，沙子把羊圈里面都吹满了，外面也是沙子，整个羊圈都被埋住了。今年（2016年）我请了修路的推土机来给我推了三天，每天从早上7点来推到太阳落山，给了两只羊当工钱。

家门口以前是平的草场，现在都让风吹成了大坑了。这么吹得，我们这儿土都变了，草肯定也都变了，一年一个样。2012年雨水好，这儿长的都是小白蒿，不是那种矮的，是高的，那一年就高兴了。但是第二年就没了。还有些年长出来的都是沙蓬（猪毛菜），风一吹就跑了。

2.4 锡盟东部打草区一位老嘎查长的讲述

曹××是我们的老朋友了。2006年我们第一次进行牧区调查时遇到了他。

当时他任嘎查长，说起牧区的状况非常担忧，尤其对牧民贫困问题和承包问题谈了很多。2013 年、2014 年我们又拜访了他几次，每次都感到收获良多。

咱们第一次见面是2006 年 8 月吧，见面之后 9 月我就从嘎查长的位置上退休了，2010 年又被选出来做人大代表，现在一般都住在旗镇里。

我们嘎查最大的问题就是草场太小，54 万亩草场，110 多户。牲畜承包时一个人 15 只羊 9 个大畜（3 牛 6 马）。全嘎查当时是一万多头只，发展最多的时候就是 1998、1999 年，差不多 3.7 万头只。草场承包时候 1400 亩一个人。

2000 年后整个嘎查的牲畜开始下滑，最低 1.8 万头只。2006 年大旱，嘎查里一半都是贫困户，有的人家完全没有牲畜了。现在 30% ~ 40% 的人都进城了，也没什么可干的，有的做裁缝，有的做泥瓦匠，还有一些在冷库打打工，他们的草场大部分都租出去，靠草场租金生活，真正放牧的人越来越少了。不过大户也还是有四五户的，每家有 1000 多只羊。

这两年上面管得厉害，我们是草畜平衡区，载畜量规定 34 亩一只羊，整体不怎么超载，而且雨水好草也好，草场还可以，退化没以前那么明显了。不过以前草的种类多，麻黄、沙葱之类的，骑马走都会打滑，必须要小心，因为草厚打滑。而且那种葱类水分大。以前吃那种有水分的葱可以十几天不喝水，羊的肚子不是撑起来的胖而是苗条了，但是长肥了，是油分很大的那种。现在那些草还有，可是少多了。而且每年草场上长什么，说不准。2008 年我们草场 80% 都是蒿子，2009 年都是猪毛菜，2010 年又是猪毛菜。我长到 50 多岁从没见过这样遍地只长一种草的草场，还都是营盘上才长的东西，老人也都说从来没见过。2011 年就都没了。

2012 年和 2013 年两年雨水都多，整个锡盟草场的草长得都比往年高得多。但是一个普遍的现象是所到之处见到的草场都是以针茅为主，其他草的种类很少，一平方米内就那么五六种植物。曹××他们嘎查的草场也一样，不同的是这里的针茅是一种大针茅，高可达1.5米左右，但是下面其他的草一般只有三四种。据同行的草原生态专家说，有大针茅生长的草场，在正常情况下每平方米内可有十几种或二十几种植物。走进牧户都可听到对针茅危害的“投诉”。为了避开针茅籽实成熟后带来的危害，当地把打草和买羔羊的季节都提前了一个月。草没干就打下来，很容易沤坏，而羔羊还没有长大就得卖掉，又从两方面带来损失。

雨水好的年头，别打草，放牧也别太厉害，有个两年就能有枯草层了。现在远看草高，近看稀稀拉拉的，就是因为没有枯草了。等枯草出来，慢慢多了，就能变成土，跟金子一样。这样的土上才能长草。

分了草场之后已经有十五年没有枯草了，都是因为承包了。承包了牲畜老在一个地方转悠还打草，枯草很快就都没了。1999年的时候别说枯草了，草都没了。沙子把七根铁丝的围栏埋到第五根铁丝，整个草场上稍微低一点的地方就都是浮沙，而且挂上猪毛菜后积了沙子，就一直不长草了。2000年后也是连续干旱，2006年地上只有土和沙子，都没草了，以为再也不长了，没想到下雨后又有了。所以草场是能恢复的，如果能有强有力的管理，草场和枯草都能恢复。枯草好处多，能存雪能保水能保温。但是现在人都不太在意枯草。有枯草的草场春天肯定比其他草场上的草长得早和好。

如果能游动起来，羊多一些其实对草场影响不大。我们嘎查3万头（只）牲畜是没问题的，雨水好的时候。现在夏天数字2万多。

聊了枯草层的问题后，曹××表示了对租草场的担心。承包后不能大范围游走，因为草场面积有限，他家早早就开始大面积租用草场了，但是随着草场价格的逐年上升，能否租到好草场，是租草场还是买草料，成了每个放牧牧户必须要面对的问题。

我们嘎查普遍的放牧场租金五六元，5元已经是最低了，打草场

10~13元，几乎都租给了外面来的人。当地人放牧就觉得5元一亩不低了，可外来户出得高，10元都可以，结果都给他们了。他们一亩地能打3捆就能赚钱。一捆7~8元，3捆就是20多元。今年最低一亩3捆，7~8捆的也有。对没有牲畜的牧民来说，这个社会多好，靠出租打草场就能生活，干嘛非要放牧呢？

这些问题的根儿还是在承包上。草场承包给你是让你放牧的，不是为了让你出租的，对这种靠出租的人就应该把草场收回。对这种人补助都是白搭的。草场不是商品。你不放牧还要那个草场做啥？你没能力生活可以给你低保，帮你孩子找工作什么的。但是现在没有牲畜的成了牧主成了爷了，租草场一次拿三五年的租金，十几万，拿到手里就乱花了。花完了就到处借钱赊账。

租到草场的牧民也不轻松。牧民补贴是一年一年发的，可是一租草场就得三五年，咬牙一次把钱拿出来了，遇到干旱等于白花钱。而打草场是每年租的，看完草场才订价格合同的，对那些老板来说没有一点风险。

现在我家有不到1000只羊，150多匹马，30多头牛。两个儿子没有分家，草场牲畜都在一起，二儿媳妇是教师，在旗里住。大小子一家在草场，一共九口人，草场才7500亩（五个人的草场）。2006年我家就在租草场，租了2万亩，一亩2.5元或者3元，现在都涨到五六元了。今年2月租的草场到期，冬天还得租，现在不租过不了冬的。草场好，可牲畜太多了。除了租草场还得买草买料，一年至少得买4000多捆30斤的草捆，100袋以上的料。雪大，春天就全靠喂了。

这几年羊价起起落落，其实羊羔价格最大的区别就在羊皮上，没有狼针的皮子80~100元一张，有狼针的5元都没人要，2004、2005年就开始提前卖羔子，就是为了别扎羊皮。如果能多养一个月至少长三斤，一斤11.5元，就是30多元。不过考虑到羊皮价格，宁可不要那30多元了。收羊的只要看见身上沾的有狼针就不行了。所以买草得注意，挑没有狼针的买，要不羊皮就一下不值钱了。

在曹××他们的嘎查里，还实施过划区轮牧的项目，不过如今小区围栏早已不见，只能隐隐约约看到曾经围栏的痕迹了。

2002年3月，上面给了我们一个划区轮牧的项目。要求必须有人带头，我作为嘎查长就接了。引进的新西兰的技术，上面派人下来拉围栏，给你订计划，具体怎么放牧怎么用草场也都是他们安排，不听你的。一共3000亩草场，留出一个过道之外分成6块小围栏，500亩一块，一块吃一个月，轮着用。一共给了56捆铁丝网，都是他们给的钱，差不多3万多元。

为了让我们了解划区轮牧，旗长带着我们20多个牧民还去了克旗和西乌旗交接的一个点上参观。他们那边是9000亩，划了9块，每个小区里都有水塔和棚圈，挺好的，一块里面待3天，一个月轮一圈，还有饲料地种青贮料。可据说人家的点投入了1000万元呢，他们的草场也跟我们不太一样，土比我们的草场厚得多。

上面下来的技术员就说：你们这儿草场这么大，比新西兰大多了，人家新西兰都能划区轮牧，你们肯定没问题。结果我们拉了铁丝网没多长时间就不行了。12米多宽，500米长的一块小围栏，400只羊放进去满满的，三四天下来草场上就没啥草了，羊光走道就把草场走秃了，很快就做不下去了。

2006—2009年，我们这儿还有个西门塔尔牛的强迫改良项目，把本地牛都阉了，七八岁的公牛好多都受不了死了，赔也就赔给你1000元，空怀的还有不适应的都很多。后来有了种公牛西门塔尔，但是不允许自然交配，必须要集中圈起来，有的离几十上百公里，人工取精液再人工配种。集中起来的一共300多头种公牛，分别从10个嘎查来的，用国家项目的电网围起来，结果跳出去的、打架的、丢的，非常多，赔也就赔一两千元。西门塔尔就是不适合这个地方的，太冷，有时候冬天趴了就站不起来了。其实改良可以做，但要先做实验，而且要自愿的。根本来说，还得看是不是适合我们这个地方。现在我们这儿还是本地牛为主。

2014 年 9 月，时值羊价下跌的第一年，我们再次拜访了曹 × ×。羊价下跌带来的不只是收入的减少，还带来了很多其他问题。

> 今年羊价跌得太厉害，一开始羊羔 20.5 元一斤，很快跌到 18 元一斤。现在太小的羔子没人要，那种 16 斤以下的白条都扔了，至少要 20 斤以上的白条。羊杀了冷库不收贩子不要，一个两个自己就吃了，太多了没法弄就只能扔了。以前是多少斤的都有人要的，去年前年就开始皮子和尾巴不要了，都扔了。皮子 2 元、3 元，到现在根本没人要。现在卖羊，皮子、肚子、脑袋都不给钱，只看白条的重量。而且那些东西，羊头蹄子下水都是他们（冷库）的，除了尾巴能退给你，其他的都是冷库的，他们说这个钱都已经加在白条肉里了，要不羊价还得更低。一个羔子还要交 10 元的屠宰费。
>
> 我家去年卖了 200 多只羊，今年到现在还没卖呢，想等等看，怎么也得再涨上去一点儿吧？咱们这儿今年雨水不错，就是羊价不行。这要再不卖还有麻烦事儿，因为现在一般都不骟羊了，反正羔子也得卖出去嘛。可这要是卖不出去可麻烦了，等于凭空多了一大堆的羊耙子（种公羊）。现在都出笑话了，那边来个人问，放羊呢？这边回答说，放羊耙子呢！
>
> 就算现在要再骟也来不及了，已经过季节了，一般骟羊都是春天。现在再骟招虫子啊，那事儿就多了。不骟的话现在就得分群放，小公羔子不能跟母羊在一起放，要不它们就该自己胡乱交配了。还得专门雇羊倌看着羊耙子。一个月最低 3500 元呢。留到明年的话，这些羊还得过冬，消耗草料，喂太少过不了冬的话，就亏了，喂得多羊价又上不去，更亏。现在就是这么左右为难。
>
> 嘎查里面只有一半的人卖羊了吧，一半人还是坚持着没卖。刚开始白条羊一斤 20.5 元，我们还觉得低，因为去年是 26 元呢，现在 18 元都没人收了。去年平均一只羊能卖 730 元，今年只能卖 420 元。今年我们羊膘情还挺好的，就是不知道为啥价格不行了。去年没有狼针的好皮子一张 90 元，有狼针的 15、20 元。今年好皮子才 35 元，有狼

针的根本没人要，结果就都扔了。

羊价不行了，别的东西倒是一直在涨价。现在炒米已经8元一斤了，以前5元多；鸡蛋6.5元一斤，以前2.5元一斤。可是超市里面卖的羊肉也没看见便宜啊，饭店里只要沾肉就都贵，肉饼都80元一斤了。

牛价格也下降了，每头牛少了两三千元。一个2岁的牛犊子去年能卖8000元的，今年5000元多点。好马去年一匹10000元，今年8000元。

2006年咱们第一次见的时候，牧民就开始穷了。牧民跟种地的不一样，农民穷了一年可能明年好好种地就可以了，牧民不行，今年穷了，明年买羊又买不起，就彻底穷了。没了牲畜就只能把草场租出去进城，开销更大。像我，住在旗镇上看着我两个孙子上学。俩孩子出来吃顿饭买斤包子吧，就得70多元。他们都上小学，一天他俩的零花钱就是八九十元。一个冰棍3元，一个面包五六元的。

进城的牧民们多了。家里有牲畜的生活还可以的，一般肉食啊奶食都可以从家里来，那些没牲畜的都得买，一斤奶豆腐30多元，吃习惯了不吃还不行，吃肉也都得买了。

我家现在手里贷款8万元。今年要是羔子不卖，贷款可能就还不上了，只能跟个人借还银行贷款。看看到12月底1月份再从银行贷款还高利贷。银行贷款是有标准的，你有多少羊能给你贷多少钱。有的人不会算计，高利贷也有了，贷款也没还上，牲畜都卖了也还不上，就成了背着债的无畜户了。

现在牧民有点牲畜的都贷款。你们下去调查的就都知道。贷款买草料，卖羊还钱，再贷款买草料。牲畜一死就完了。今年就完了，羊价不行。我原来估计我要卖200个羔子，600元一个，12万元收入吧，就贷了10万元，结果一个羔子才卖了400元，就还不上了。而且今年这样没卖出去的羊还得买草料让它们过冬，就更亏了。

牧民现在都到处借钱，见了面就是借钱，说卖了羊再还你。谁先卖了羊的，就都跟他借钱。这个羊价国家怎么也应该有个说法有个价钱吧？头多少钱，蹄子多少钱什么的，牧民不就清楚了嘛。可咱们没有，就是整只说多少钱一斤白条，下水、头、蹄都不给你算，到底多少钱你也不知道。市场上羊头一个30元，蹄子一个4元，都有价儿，就是到我们这儿就没价儿了。

2.5 草场宽裕又有400亩饲料地且精明能干的牧户

呼××是个难得的能干牧民，也是个典型的头脑灵活的蒙古族外来女婿。在整个牧区调查中，能像他那样算起账来清清楚楚的牧民是非常少见的。2013年夏天，我们对他所在的巴彦××嘎查（锡盟西部）进行调查的时候，他家房子刚修好，洁白的墙壁，大大的玻璃窗，亮亮堂堂。房子附近是一大片香瓜地，几辆大车和十几个工人正在装车。

我家17000亩草场，当时分草场的时候，一个人3400多亩，我家是5口人的草场。现在有300多只羊，定的载畜量是52亩一只羊，其实还是可以多养一些的。我们是草畜平衡区，每亩每年有1.71元的补贴。这个补贴应该是好的吧，替老百姓着想，但是牲畜给你控制了，损失肯定是有的。

比如去年我们这儿大旱，那个补贴肯定不够买草买料的。一只羊从秋后入冬开始一直喂到今年下雨，喂6个月180天，连草带料一只羊300元是保质保量的（连大羊带羔子，基本不掉膘，能吃饱），200多元是能基本维持的。我家过冬320只羊，这样算下来，草料投入就是10万元。如果接90%羔子就是270只羔子，羔子接下来还要喂，平均一只羔子一天8两料，起码要喂100天才能出栏，那就是80斤饲料。一斤饲料1.5~1.6元，这样一只羊羔就是130元的成本。如果羔子能卖700元以上，大羊吃掉300元，羔子吃掉130元，一只羊能挣270元。你拉水的话还要算汽油，另外还有雇人等等，这样一只羔子怎么也得再扣掉50元吧，就剩了220元。再刨去机器修理、兽医兽药什么的。这样一年下来纯收入也就是5万元，加上补贴也不到7万元。你不细算的话看起来还挺多的，一算就不行了。老百姓一般都不会算账，加上现在还发每亩 1.71 元的补贴，看起来好像收入不错，其实挺难的。

家里三口人，孩子在通辽上大学，一年开销至少 3 万元，我们两口子 4 万元生活费，这样一个月的生活费一个人也就是 1000 来元。

呼××算的这笔账非常清楚。只是 2013 年我们进行访谈的时候，一只羊羔还能卖到 700 元以上，他没能料到的是隔年的 2014 年开始羊价大幅度下跌，一只羊羔只能卖 400 元，这笔账就再也算不过来了。

我家饮羊是用机井，1999 年打的。2000 年开始开了 400 多亩饲料地，种点饲料和经济作物，就又打了一口井。

如果不限制牲畜数量的话，我的 17000 亩草场还能多养一些羊，成本也能降下来点儿，以前如果不限制牲畜数量的话，800 只羊光养羊的纯收入一年能超过 20 万元呢。可现在草畜平衡光规定了 52 亩一只羊，对我们这种种了青贮地的也没给什么政策，比如开了多少亩就能允许多养多少只羊之类的。

我家自己种了 150 亩的饲料，剩下的地包给别人种香瓜了。其实 300 多只羊有 50 亩饲料地就够了，其他可以卖出去。不过今年这样雨水好的话，是卖不出去的。天旱了费脑筋，天气好了雨水好了还是费脑筋，卖不动了。如果能多养点羊，还可以，可现在不能多养羊，卖不出去这些青贮就白瞎了，明年就要扔。要是粉碎了装袋埋到地里倒是能储存，可又是一笔投入，而且到冬天从地里刨出来吃又要费一次人工。国家应该对我们这些有青贮基地的给一些宽松政策的，比如你种多少亩饲草料就能多养活多少羊，老百姓会自己来平衡。哪怕说今年青贮卖不动，我就从外头租羊或者买母羊呢，可现在政策不允许。

我今年的青贮是一亩地 600 元卖出去的，我雇人把玉米割倒，谁要的话就自己来拉。如果是加工成袋装青贮的话，一亩地应该是 150～160袋，按照 10 元一袋卖，看起来好像一亩能卖 1500 元以上，可实际上袋子本身一个1元，加上雇人粉碎装袋，一袋子的成本就要八九元，还不一定能卖得出去，这样计算还不如一亩地600元谁买谁自己拉合算。

我家贷款了25万元，明年到期，2年的贷款，就是从信用社贷款的。主要就是搞基础建设。去年孩子得病，今年要盖新房子，都得花钱。

我家这样的如果禁牧的话，6元一亩补贴，一年差不多10万元了，也是可以。但是只有我一家乐意的话也禁不了牧，我们有规定，必须达到多少面积或者整个嘎查都愿意禁牧的，才可以跟政府申请。我们东苏旗的草场一共分了三个等级，只有特别恶化的草场禁牧。咱们这儿属于良好草场，就去年旱了一年，之前其他地方再不行再旱我们这儿都还可以。就算2006年到处都大风沙尘暴，这儿还要好得多。只有去年旱了，好多人家只能走场。我家走了一个多月回来了，买草喂。租草场走场一只羊一月15元，一头牛一个月120元，我家400只羊和100头牛都走场了，花了近2万元。

这边租草场现在是一亩地5元。还是租草场合适，因为1万亩草场能产的草是没数的，而5万元能买的草却就那么多，而且你买草还要人工投入去喂。放牧的羊在吃草的时候连草籽什么的都吃了，就像吃料一样，营养也要好。所以还是租草场比买草合算，关键是能不能租得到好草场。

我的饲料地里种香瓜的地也是以前开的。说是生地种香瓜好，其实也都差不多。我这块地是2001年左右开的，现在400来亩是逐步增加起来的，越是旱年越增加呗，一步步到了400来亩。一亩330元出租出去，出租了200多亩种香瓜，自己家种150亩青贮玉米。我是第一次往外包种香瓜，应该还可以吧，我交电费，他们自己搞滴灌，之前饲料地项目配套的喷灌他们不用。

我家拿到的饲料地项目是个节水项目，原来是管灌后来是喷灌，自己拿一部分钱国家配套一部分。当时拉电的投入相当高，都是自己投入的，将近10万元，这个没有项目资助。嘎查一共150多户，大概十几二十户种地的，也就是能打出井水的人家，自己打井拉长电。

我的400亩地基本都差不多每年自给自足，包出去从经济角度是比较划算的。因为你种青贮，一亩地也就是挣100～200元，没什么利润。包出去不用操心一年一亩地就能拿回来300多元。去年我包出去种的是土豆，不过好像那个种土豆的人赔了。这是普遍的，去年种土豆的都赔了，因为种的人太多，价格不好，结果今年包地的人也特别少了。

不过这个地，最起码自己的羊需要的还是要种出来。如果能有好一点的国家政策的话，我就愿意全部种青贮。要是种了卖不出去，就纯粹赔钱。

合作社现在不好搞，国家提倡的是挺好的，我也在电脑上下载过合作社的详细资料，但是按照那个落实的话是相当难，每家都有自己的投入和建设，你说谁愿意把自己的东西拿出来给大家用？我们这儿倒是合作社的名字挺多的，1000多2000亩地一开，往外一包，纯粹就是套项目。

真正的合作，也不是说没有，如果真能合作的话也好啊，可是谁能投资得起呢？比如咱们搞一个苏尼特羊的合作社，直接卖到北京，不是不可能。但是只有一个人或者两三个人，怎么操作？公司的话就要有总经理董事会，有一套的章和业务，谁能干得了？咱们这儿是光有印章没有人，都是空的名字，合作社也全都是空的，牧民里面想要合作的也少。

我自己就没有动力，我在锡林浩特买了门面房，开了个小旅馆雇人看着，我几天过去一次看看，经营得还行，总比空头的合作社要好。

跟呼××聊了之后我们发现，原来他不是本地人，而是外来的蒙古族上门女婿。他兄弟六个，三个在外面跑生意，一个是政府干部，他和二哥在牧区找了媳妇后就落脚在牧区干起了牧业。于是我们又继续拜访了他的哥哥特××，他家里也开了饲料地，不过没有包出去。

我家开了350亩饲料地，两口井，一口80米，一口138米。2004年开的地，电是自己拉的，政府给了个喷灌的项目。2012年整个饲料地包出去种的土豆，赔了，今年（2013年）我自己开拖拉机种上了小葱，到明年一开春5月份就能收了。比较起来还是种葱比较合适，玉米产值不高。这儿无霜期太短，一般不到5月20日就热不起来，积温不够。之前也种过玉米，长得不行，一亩才收不到800斤。

种草绝对不合算，种草养畜的话还好一点，但还是直接种别的挣钱，比如种老葱。土豆主要是市场不稳定，而且麻烦。听说宝昌那边还有人种七寸人参，就是胡萝卜，电视上演的，人家有销路有对口，名字就叫七寸人参，挺赚钱的，可咱们没有那个门路啊。从前年开始葱价钱上来了，冬天1.5~2元一斤。一亩地要是培好土追好肥，大概能赚5000~6000元，刨掉成本（化肥比较多，一亩150斤左右），至少能赚4000~5000元，成本跟玉米差不多，还不怕沙子打。

咱们这儿只要是往地下长的块茎的东西都可以，土豆、萝卜、葱都可以。我家这一块比周围地方的风小，不怕沙子打，土豆价格好的时候，比葱还能挣钱。像我们去年把地包出去是550元一亩，管电费，他们种葱刨掉地租还能挣4000多元一亩。他们来种地的很多都是买卖人，包地以后就雇人种，机械化生产，到收的时候再雇工人。这样算，550元一亩的话，光包地都比放羊挣得多。

我家草场17000多亩，跟我弟弟一样，租出去了12000亩，一亩5元。草场上就我跟媳妇两个人，二小子上的财经大学，大小子去北京打工了。我家草场的载畜量定的是42亩养一只羊，我家可以养400只羊的。但是去年旱灾，而且家里就剩两口子，劳动力不够，就没养那么多。少养一些，成本低，好经营，养多了风险也大啊。我家承包以后羊最多的时候1800多只，但是2000年就开始每年春天沙尘暴了，养到最后，卖了羔子后每只母羊还赔40元，那还怎么养呢？只能减少数量。去年遭灾的时候就是，本来草场就不好羊膘情就不行，你买草喂还是不行，干脆就是贴钱，还不如处理掉能少赔点。

2006年我家从1800只羊一下收缩到不到500只，那一年沙尘暴最长连续刮68小时，对面不见人，羊身上全都是沙子。

我现在往外租草场每亩收5元，每年能得6万元，还能拿到每亩1.71元的补助，今年再涨点就到7元一亩了，1200亩就能收入8万多元了，比自己养羊还合算。

呼××兄弟俩所在的巴彦××嘎查是整个苏尼特左旗地下水资源比较好的，全嘎查140户牧户，其中40多户有机井的人家都开了饲料地，总面积达到3500亩。饲料地本是作为放牧补充的一个手段，却在现实中不断遭遇各种尴尬。丰雨年饲料卖不出去，干旱年份又需要饲料。一些牧户如呼××一般将一部分饲料地外租种经济作物，一部分留作自家用，更多则可能像特××一样，一笔账算下来，种饲料地再养畜还不如直接把地租出去合算，这就使得饲料地在草原上的处境更加尴尬，成了顶着饲料地名字的经济作物农地。这期间需要怎样的管理办法，又该如何处理干旱年和丰雨年的矛盾，就是个需要探讨的问题了。

2.6 有一套独特见解的老嘎查书记

2012年我们第一次见到格××，他49岁，当了20年的嘎查书记，巴彦××嘎查的草畜双承包、饲料地开发等都是在他任职期间进行的，直到2005年他卸下了书记的职务，一心一意放在自家的牧业生产上。巴彦××嘎查紧邻旗镇，在整个苏尼特左旗来说都算人均草场面积大，条件好的。与北部荒漠草原不同，属于典型草原与荒漠草原的过渡带。全嘎查140多户，共179万亩草场。2012年和2013年，我们对格××连续进行了几次访谈。他对整个牧区政策都有很多独到的看法，其中关于大户分家和分草场的问题，尤为深刻。

现在的政策是越来越好，直接给你发钱，但是养的懒人越来越多了，很多人也不放牧，就靠草场补贴和草场租金过日子。我们这儿不是禁牧区，属于草畜平衡区，补贴1.71元1亩，而租草场一般3元1亩，最高到5元。我们嘎查179万亩草场，140多户，每户最少也有1

万亩以上的草场。一些人一边拿着草畜平衡的补贴，再把草场租出去，拿两份钱，比养牧的人的收入还高还稳定。养畜的牧户因为草畜平衡，牲畜已经减少了，再加上买草料租草场，1.71元的补贴根本不够。牲畜多的人不喜欢这个草畜平衡，还是发展牲畜好。牲畜少草场大的人还是觉得补贴好。牧区现在就是越没有牲畜的生活越好，有牲畜的反而负担大了。

现在（2012年）巴彦××嘎查里靠租草场过日子的有十来户，基本都是人口多草场大的人家，有的一户就有5万多亩草场，光草畜平衡的补贴每年就可以拿到八九万，再把草场租出去，就算每亩按最低的3元计算，每年也能收入十来万元的草场租金，一家子一年什么都不干也能拿到将近20万元，而且很稳定。放牧的就不行了，收入高低全看老天。收入高的时候一年能有20万元。而坚持放牧的牧户呢，灾害时候光租草场和买草料就赔光了。所以现在普遍情况是越没有牲畜的生活越好，有牲畜的反而负担大。

2011年大旱，我们嘎查140多户，除了十几户无畜户外，走场了八九十户。我们从春天返青就一直在等下雨，一直等到8月，草场基本上光光的，什么都没有了，如果不走场就只能喂干草。我家当时600多只羊200多头牛，去年备好过冬的草捆早就用光了，要再买草，草捆的价钱一遇灾就涨，已经翻了好几倍，成本太高，我算了一下，一个月一头牛就得150元的草料，我200头牛，一个月就3万元了，还不如租草场合算。我家是到北部的洪格尔走场的，租了1万亩草场，离这儿250多公里，一路上赶着牛羊过去，走了半个多月才到。结果花了3万元租草场，本来可以用一年的，只放了两个月就回来了，因为太冷了，那边又没有大棚圈可用。到了那里草场上没水，只能自己拉水，拉一趟水就得走20多里地，用一辆13吨的农用车，一个月还得给井的主人1000元水钱。结果水质还有问题，牛羊喝了拉肚子，花了1000元只用了两车水。走场加上拉水、租草场花了5万元。天冷了只能回自己草场买草料喂着，草料花了18万元。这样算下来，遇到个旱灾，我家就在牲畜上花了23万元。

格××书记这样精明能干的人给我们列举这些开销的时候还得一笔笔仔细算，很多牧户稀里糊涂就把存款砸了进去，指望着扛过灾保住牲畜不死就能翻身，结果为了买草料赔光了牲畜，成了无畜户，还背上了高利贷。另外格××抱怨，草原上想要雇工越来越困难，原本就缺少的劳动力也更加稀缺。

> 这几年草畜平衡上给钱，那些人拿了钱一天到晚就是吃饱了待着，不干活了。很多牧民拿了补贴只是混日子，嘎查里现在连羊倌都没了，因为工资太高，前两年还没发补贴的时候，零工一天80~100元，现在已经涨到200元一天，女工也要150~180元，还招不到人，各家劳力都很紧张。这两天霜冻了，我找人回去打草都找不到。这都跟补偿有关系，那些人有钱花了就不用干活了，也不爱干。而且用羊倌也都不太敢用了，风险大得很。那些能干的人都给自己干活呢，不会来当羊倌，出来的都有点问题，雇羊倌连个劳动合同都没有，什么责任义务都不清楚，他们一个月3000多元很稳定，可拿着工资不好好干，你一点办法都没有，损失全是雇主负担，所以现在用人都是提心吊胆的。人真是越自由越不行了。

草畜平衡补贴的发放后，一些镇上的麻将馆也火爆起来。达日罕苏木的老苏木所在地我们访问了一个麻将馆。主人本来是远近有名的摔跤手，后来因为骑摩托出了事故一边肩膀完全动不了，就开了个麻将馆。他说，现在牧民们里面打麻将的越来越多，从开始的只是玩玩消磨时间，到现在的赌注越来越大，甚至有些输掉几万十几万元。他觉得这是跟草畜平衡补贴有关的，直接发下来的现金，让牧民手里有了现钱，而且这些都不是劳动得来的，一些人不知道珍惜，一味乱花。

> 我家里种了200多亩地，用喷灌，就是因为劳动力太贵太难找了，没法种高产玉米，只能种省人工的青谷子，就像一般的打草场一样，秋天直接用打草机打，再打成捆，一捆35斤，200亩能出6000~7000捆。

草场承包以后，养牧成本这几年明显高了，尤其是草料和网围栏上。我们这儿草畜平衡标准是允许52亩养一只羊，就这三年定的。之前是35亩一只羊，这两年不知道因为什么改了。按这个算，我家20034亩，5个人，只允许养300~400只羊。如果年景好，不用买太多草料的话，一年还能收入十几万元，如果遇到旱年，像2011年那样，光成本就得花出去20多万元，所以有点饲料地还是好的，至少自己不用出去买草买料了。

我们嘎查有一半都正好在古河道上，所以地下水挺好的，水利部门的人来看的时候这么说的。所以有条件的人家都开了点饲料地，全嘎查现在大概有3500多亩饲料地。我家的200亩已经开了10年了，自己有牲畜，买草还要花钱，那就还不如自己种。之前上面对饲料地是有严格限制的，必须种草，不能种瓜种菜的，人家种瓜是能赚钱，但这本来就是牧区种草养畜的项目不是种瓜赚钱的项目嘛，不过现在也没人管了。那几年我当嘎查书记的时候管得严呢，现在我不干了，他们想种什么也都种了。

水位下降肯定是下降，每年5—9月的时候，我们一个嘎查40多眼机井都抽水，那肯定会下降。可这是上头的项目，上头给了几千万买了喷灌机进来，你不开地你干啥，那喷灌不白瞎了吗？

在谈到草场退化的时候，格××强调“我看草场退化就是承包和网围栏弄的”。

牲畜以前到处跑，晚上自己回来，现在就在围栏里面转，一天两圈，草场怎么会不退化呢？不分草场的话，我看就不会退化。网围栏倒是省事儿，里面一放不用管了，但是吃得少踩得多了，这是个大事儿。

有了围栏以后，纠纷也多了。我记得以前我们这儿是普遍下雨的，整个旗说下雨就都下雨。现在下雨就是三间房的地儿，东边下着西边就不下，网围栏这头好，下雨了，那边就一直不下雨。所以你说牲畜怎么能不跳围栏呢？以前的牲畜别说跳了，大大的空隙钻都不会钻，现在不光钻了连跳都会了。没办法，围栏这边有草那边没草，一个两个跳过来，后来就都会了，牲畜也会学习呢，啥也懂。我家的牛跳一米二三的围栏跳得利索着呢。牲畜跳到别人家草场上，就肯定有纠纷了呗，邻居之间、父子之间，因为草场出的各种矛盾越来越多。

除了界定户与户之间边界的围栏之外，我们也聊起了划区轮牧。

现在哪儿都有划区轮牧的项目，我的冬场还有两三个围栏呢，也是项目。我家草场大还好，能分成冬场和夏场，草场小了可不行。其实原来牧区夏天冬天换着季节转场那就是轮牧的嘛，不是什么新鲜的科学，不用你划小块儿，这是牧民老干的事儿。现在是政策上要拉网划小块，也真是没办法了，一家就10000多亩，又不像以前的能分季节草场，结果这种分小格子，围栏越小越不行，踩得越厉害。我也看过电视上演，那种划成小块块，一个星期用一块肯定不行的，纯粹是糊弄当官的嘛，你说别的可能能把我糊弄住，放牧我了解啊，好好的草场你非得划成1000亩一块，你说你是放牧呢还是种菜呢，那么小，草踩都踩没了，更别说让它歇几天草就能长起来呢。

第一次访谈的时候格××还在为劳动力不足、补贴养懒不养勤忧虑，2013年第二次访谈时，他的大儿子马上就要成家，格××开始忧虑分家问题。

新户就是家里的负担，草场都分完了，怎么再给他分呢？大队也都没有草场了，只能把自家草场再继续分。我小儿子还在上学，大儿子马上成家，也得分家了，让他们小家庭重新发展。在牧区现在很少分家不分草场的，不分不行啊。就像我家这样，现在我还能说了算，可家里的其他人都怎么想的？像我这样分家不分草场的户极少，大都是家里有个长辈主持着的，可你不能永远活着吧，你死了呢？你儿子答应了不分，儿媳妇呢？女儿答应了不分，女婿怎么想？牧区我看是越来越完蛋了。这样越分越细，草场越来越小，一个后生一成家就拿走一块草场，他的孩子们再成家就继续分，那草场还是草场吗？就是羊圈了啊！草场本来就是不能分的东西。倒是卖网围栏的人有赚钱机会了，大草场再分小块，就得再拉围栏。其实如果能在家里搞合作，比如我家，一户分三户可以，留一家在草场经营，其他出去打工，或者在家里分工合作搞生产，这才能好。最好的合作就是家庭内部先合作。

只要能不分家，好歹还是能生活不错的，要不再大的户，几个儿子一结婚也就都垮了。现在都说要搞什么合作社，要我说，别说合作社了，家庭里能合作起来就不错了，现在家庭里不干活想挣钱的人多，家里内部为了争草场争补贴打官司的还有呢。这就是不分不行，分了更不行。

我大儿子马上成家，我就想着让他在镇上待着，大儿媳妇是有工作的，哪怕我出钱给他们买房子，一年给他10万元生活费，就当给他发工资了呢，只要他不分草场就行。不过就算能行也不可能一直这样，等我不在了他们兄弟俩还是得分的，现在这是最让我发愁的事儿了。

就像格××说的那样，分家分草场，即使他这样有20034亩的草场比较宽裕的人家仍然不行。放牧业是草场分得越小、退化越快、成本越高的，即使这些新户每家分得了3000或5000亩，按草畜平衡的52亩一只羊只能养60~100只羊，无法维持生活不说，生产成本还远远大于收入。

在格××看来，今后的出路只能从合作上入手，可一边倡导着合作，一边又不得不在家庭内部进行草场的进一步分化、破碎化，又如何指望能依靠合作组织解决草场和生产成本的问题呢？而且格××认为，合作的基础已经被破坏了，那就是嘎查集体的空壳化。他还记得，在1984年牲畜承包的时候，以当初合作社入社的记录为依据，将嘎查的7000多只铁畜承包给了当初入社的97户人家。到1997年草场承包时巴彦××嘎查仍然有自己的7000多只集体牲畜，也就是“铁畜”，也仍然能有一些嘎查的集体收入。

我们刚承包的时候，我还是书记，规定一只铁畜一年要交10元，7000只羊一年就能给大队7万元，这样牧民对大队有责任，大队也能有点钱，搞点扶贫什么的。集体还是必须要有一定的收入才行的，没钱就没法办事，连扶贫都做不了，说话自然也就没人听。自从牧业税取消后，嘎查集体基本就成了空壳子，这附近也就我们巴彦××嘎查仍然有自己的铁畜，能维持一些集体收入。可到我不当书记以后，不知道为什么连这些都没了，嘎查的公共事务也都无力去做了。

最后，他用一句充满了忧虑的话结束了访谈："现在牧区的事儿整个都搅在一起，乱成了一团了，想解决真的很难。"

2.7 人多草场少的嘎查里的大户

镶黄旗地势南高北低，地形以低山丘陵为主，由东南向西北递减。气候属中温带半干旱大陆性季风气候，地区年均降水量267.9毫米，主要降水集中在夏季（6—8月）。镶白旗和镶黄旗的牧区，都是七八家一个浩特，房子集中盖在一起，通常这样的一个浩特也被叫做"一个村"。因为人口越来越多，越来越密集，更多的是两三个浩特连在一起，十来户人家集中居住，每家的草场都用网围栏围起来，条块中间是公共牧道。

与苏尼特左旗相比，这里的条件完全不同，无论是人均草场面积或草场本身的类型和承载力。苏尼特左旗绝大部分草场都属于荒漠草原，这里因降水条件更好，属于条件较好的（热量较高）典型草原。面对极其有限的草场资源，因为人口多草场小，这里的牧民选择不断对羊进行改良，引进当地人称为"德美""苏美"（德国、苏格兰美利奴）的品种，普遍能产双羔，以此来使得收入能够最大化。产双羔，看起来可以让收入翻倍，同时却意味着母羊对草料的需求更大，租草场、买草料的成本投入成了当地牧民们越来越难承受之重。

布仁×××家所在的阿拉腾××嘎查，是远近闻名的人均草场最小的嘎查，承包时全嘎查一共78户，其中60户都是户均草场面积不足500亩的。布仁×××家是比较特殊的，承包时家里人口多，是整个嘎查里草场面积最大的人家，草场面积达到 3000 亩。即使这样，他们仍然要面对草场不够用、生产成本不断上升的问题。

他家相邻三个浩特，共 13 户，各家草场早已拉起围栏，有的人家为了有计划地利用草场，又把自家草场再分成几个小块。围栏不仅分割了草场，还切割了整个草场景观，放眼看去，横竖斜十几道围栏，围栏中间是公共牧道，早已被往返的畜群踩得寸草不生，大多地方甚至出现严重沙化的状况。

2012 年，我们对布仁 × × × 进行了访谈。当时他已经跟老婆孩子定居在旗镇上，一边看着孩子上学，一边在四处工地等处找点零工干。

> 我们嘎查是 1983 年承包牲畜的，当时家里 8 口人，每人分到 10 只羊，七八头牛，2 匹马。因为我们这儿草场太少了，所以不像别的地方分牲畜之后又过了几年后才分草场，而是马上就把草场分到了户。四个姑娘两个儿子还有两个老人，一共 8 个人，分到 3000 来亩草场。
>
> 我家在整个嘎查里也算最特别的，因为家里本来就孩子多，还女孩多，等 4 个女儿都嫁出去以后，就剩了我和弟弟，还有爸爸妈妈留在 8 口人的草场上生活。其他人家本来人口少，分到的草场面积就小，儿子大了成家后再分家，草场就更小了，一家能有 1000 亩就不错了。
>
> 不过就算有 3000 来亩草场，也还是不够用。1997 年我结婚成家，1998 年我就带着媳妇离开家四处打工，把家里的草场完全留给了弟弟特 × × 和爸爸妈妈经营。我自己的 200 来只羊分成两部分，一部分包给嘎查及附近的四五户牧户放苏鲁克，一部分跟着我们俩到处走。最远走到过苏尼特左旗，靠租草场放牧，但是草场价格越来越高，从开始的 1 亩 4 元涨到 1 亩 8 元，干旱也越来越厉害，有些年付了租金草场上却没长草，等于白花钱。相比之下，带着羊群给人家当羊倌放牧倒是最合适的办法了，过冬饲草料都是主人家负担，自己还能有个固定的工资。
>
> 可后来自己的羊群越来越大，很难再找到能一边放自己的羊一边

当羊倌的活儿，而且人工越来越贵，好多人家也都雇不起羊倌了。差不多这么走了10年吧，2008年我带着老婆孩子回来了，在旗镇上租了套房子，一边看着儿子上学一边到处找点零工做，自己的羊已经发展到快400只了，继续包给附近的牧民。

草场承包后，随着草场资源越来越紧张，“代牧”作为传统“苏鲁克”与现代草场流转租赁相结合的方式开始广泛出现。主家与代牧者之间事先商定对羊羔了的分成比例，如三七、四六等（代牧者占大头），将生产母羊出借给代牧者，无论遭灾与否都要保障主家的母羊数量，每年在卖出羊羔后按比例分配收入，代牧期限结束时则将生产母羊按出借时的数量归还主家。即使遇到灾年母羊有损失，代牧者也要将自家的羊赔给主家。2010年开始，连续两三个丰雨年后，2012年迎来了连续干旱年份，随着干旱程度的日益加深，代牧的分成比例也随之改变，甚至出借者不要分成只要保证生产母羊的数量即可，但因为代牧者们要负担外购饲草料的成本，有些因此背上沉重的债务，有些已经破产，代牧方式也难以为继，逐渐被工资替代。

2012年，与布仁×××谈过之后，他带我们回到了他的父母和弟弟家，也对他的弟弟特××进行了访谈。

我家3000亩草场，划成了3块，其中一块打草，另外两块放牧。看起来3000亩草场好像很大，比别的人家都大，可还是不够用。草场划完后就是600米宽、1000米长的长条形，牲畜在里面踩得比吃得更严重。可不划也不行，要不所有草场一下就让踩没了，连个倒场的地方都没有。

而且围栏虽然不好，但是能减少很多草场纠纷，我们这种人多草场少的地方，邻居之间为草场吵架打架的矛盾非常多，现在羊学会了钻围栏，牛能跳围栏，一个不注意就到了别人家草场上了，就算有围栏了还是有很多矛盾，更别说没围栏了。

我家现在200来只羊，十几匹马，20多头牛，目前牛和马都是包给别家代养的，按一个月100元一头（匹）付钱。规定的载畜量是25

亩一只羊，可要真按照载畜量来就没法生活了。

除了家里的3000亩草场，另外我们还租了3000多亩，一亩6元，算是比较便宜了。我们这儿有棚圈机井的，草场条件稍好点能够打草的，基本都在10元一亩了（2012年）。

去年我家买料花了2万元，干草捆花了1万元，租草场花了3万元，牲畜代养花了2万元，光是牧业生产上就花了8万多元。收入方面，每年卖出不到200只羊，全都是改良的德国美利奴羊，双羔率可以达到90%左右，每只羊羔600~700元，收入7万元左右，另外羊毛还有点收入，收支两下相抵基本持平。最近两年开始有了每人3000元的禁牧补贴，所以暂时还可以。

特××家的这种养牧方式也是镶黄旗大多数人家的经营方式，自家一块草场，再租上一块，夏秋季在租来的草场上，冬春季回到在自家的草场上，但冬春季几乎完全是在棚圈里用干草饲料舍饲了。2012年我们对阿拉腾××嘎查进行调查的时候，嘎查一共有9万多亩草场，100多户，夏季草场上有大概40多群羊，约8000多只，载畜压力还是很大的。

阿拉腾××嘎查前后经历过几次生态治理政策的变迁。2003—2008年实施的是为期五年的季节性休牧政策，每年4月1日到6月1日两个月休牧（与其他地方的每年三个月季节性休牧不同）。头两年发了一亩1.2斤的陈化粮饲料，都是已经加工成了颗粒饲料的，但是纯舍饲一只羊一天就要6两料，特××家3000亩草场一年发3600斤料，200只羊一个月就喂完了，另外还要买草，根本不够。只能天天晚上放牧。2010年开始，又实施了阶段性禁牧的政策，按人头每人每年领3000元的生活费，并没实施真正的“禁牧”，但这种名目却让很多牧户内心不安，不知政策下一步会走向哪里。

阿拉腾××嘎查像周边其他嘎查一样，牧户们都想尽了办法在自家有限的草场上生存。大部分家里孩子多的牧户选择了兄弟几个里面只留下一个在草场上经营畜群，其他人外出谋生，或是像布仁×××那样到外苏木、外旗县租草场放牧，或进城打工。而留下来的牧户则在计算着投入产出的基础上，选择了产羔率更高的改良羊。目前普遍饲喂的是被当地牧民称为“德美羊”的德国引进的美利奴品种，一般能达到60%以上的双羔率，即100只母羊能产160多只羊羔。虽然改良羊需要更多的人力投入更精细的饲喂，但其双羔能够带来的收入是远高于人工投入的，而且每只羊每年还能有将近100元的羊毛收入。如阿拉腾××嘎查，当地蒙古羊的数量已经非常少了。

据当地草监局的干部说，镶黄旗对草场流转的控制是非常严格的，因为本来草场面积就小，更要限制外来人的进入。截至2012年，全旗草场面积700万亩，草场流转的将近200万亩。所有流转都是统一印制了合同，出租和承租双方定了合同，嘎查审批，草监局备案。而且有规定，嘎查内部流转的话，就由旗政府奖励出租方，每千亩奖励500元，用这样的方式鼓励减少草场外租。他认为，租草场过度利用是草场退化的一个重要原因，这是已经被普遍认定的。

2015年我们再次对布仁×××进行回访的时候，他家已经是鸟枪换炮，儿子考上了大学，不需要再在旗镇上租房住，就在草场上盖起了一幢有两间房、一个车库的新房子。

这几年太旱了，养牧全靠人工饲喂，成本越来越高，那些代牧的人家都把“铁畜”（在这里指的就是包出去的生产母羊）还了回来。那些包了我的羊的人也都不容易，母羊死一个都得拿自己的赔给我。我家200多只母羊，拿回来后只能重新放牧了，去年（2014年）我们家回到牧区，在我自己名下承包的750亩草场上放牧。

旗镇上打工五六年没怎么挣钱，就顾着自己吃喝生活费，全靠包羊的收入攒了点钱，差不多有十来万元的存款。靠着存款，我们盖了新房。不过最头疼的是借债。我一回来就开始贷款，不贷款不行。

去年（2014年）冬天，我从东乌旗、蓝旗买捆草，70斤的每捆45元，买了900捆。料是呼和浩特正大公司的合成饲料，分羊羔和母羊饲料，100斤的平均175元一袋。冬季舍饲，最多的时候每天每只羊要喂料1斤多，差不多2元，再喂3~5斤草，一斤6毛，这样一只母羊一天就要吃掉5~6元，一只羊一个月就得150元。去年（2014年）开始，羊价又下跌，卖出去的羊羔差不多跌了三分之一，往年能卖900~1000元的羊羔只能卖到600元左右。如果按最高标准舍饲的话，只要四个月，羊就“把自己吃完”了，开始吃人了。

而且现在纯喂饲料的羊也不好卖了，都说羊吃饲料后肉就不好了，可我觉得颗粒饲料还是好，我们这儿的羊都吃习惯了，不指望能多长膘吧，至少冬天能不掉膘。不过喂料长起来的羊，肉肯定不好吃，我现在是一出远门就不吃肉了，在外面饭馆子吃饭也只点青菜、鸡肉吃，羊肉是不敢吃的，不光味道不行，对身体也不好，我们是自家吃的羊就少喂饲料，往外卖的羊就多喂料。

现在就看羊价了，如果一直这样就没法养牧了，只能把羊减少到不用买草料，比如三四十只，只靠草场就能养活自己的程度，家里一个人看着羊，另一个人出去打打工。

2.8 被篦齿蒿包围的人家

2010 年内蒙古牧区大部分区域都是丰雨年，随后几年一些以前很少见到的一年生植被暴发的状况开始频繁出现。有的地方是猪毛菜（一种圆形风滚植物，秋季变干随风滚动）暴发，挂在围栏上再拦截沙子压倒围栏，有的地方是黄蒿、篦齿蒿等蒿子暴发。

这种一年生植被暴发的问题，其实早在 2006 年大风灾后就已经显现出来了，只是当时并未引起我们的过多关注。2012 年调查见到一些地方大面积的猪毛菜和雾冰藜，2013 年我们在锡林郭勒盟西部的广大草场上发现了大面积暴发的篦齿蒿，从阿巴嘎旗到苏尼特左旗和苏尼特右旗，还有白旗和黄旗，一路走来，常常几十公里下来的公路两边都是接天连地的黄褐色，连片的篦齿蒿就在几十万亩以上。这种单纯一年生植被的暴发被当地人和专家解读为：干旱之后的遇到雨水造成的，与降雨时间有关，还有人认为是鸟类传播造成的。这种一年生植被的暴发却给牧民和牲畜都带来了巨大影响。2013—2016 年，我们对这种特殊的现象进行了专题追踪，企图找出背后的机理。是因为草场退化给一年生草本腾出了生存空间？是因为雨水下的时间和量刚好合适某种植物？草原是个如此复杂和精密的系统，从一个结果根本无法倒推回某个或某几个明确的原因。我们只能不断追访，勉强描述和记录下这个现象，但这种改变却实实在地在影响着牧民们的生产生活。

2014 年 8 月，从白旗出发到黄旗路上的 15 公里处，我们看到，家家围栏里囤着发红褐色的草捆，细看全都是篦齿蒿。

白旗红光苏木×队老队长：

篦齿蒿年年有，第一次见这么多是去年（2013 年），我记得 2004 年的时候也长过，都是红的。每年跟每年都不一样。这东西夏天牲畜不吃，到冬天吃，不过沤得快。老人都说春天旱秋天雨水大了就爱长蒿子。雨涝了能长半米高。2012 年一年雨都多就没有蒿子。去年草场上净长篦齿蒿了，就打下来捆成草捆，一部分还卖给黄旗了，现在家里还剩的有。牲畜不爱吃，不过今年没草了不吃也得吃了。

我家 700 亩草场，四口人，禁牧十年了。我们这儿叫新点，我的房子是去年盖的项目房，个人交了 35000 元给盖的，两间房 38 平方米。这儿一共有七八户人家，现在住人的剩了三户（六个人）。原先大集体时候我当过队长，2004 年退休的，我当队长那会儿，这里有 2000 人，最多时候有 3000 人，承包以前有 13 个营子，200 多户，承包那会走了一拨，后来剩了 100 多户，他们已经走了十来年，去乌拉盖那边放牧，因为这边草场太少了。

集体那会随便走，有八群马，共 3000 多匹，100 来个马倌。走场走到东乌旗、兴安盟，一走十来年都有，还走场到外蒙边界，办了手续就去了，有 1500 里地。晚上要下夜，还配枪。骆驼也走场，走到大沙漠里，骆驼有数千峰。羊上万只了，一个组一个群，一群有三四百只（母羊），那会羊比现在多，草场也可以。

承包那会我是队长（1983 年），承包三年以后就开始拉围栏了。我家 8 口人，给了 1900 亩，一个劳动力分 300 多亩草场，40 只羊，5 头牛和八九峰骆驼。我家拉围栏花了 3 万元。

1900 亩里有小围栏，共六七个网，放羊用的四五块，还有一块是打草用的。我家 8 口人，1900 亩是算大的。草场小的人家才 900 亩。

羊最多的时候有 500 多羊（连大带小），牛 40～50 头。这里草好，年年下雨。骆驼和马没有了，因为没有地方走场。羊最少的时候，山羊全卖了（90多只），冬天过冬200只绵羊。

草场退化明显有8年了，2012—2013年好一些。2004—2012年退化厉害的时候，走了一大批人，都是去城市里打工，各自走的。分草场的时候200来户，到2004年剩了不到150～160户，走了三分之一，年轻人都走了，剩下老人。其实打工的不如现在在家放牧的。

2015年8月我们再次路过这个地方的时候，仍然是蒿子遍地。

羊一般都不吃蒿子的，冬天实在没东西吃饿得厉害才吃一点，打下来的捆儿都垛着呢。前年蒿子长得多，打了30来车（四轮蹦蹦车），现在还剩一多半儿，冬天也不好好吃，就饿得不行时才吃点，大部分也都给踩了。那东西我们叫米蒿。

今年下了两场雨，可是旱得太厉害，下那么点儿不顶事，比去年还旱。去年不用拉水，水坑里面存点就能饮水，今年旱得必须得拉水饮羊了。人吃水有一口小井，只够人吃，不够饮羊的。现在家里大小羊200来只。四口人700多亩草场，又租了800多亩，每亩10元。草场是一年一租的，人家说涨价就涨价。羊价又不行了，去年还有人来问问你家羊卖不卖啊，今年根本没人来收羊羔子。前年一只羔子能卖900元，去年只能卖600一只，今年指不定还得更低。羊卖不出去还得喂，得买料，料贵呢。现在养羊不赚钱，都倒贴了。

这儿打草的机器都是自己的一套东西。咱们买的机器已经好多年了，已经不怎么顶事了。今年旱，但是多少能打一点，羊有的吃吧。今年打的草还不如去年的一半。

农行的三年贷款，贷了5万元，今年才贷上，过去只给娃娃买房子贷过20万元，还没贷过款。现在不贷不行了，羊价低还得买草料，不贷款都没法生活了。

100只羊过冬，一般的料就要买2吨，一袋100斤，160元。育肥料更贵，190元一袋。这几年我们这儿的羊都得育肥，要是不育肥更卖不上价儿。去年也是育肥的才600元一只，不育肥的话500元都不到。因为不管育肥不育肥，收羊的价儿都一样，所以育肥的胖羊能多卖点钱，差不多育肥一个月一只羊多卖100元。不过今年估计育肥就都赔了，白垫钱。

育肥费人工，一个人顶俩人干，不知道是不是料里面有咸盐，羊吃了育肥料就得一直饮水，这儿没水就得拉水来，一天到晚地饮水。育肥的时候，一天一只羊要吃半斤料，190元一袋的育肥料，差不多就是一天一只羊1元，别的就是喂水喂草。100来只羊，两天一袋料。育肥一般就是从7月20日开始，好年头的时候到8月20日就卖出去了。育肥一个月差不多每天都能长3两肉（白条的肉），可准了，一个月下来能多10斤肉。（一只羊能多卖150元，料花30元，一只羊能多卖120元左右）

要时间再长了就喂不起了，而且时间太长了人家收羊的人也都不要了。因为育肥羊的肉都是泡泡的，一杀就能看出来。

之前天旱的时候，我们这儿好多年轻人都出去打工了，现在他们在城里找不到活儿又回来了，想重新放羊。可回来放牧赔钱得不行，买羊的时候特别贵，这两年羊又卖不上价。我们村七八十户，回来的十几户都赔了。我们这种长时间在这儿放牧的还赔呢，别说他们这些回来想重新放牧的了。

2.9 见证7.28沙尘暴的一家

2015年7月28日，媒体被一条新闻刷了屏："2015年7月28日下午17时，内蒙古锡林郭勒盟苏尼特右旗额仁淖尔苏木遭沙尘暴袭击，当时正在举办第十三届那达慕大会，现场聚集了2万多名观众。沙尘暴由远而近，天空变得昏暗，近百米高的沙墙接天连地，仅十多分钟就到达了那达慕会场，正在现场执勤的内蒙古公安边防总队锡林郭勒盟边防支队官兵和公安、交警等部门有序组织现场群众疏散，防止场面失控。沙尘暴天气持续了近30分钟，一场及时雨后，又恢复晴空万里，观众重返会场，那达慕大会继续进行。"

2015年8月，时隔不久，我们针对这次沙尘暴的起因和对当地的影响进行了一次路线式的追踪，一直到中蒙边界，了解到边界地区那天并无沙尘暴发生，而边界这边方圆几百公里由于干旱和长期过牧，草场裸露寸草不生，一场暴雨造成的冷暖空气剧烈对流引起了7．28强沙暴。一路我们访问了沙暴路经范围内许多处在困境中的牧户（因录音丢失只保留了一户牧民访谈如下）。在黄旗至苏尼特右旗的公路边，老牧民扎木××描述了当时他的所见。不过在他看来沙尘暴并不算啥，更紧迫的事儿多着呢。

我今年64岁。

7月28日的那达慕就在我家（指该牧户在旗镇的家）附近搞的，当时沙尘暴起来的时候，我正在家。其实那次沙尘暴时间不算长，最多一个小时就过去了。过去最早的时候就是2001年，然后就是这两年了。今年刮了十几次沙尘暴，7月28日的沙尘暴我们从没见过，那么大，就像一堵墙一样就过来了，也不知道从哪儿刮过来的，反正就是从北边。

今年我们这儿（采访地点：该牧户在牧区的家）已经三个月没下雨了。去年就这样，差不多连着旱了两年了。家里现在200多只大羊。去年10月喂到今年6月份，全靠喂呢，喂的是玉米和“正大”的一袋180元的育肥料，还有草。6月以后没有再喂了，因为没钱了，贷款还不上，就算羊吃不饱也没办法了。

越是旱草料就越贵，去年45元一捆的70斤大草捆，现在得50多元，还是旧草；玉米去年1.2元一斤的今年卖1.4元一斤。一直涨价。而且今年羊便宜，据说一只羊只能卖两三百元。前年（2013年）价格好，老母羊还能卖七八百，去年老母羊只能卖200多元。听说20天前冷库已经开始收白条羊了，一斤19.5元，到现在刚过了20天已经又掉了2元了，17元一斤，也不知道为啥。就算把羊全卖了也都还不上贷款呢。

去年我家从信用社贷了7万元，前年贷的3万元。一直这样年年贷款个两三万的，去年买草料多，贷款也多了。不过以前羊贵，贷款也没事，能还上，现在羊便宜了贷款都还不上，喂的钱也没有，羊只能卖了。羊就这两天就得都卖了，因为已经开始要掉膘了，再不卖就更卖不上价儿了。

银行贷款是必须按时还的，差一天都不行，人家会罚你，以后就再不给你贷款了。今年我家就是发愁还不知道怎么才能还上呢。家里还有个孙子到通辽上大学去了，民族学院，今年刚考上。一年光学费生活费就得最少两三万。

我们嘎查140多户（刚承包的时候70多户），71万亩草场。现在家里借高利贷的不止40户吧。银行贷款还不上，就得借高利贷还，然后再从银行贷款出来还高利贷的。咱们现在羊卖不出去，就还不上贷款，银行就不能再给你贷款了，就只能借钱还。现在牧民90%都是这么倒来倒去借钱的。贷款就是从信用社，没有农行的，八厘利息。

家里有口土井，一次也就出一两吨水，就没水了，越不下雨越干，饮羊不够还得去别人井上拉水。这儿打机井打不出水。拉水就得去南边四五十里地的地方。我们这儿家家都有水罐子农用车。那两年拉水还不要钱的，这几年都开始跟你要钱了。拉一吨水5元。

以前的草好多了。而且有枯草层，灰色的，很厚，能捞起来喂羊羔，看不到地皮，全是草。这些年也就是大前年（2012年）雨水好的时候能看到一点枯草，天一旱又都给吃完了。我家草场3000多亩，天旱了羊一天能在围栏里转四五圈，要是有草羊就不转了。

现在草场不行了，但是估计雨水好了还能恢复，起码再5年吧，应该能恢复起来。2000年的那次就是用了5年的时间恢复的。但是那时候牧民没有这么多贷款，所以草场5年可能能恢复，人要恢复就不知道多少年了。

大集体的时候这边只有一户人家，因为是无水草场，都是冬天下雪以后才过来，现在这儿有七八户。孩子多啊，哪家都是四五个孩子的，再分家，越分越小。如果说以前有80种草的话，现在就算好年景也只有40种草了。

大集体时候我是给嘎查开车的，1983年承包以后当嘎查长，到

2001 年换届下来的。我当嘎查长的时候全嘎查 1 万多头（只）牲畜，我退下来的时候有 4 万多头（只），现在有多少就不知道了。嘎查里 90% 都有小汽车了，买楼的也有 20% 左右吧。

今年我家不育肥了。以前育肥还能多挣点。因为以前不论是不是育肥的，一斤白条都有 1 元的补助。今年开始听说这个补贴都给冷库了，让冷库收羊的时候贵一点，所以开始收购的时候白条 19.5 元一斤，半个月价格就掉下来了。而且今年开始饭店收羊的价格不一样了，比如育肥的 15 元一斤，不育肥的 20 元一斤。

不过饭馆肯定是收育肥的，便宜嘛，所以你去街上吃饭，馆子里的基本都是育肥羊，那个确实不好吃，把咱们的羊的名声都弄坏了。就跟西门塔尔牛（一种改良牛）一样，那种牛就是不好吃，怎么都不好吃，跟草原黄牛不一样。有一年就是，一家杀牛，西门塔尔，嘎查里大家都过来买，你十几斤我二十斤买走了，一尝不好吃，后面就都不要了，冷库都不买了。后面再杀西门塔尔就没人要，杀草原黄牛大家都来抢了。

老汉说的高利贷的问题确实普遍存在。2010 年的时候我们曾听说牧区高利贷和赊账越来越多了，甚至有 40% 的牧户都有高利贷和赊账情况存在，我们就计划就高利贷问题专门做个调查，没想到一位地方人大的主任告诉我们，他 2009 年专门立项调查高利贷的事，谁知一路查下来，没有一户牧民肯承认自家借了高利贷的，有的是觉得自家经营不好借高利贷不好意思，有的则是跟放贷方达成过协议。而高利贷的债权方通常在借出钱的时候已经直接扣掉了第一年的利息，比如牧民借 1 万元，三分年息，则只能拿到 7000 元，欠条上却写的是 1 万元。这样即使想从借条上查也很难查到蛛丝马迹。

而 2011、2012 年，连续两年降雨丰沛，再加上羊价持续走高，高利贷问题渐渐少有人谈，而从 2013 年特别是 2014、2015 年开始，持续干旱加上羊价下跌，这个问题再度被提出来。值得注意的是，与 2008、2009 年时候的高利贷不同，这个阶段由于国家生态补奖的发放，信用社和农行都放宽了牧民的贷款申请和额度，所以牧户们都是先从银行信用社贷款。丰雨年的几年，贷款买楼、买车和建设也都成了常态。随后的干旱和羊价下跌让牧民们的银行贷款突然出现问题，这个阶段的高利贷更加普遍，主要用来短期周转还银行贷款。之前的高利贷一般约定的都是年息，而这个阶段的高利贷则往往是按月计算，即使只借三天五天也按一个月计算，利息更高。

2.10 老哈的成功经验

哈斯××，昵称“老哈”，嘎查长，62岁，家在浑沙达克沙地里，是正蓝旗有名的能人，也是个被各种媒体报道过的牧民里的名人。他的家庭牧场的成功经验吸引了从牧民到各种研究机构、政府部门的专业人员们不断前来调查研究，自然引起了我们的关注，也成了我们必然要去探查的对象，调查时间是2013年。

> 我家草场2500亩（都在沙窝子里，但是沙地硬地草场交错），另外租了近3000亩草场，10元一亩。我家一共160多头牛，还有50来只自家的肉食羊，主要养牛为主。
>
> 在我们这儿要发展必须得有饲料地，我家就是种了20亩青贮玉米，已经种了30多年了，一亩最多能打2万多斤青贮饲料。我种的青贮不是长籽实的玉米，而是主要长叶子和秆子，用来喂牛的。一般他们做青贮都是要把青玉米收割以后，粉碎，再储存到地窖里保存。我觉得太麻烦，就直接地面青贮，就是把青玉米打下来，下面铺一层塑料布，整棵青玉米堆上去，上面盖一层塑料布，然后再盖土就行了。冬天会上冻，但是不怕，因为它发酵自己就会发热，冻不坏，等到天气暖了再吃，这样又省事又省人工。如果储在窖里还得粉碎，用铲车铲进地窖里，喂的时候还得从窖里刨出来，太费劲了，地面青贮就不用了。收割以后用蹦蹦车把青玉米拉回来放在我房后面的二阴滩地上做地面青贮就行了。喂的时候也不用铲出来费力运到圈里去，只要一边吃一边掀开塑料布，直接就可以让牛吃了，现在看起来效果还不错。

我种青贮已经30多年，也算有点经验，种地还是要上心才行，我家旁边还有一块别人的地，就不长，不好好经营嘛。种地最关键的一个是肥料必须上够，一个就是浇足水。我们这儿都是沙地，是无底洞，表土存不住水，一般没雨的话七八天就要浇水，要不就干了。不过也不能浇太多，因为沙地漏水，就浪费了。所以浇水也不是那么简单的，得靠经验。我家的井40米，4米能见水，抽水管子8米深。前两年我们井下降了一米多，去年雨水好，水位又升回来了。所以只要用心，在我们这儿靠井水种点饲料地是没有问题的。

一亩地的成本，就是每年都要买种子，每亩15斤，一斤2.8元（每亩42元），20亩840元。种植费每亩32元，包括租机械和雇工，20亩640元。除草剂一亩地10元，人工10元，共400元。肥料就用农家肥，每亩一万斤粪便，施肥的人工是一亩地30元，共600元。冬天垫圈的粪也可以用，不够了还可以买别人家的。我这饲料地种了三十年了还是这么好，就全靠肥料啦。抽水浇地的电费大概一年1000元。旱的时候一年浇五六次水，雨水好的年景不用浇水都可以。这样算下来，每亩共174元的成本（不包括基础设施：井、管、青贮膜），20亩共3480元，至少能节约购买青贮费用4万元（按每斤0.1元计算）。

自己种的40万斤青贮，再加上每年还能打差不多20万斤草，基本就够了。去年雪大，我家就靠打草和自家的青贮，没买草，但是要买颗粒饲料，去年买了3万斤，北京的，1.41元一斤，花了4万多元。料必须得买，保膘，产犊子好，而且第二年好配种，料一头牛一天一斤半到二斤。青贮一般就是解决春天的两个月。每年卖40~50头牛，平均每头1万元，收入50万元。

在交谈中，老哈不断强调饲料地的重要。他们嘎查比较特殊，沙窝子的地下水资源本来就很丰富，正蓝旗又是位于半农半牧区的条带上，降雨条件和气温条件较好，使得饲料地+放牧这种养牧方式能够成功。而且即使有成功的饲料地补饲的经验，即使这个地区的自然条件比较好，即使他有2500亩在整个地区来说都不算小的草场，但他仍然需要另外租3000亩草场放牧。

我们嘎查一共17.8万亩草场，包括塔拉（硬地）和沙窝子，119户，进城了21户，98户在从事牧业，人均草场430亩。我们嘎查在整个苏木整个旗来说都算是生活不错的了，有50户在城里买了楼房，嘎查人均10头牛以上，户均40头牛以上。嘎查实施的是草畜平衡政策，按规定养不了这么多的，但是因为补贴每亩只有1.71元，平均每人才500元，根本没法生活，我的想法就是，只要草场不坏，你随便想养多少就养多少。所以我们虽然没有真正草畜平衡，但是我们草场还是很好的。

我们嘎查现在是3800头牛，加上小畜大概6000多头只。草场租出去的也就是搬进城的21户，占总面积不到20%，而且全部都是本嘎查内流转的，我们规定了外人不能进入。现在是最低5元一亩，那些围栏维修什么的都归租用草场的人负责，打草场12元一亩。

嘎查承包的时候，每家都有两块草场，滩地和沙地。但是滩地是按浩特围的，每家90亩，全都是羊草，按浩特分在一起共同使用，就是我们的夏场，一共13400亩，在高格斯台河谷，离这儿15~25公里。每年9月我们就把牲畜都挪过去，一个月以后回来，正好打完草了，牲畜进入打草场。我们的规定是在夏场上不能超过一个月，要不草场很快就不行了。牛羊赶过去后各家轮流去看。

除了放牧场和打草场，嘎查里每家至少有10亩饲料地，现在有规定，限制每家不能超过10亩，最多的就是我这个20亩了。

我觉得我家成功的第一条就是饲料地（因为沙地里水源和光热条件好）。如果每家都能达到亩产1万公斤青贮，一家10亩饲料地其实就都够了。第二条就是保护生态。我们没有禁牧，一样使用草场，可我们的草场没坏。这就是合理利用。第三就是畜群结构调整，冷配这些先进技术。我们这儿鼓励大家养的是西门达尔牛，其实搞过四五种都挺成功的，草原红牛也不错，就看管理了。

我觉得再发展下去，天然草场育肥是个方向。天然草场育肥不是把牛都集中到一起舍饲，而是照常放在草场上，但是把要出栏的牛单独拿出来每天晚上喂10斤饲料，45~60天后出栏。饲料也是专门的一种，我跟北京那边的饲料公司有协议，要求他们的饲料里不能有激素，我觉得北京老查这些应该没有问题吧。

我们有个合作社，105 户，我的嘎查都参加了，每家都按这个办法育肥，我去给他们技术指导。2010 年是第一年，我们嘎查育肥 308 头，成功了，每头牛刨去饲料钱，每头平均多卖了 1777 元，我自己育肥了 20 头牛，卖了 16 万多元。本来是最差最旱的年，卖了最好的价格。第二年是每头牛增值了 1600 元。

老哈是成功的，这种成功背后却有一些特殊性，特定的自然条件注定了这个案例的特殊和推广上的局限。而整个牧区像老哈这样的能人毕竟太少了，想要在现行的个体化经营方式中将他的经验复制到的各家各户也不是件容易的事。

2.11 老书记会

在牧区调查，有时会遇到一些我们意想不到的情况，比如被我们戏称为“书记会”的聊天。我们约了一位老嘎查书记，他又跟他熟识的老人们打了招呼，一来二去，当我们坐下访谈的时候，已经聚集了好多位曾经担任或至今仍在担任嘎查书记、嘎查长的老人们，甚至还有牧民出身的旗退休干部。大家的话题比较分散却相当耐人寻味，往往从一个话题跳跃到另一个话题，有时是我们提问，有时是他们之间互相争论。这些老人都是从基层实干上来的，一方面掌握着大量的基层事实，一方面又有全局视野，与一般牧民大为不同。话题大多集中在当下最紧要的问题上。

2010 年我们就遇到过一次这样的“书记会”。

巴××（老嘎查书记，58 岁）：

我们嘎查有 90 户，300 多人。贫困户有 26 户，这是去年的数字，今年可能要 30 多户了。我们旗的贫困标准去年是人均收入 1600 元以下的是贫困户。我现在不是书记，已经退休啦。现在的政策很好，牧民也拥护，但是落实政策时候，上下级沟通不够，领导不行，这样日常（事情）里，上下级就要产生一些矛盾。

本来政策是30～50年不变的，但是落实的时候，来了项目，以前说的都变了。比如草场承包的时候，说草场的使用权整个给了牧民，30年不变的，但是现在又不按这个政策走，非得用草畜平衡来卡，夏天35亩一个羊单位，冬天70多亩一个羊单位。我们嘎查平均一个人2000亩草场，这样算下来，冬天一个人还不到30只羊，根本没法生活。

现在的状况是60岁以上会放牧的人家生活得还好，大部分年轻人不行了，就父母的那一点财产，给你弄光了就贫困了，只能把草场租出去。我们嘎查往外租的还少，旁边嘎查，原来的牧户可能不到20%了，几乎都是外来户。那些出租草场的人是只要给我钱，你放进来5000只牲畜我也不管的，破坏性利用草场，草场越来越差。

承包时有规定，草场的所有权是嘎查的，使用权是牧民的，如果掠夺性使用草场，嘎查有权收回草场，不过现在已经没人提这个了。

布尔××（老嘎查书记，70岁）：

原来定的使用权归户，所有权归集体，你要流转出租什么的必须要开社员大会才能定。政策是好政策就是落实不好。而且关键问题在管理上，既然所有权是嘎查的就应该是嘎查来管，但是现在谁都来插手，什么草原监理、扶贫、生态办，谁都要来插一脚。

巴××：

规定里草场流转应该是通过嘎查和苏木的，但实际上现在是两个人（租赁双方）之间就交易了。现在奖励惩罚的制度在嘎查里也都不执行了，比如那些放牧好的要奖励之类的。过去勤劳的，生活好的，草场弄得好的，起码选出来一个劳动模范吧，现在都没了，好坏也不分了。

丹×：

党和国家的政策，牧民很放心，政策是好的，但是其中对牧区的情况，少数民族地区，应该在这方面要有专门调查研究有具体的政策才好。咱们旗是纯牧区，缺乏了解牧区、了解牧民、了解草原的领导。旗一级的领导，在自治法里面都有规定的，我们这种民族自治地区的领导应该是本民族的本地的，了解地方情况的，了解牧民疾苦的，不然互相都没有办法沟通和了解。这不只是我自己一个人的观点，整个牧民都有这种想法的。农业和牧区有截然不同的区别。把农区的那些禁牧啊、开荒啊拿到牧区肯定是不行的。

巴××：

农区今年遭灾，第二年还能丰收，马上就能翻过来。牧区不行，今年牲畜一下死光了，几年都缓不过来，就算草有了可牲畜没了。

丹×：

比如农民有粮食补贴，受灾了还有受灾补贴，减产了还有减产的补贴，价格还有保护。内蒙古有个文件，上面农区补贴6.4亿元，牧区补贴9000多万元。而且干部调查研究牧民的实际情况，也没有三同三结合了，什么同吃同住同劳动都没有了。政策的倾斜上也有问题，比如上面老提什么集约化牧场，这是需要投资的，光说不行。没有具体措施，而且什么叫集约化？

尼×（旗干部）：

干部的流动性也有问题。我们这儿待得最短的是当了7个月的旗长，7天旗委书记就提拔走了，做了个工作报告就走了，4年换了5个旗长。现在苏木级的干部，家全部都在旗里。一个月只下去三五天，其他时间都在旗里。下面的情况他也就是写报告的时候问问。当了3年苏木书记，连苏木的牧民都不认识他。这怎么能做好工作呢？

有人开玩笑说，以前牧民们有骑马的来到门口就会出来看看的，现在是三菱车到门口也不一定出来，但是三轮车到门口肯定都出来看。三轮车吧，都是二道贩子的放高利贷的，有时候困难时候三五袋料给你送过来，三菱车来了可什么问题都不解决呢。虽然是开玩笑，但这是实话。

丹×：

我还是要说说牧民的经营权的问题。旗里要求减少山羊的头数，还有要求改良牛的品种，从外面搞了一些优良品种进来。但是五畜是传统的五畜，在我自己的经营范围里面应该有权利说我养什么。比如山羊利大，我有权利养山羊，比如本地牛，我有权利不养改良的养本地牛。还有我们苏尼特的本地羊是好的，就应该能养。北部的山羊品种好，繁殖率高，绒也多，就应该能养山羊而不是减少山羊数量。

巴××：

现在一边让减少山羊数量，说山羊费草场，一边又引进了一些阿拉善的绒山羊。咱们本地的山羊皮厚肉多，耐旱耐寒，而绒山羊肉产量低，别看毛长，它们皮薄，不耐寒。而且咱们北部草场好，别看草不高，但是营养好，咱们这儿的羊要是拿出杀了做馅，必须要加水，因为羊肉硬、实。农区的羊绞成肉馅，还得把多余的水挤出来呢。

丹×：

减少了山羊，牧民的收入肯定有影响。每年光是山羊绒一家子就能有 1 万多元收入呢。

尼×：

而且最关键的就是这笔收入的时间。山羊绒能让牧民每年 5 月的时候拿到一笔钱，要不手里就没钱了。牧民基本是每年秋天卖羊羔，拿到钱买饲草料，再过一个春节手里就没钱了，全靠5月这笔绒毛钱生活。如果山羊都没了，就只能靠借钱和赊账过日子了。

彻××（老嘎查书记）：

赊账就是跟做买卖的人家赊账，买食物什么的，第二年补。吃的、喝的、穿的，都可以赊账的，有专门做这种买卖的，就是那种开车转营子的。比如我买饼干的时候1元，要赊账的话明年要还1.5元。苏木的小卖部很多都可以的，喂羊的草和料也都可以赊，摩托车和汽车都可以赊，比如3万元的车，今年还2万元，明年再还2万元。摩托车也是一样的。结果穷得更快，第二年还不上账债主就来抓羊了。抓羊抓牛还给他算利息。都是外地做小买卖的，当地也有，合同很少，主要就是个白条。比如几年几月你欠我多少钱。

尼×：

一个东西记完了账之后让你看看，你写个名字就完事儿了。有的算不清楚的，中间给你加了东西加了钱你也不知道。赊账买卖是很普遍的了。还不上账来抓羊也是按市场价最低价折算羊的，人家说我去你家还得费车费油呢。高利贷也多。去年我们旗人大专门搞了个调查组调查牧民借高利贷的事儿，结果查不清楚，都不说。借钱的和债主都不说。

彻××：

我们苏木的小卖部也是。一个苏木小卖部一年就能赊账十几万元，慢慢收，收不回来就抓羊，抓不了羊就要草场。

丹×：

圈养也是农区的办法。因为农村种粮食，粮食人吃了，秸秆什么的不用掏钱就够他们养了。把这个办法拿到这儿来，要买草买料拉水饮水，这个费用就太大了。

巴××：

我们这种靠自然放牧没有成本或者成本低。我试验过，一天给一只羊喂了5斤草，还是肚子瘪瘪的，没有精神。草场再不好，放出去一天回来就卧下了，也不知道吃得有没有5斤，但是吃饱了就卧下来，精神还好。

丹×：

舍饲休牧有时候草的花销比收入还高。2003年休牧的时候我试过，60天真正都是喂着，4月1日到6月1日，买草买料拉水，那年没有收入。就是把前一年的纯收入拿过来花，两个月就把那个收入花完了。休牧的那两年，一般人家收入的80%都要花在买草买料上，还得拉水。

彻××：

买的干草是个死东西，只能保命，没有营养，再喂羊肚子也不会圆。

2013年7月，我们又有了一次机会，跟上次书记会中的多位再次坐到一起。面对新一轮的生态补奖，他们之间出现了各种看法。晚饭的餐桌上，我们只是问了几个问题，结果引发了各种讨论甚至争论，看似都在跑题，讨论的却都是牧民们最关心的事儿。我们如实记录下了这次谈话。

问：我们调查发现冬天都靠饲草料圈养，冬场基本靠不住了。那么，夏场现在怎么样？

楚鲁××（老蒙医）：

现在的草场全靠下雨啦，下雨好了就好一点，雨水不好了就光光的什么都不长。这两年倒是雨水好，可是草都变了，全是猪毛菜和臭蒿子。本来猪毛菜是在沙地营盘，或者撂荒地上长的，别的地方很少，现在到处都是，就因为沙子多了，这个太不好了。

布尔××：

好多人都说猪毛菜不好，我觉得不对！冬天刮白毛风的时候就猪毛菜能留住雪，它还有种子，什么时候都能吃。所以有猪毛菜的时候牲畜没有饿死的。尤其是夏天牲畜不爱吃这个，都吃别的，到了冬天猪毛菜就能留下来，干了以后吃，总比什么都没得吃好多了吧。

高××（老民政干部）：

隐子草和狼针都是好草，尤其是针茅，有营养，牛和骆驼都能吃，打草场有狼针最好了，有种子就有营养。现在都说狼针不好，主要就是因为大牲畜少了，原来大牲畜在狼针还没有出针的时候就能把针揪走吃，留下的都是细软的草，小畜还能继续吃。现在牲畜结构有问题，大畜少了，没法把狼针上部的针吃掉，羊去吃就会让扎，狼针就成了灾了。

巴××：

狼针是好草，牛吃了就能圆肚子长膘的。狼针扎羊嘴什么的我以前都没听说过，现在居然成了灾啦。

布尔××：

山羊皮子薄，更害怕，有时候剥皮的时候，羊皮里面扎的都是针，手都伸不进去。

高××：

现在的问题就是不能游牧了，要不就算狼针成灾，还能搬家呢，去没有狼针的草场上就可以了。不是牧民就喜欢到处搬家，是必须要搬家。以前大集体，每年 7 月 10 日之前都要求必须搬到夏营盘，那时候用牛车很辛苦的，但还是坚持搬家，就为了冬场的草能长起来。现在就不行了，只能在围栏里面。

提问：现在虽然不能游牧了，不是还可以划小区轮牧吗？

巴××：

小区轮牧挺好的，把自己草场分成小块轮着用，我觉得划块越多越好。我家草场14000亩，分了七块。吃完一块围栏再换一块，其他草场就能休息。羊其实三个小时就吃饱了，其他时间都在走，而且习惯挨着围栏走，时间长了就把草场都给踩坏了，所以就别让它们在草场里，吃饱了就赶出来，免得把草场都给踩坏了。

高××：

那不对，要看草场的情况，你的草场足够大就行。我见过蓝旗就那么干的，他们村子在一起，草场分成一块一块的，每天牲畜出去进到自己草场里，那边雨水好，在这儿就不行了。而且羊就是要吃一个小时走两个小时才能健康呢，吃完了就赶回羊圈里，对羊的身体不好。

楚鲁××：

现在就是人太多了，所以游动不起来了，要不都跟以前一样，一边吃一边走，没有这么多事儿。

巴××：

可现在人太多了，草场必须要分，要不更麻烦。

高××：

我不同意，分了才更麻烦！

巴××：

我牲畜多你的少，不是把你的草场都吃了吗？

高××：

你牲畜少我又没有限制你不能多养，你不会放牧就进城嘛！

巴××：

草场的所有权是集体的，但是每个人都有使用权啊。

高××：

可你分了草场，把年轻人都变懒了，草场和羊都不行了。

巴××：

不是分草场造成的草场不行了，我觉得是因为草场商品化造成的。草场不是商品不能买卖，都买卖草场，买回来拼命用，草场肯定就不行啦。可是已经分了草场，现在如果说要把围栏打开重新游牧的话，是会出问题的。我觉得，应该是在草场分了的基础上巩固承包制，抓建设，解决水电的问题，一家有 20 亩青贮就能解决大问题。

高××：

开地会破坏草场的！

巴××：

我一万亩的草场只开二十亩地影响不大的。

高××：

不对，开了就坏了。我是查干敖包的，我们苏木在 20 世纪 80 年代开过地，没几年就都沙化了，土都刮跑了。我觉得还是游牧好，打开围栏重新游动，那样草场就好了，牲畜和人也都好了。现在各个地方都在写志，大集体时候的生产方式是怎么样的，各方面是怎么规定怎么安排的。为什么那时候低保户贫困户那么少，现在那么多？为什么那时候能有四季草场，牲畜数量多草场还不坏？

巴××：

可那时候是吃大锅饭，那不行。

高××：

你说那时候是大锅饭，可到现在干部们不还是在吃大锅饭吗？大锅饭就是给那时候扣的大帽子，其实不是那么回事。应该好好总结一下，那时候到底是怎么游动怎么放牧的，生产上的方方面面都应该好好总结。

问：现在实施草畜平衡政策，又有生态补奖，你们觉得怎么样？

巴××：

发补贴是好的，但是不应该像现在这样，不养牧了给钱，养牧了不给甚至还罚钱，这种做法只能养懒汉，一点都不能鼓励生产。要我说，牧民都知道自己草场只能养多少牲畜，你规定一个数然后来罚款这就不对。应该是按照你养牧多少，对生产贡献多少来发钱，补奖补奖，不就是要奖励吗？那就应该奖励生产，比如优质的牲畜，母羊还有种公羊和重点牲畜，按这个给奖励，没有牲畜的就不发钱。你没有牲畜，没关系，可以跟着有牲畜有能力的人干。

问：那就是给劳动的人发？可是补奖是为了让你少养牲畜减轻草场压力才发给你的。

巴××：

矛盾就在这儿。是因为牲畜多了草场才坏的吗？其实牧民都知道应该养多少牲畜，到现在也没有上千牲畜的人家，牧民会自己控制的。

现在的问题是信任危机，上面老害怕一放开了牧民就会拼命发展牲畜，不相信牧民。我觉得，每个地方情况不一样，旗苏木和嘎查想法都不同，户之间也是，五畜也是，各有不同的需求和草场。山羊需要有石头的、高的草，牛吃高的软的草，应该根据牲畜的不同喜好安排草场。但是我们这里分了三个区，禁牧、草畜平衡和移民转移三种。之前规划是南部牛，中部划区轮牧，北部转移进城。我建议应该因地制宜。我们这儿最好的羊就是苏尼特羊，而苏尼特羊南部的就不如北部的，因为北部地硬不长高草，但是营养价值高。苏尼特羊不在于品种而在于吃什么草。

问：为什么现在那么多贫困户？

高××：

都是补助太多了，养坏了。

巴××：

上面给的补贴还是需要的，重要的还是管理。要保证牧民的生活，保证牧区产品不能减少。

布尔××：

我听说的是补奖，是奖励的，补助的，怎么现在还会有罚款呢？说草场不好是因为牧民还是牲畜多了，是有问题的，其实是雨水的问题。

巴××：

只要下雨就什么都能解决。牧民不会为了多养羊不管别的，而是要考虑我草场多少能养多少，牧民、牲畜、草场是不能分离的。我觉得就应该每个嘎查有20个牧民代表，这些问题和实施什么政策，都讨论以后提交给嘎查。有威望的人出来，20个牧民作为代表，站出来，选他们的人都要服从。这样不管是实施项目政策还是做合作社，肯定都能做得起来。关键是谁选出来的，代表了谁的利益。现在说的基层选举，结果都给你设置好多框框，比如必须选大学生，必须40岁以下等等，按那个选出来就是量身定做的，就是内定的那个人，没有别人了，并不是真正的民主选举。

高××：

补奖应该只给留在草场上的人，走了的人不给。

巴××：

离开的人交回来的草场也不能就那么圈起来不用，应该给放牧的人使用。

楚鲁××：

可以大队出面租给他们。

巴××：

其实现在有了棚圈以后，看起来牲畜好过冬了，其实劳动强度比游牧时候大多了。因为棚圈必须经常把粪便清理出去，而且哈气会流下来弄湿棚圈，不及时清理牲畜容易生病。本来牧业上就缺少劳动力，这就让压力更大了。所以谁要离开草场就应该把草场收回来，没有牲畜的人可以给有牲畜的人帮忙干活。不过这就要靠上面的规定了。比如，先定好载畜量标准。有一家撤出草原了，这块草场如果有三个人都想要，可以考虑成立一个合作社一起用，前提是要给嘎查交使用费，最后集体的钱让牧民代表一起决定怎么用。

布尔××：

这些都是做过的。很简单，我们以前集体时候都做过。每个月开会公布资金使用情况什么的。不过要这么做的基础是必须要民主选出能代表大家的班子。

问：一家四口多少羊合适？

楚鲁××：

250只大羊就差不多了我觉得。

布尔××：

羊一定要成群，350～400只羊，4～6口人，能凑合生活。其中20个羯羊，大部分生产母羊，30个母羔子作为后备替换羊。另外再有60～70头大畜，这样生活就没问题了。还有草场得要上万亩，那生活和生态都没问题了。

饭桌上的讨论出现了不同的甚至针锋相对的意见，这正反映出牧区政策遇到的复杂情况。每一个政策都会有利有弊，而许多事情混淆在一起更增加了事情的复杂性。比如该被否定的“大锅饭”指的到底是牲畜共有还是草场共用，大锅饭的好处和坏处都在哪里，再如补奖应该鼓励劳动积极性还是鼓励保护草场的积极性，两者能否兼顾和统一，如果既要兼顾草场又要顾及牧民生计，似乎又回到了实行草场承包的初衷了。而对草场承包的不同看法也往往因为各家拥有草场面积不同，在实行承包制度三十年后，中小牧户和发展起来的大牧户之间的诉求已经分化……饭桌上的讨论从一定程度上折射出了现实中的复杂情况，如何厘清像乱麻一样被混淆在一起的问题显得更加重要。

3. 分家分草场带来的问题

3.1 一个因分家衰落的大户

发展家庭牧场，以大户带动小户，发展牧户之间的合作，以合作社带动牧区发展是现在的政策导向，那么，且不考虑牧户之间的合作，大户自身发展得如何？在调查中我们发现，大户发展遇到了一个自身悖论的问题——分家，这是个十分普遍的现象。2013年，我们在对B嘎查进行逐户调查的时候发现，整个嘎查按1984年承包时的64户老户来计算的话，如今已经将近120户了，只有3户人家是分家但没分草场的，即使儿子结婚也仍然在一起放牧，其余的都已经分了小户，草场也进行了进一步切割。

一些老牧民对我们讲述了他们对分家分草场的忧虑，我们也特意调查了一些典型的分家案例，并试图跟受访者讨论家庭内部进行分工合作的可能，李×一家就是其中的代表。

李×家是B嘎查出名的大户，李×自己也曾是出了名的劳动模范，发展高峰时家里的牲畜数量达到1500只羊、150多头牛的规模（1996年）。但经历了90年代的兴旺之后，随着孩子们结婚成家，原先的大户被分成了几个小家，曾经的兴旺景象已经不再。2013年我们从老爷子开始，之后又分别对他的两个女儿和两个儿子进行了访问。

大户家长李×

我是汉族人，1960年从集宁过来的，因为那时候农区搞政治运动搞得厉害，我家成分是地主，家里待不住，1958年我哥哥先来了这儿，站稳脚跟之后我也就过来这里了。来的时候我20岁，读初二。先在气象站工作一年，每天值班，观察温度做记录。到1961年因为家庭成分不好，就去了边界上的霍平塔拉农场，开地种糜子黍子。那边就是旱地，没有井水全靠下雨，头一年收成还行，风调雨顺，第二年开始马上就不行了，我们这些外来人又被派回牧区，帮蒙古老乡放牧。我们是农区来的汉人，牧业上的事儿也是慢慢学起来的，从放羊开始，我还放过牛放过骆驼，后来成了大队的马倌，干脆就在这儿娶了个蒙古媳妇，成了家。

那时候雨多，草比现在好太多啦，一般的草场都能打草呢，好的地方草都有半人高。地下的枯草层厚厚的，牲畜吃也吃不完。现在别说枯草层了，地上长的草牲畜还不够吃，咋会剩下枯草呢？牲畜爱吃枯草，尤其冬天接的羊羔子，从草场上搂上点就够喂了，还有营养。现在想起来，自从1975年开始吧，枯草就一年年不行了，1990年后期干脆什么都没有了。

1984年承包的时候我家九口人，当时家里孩子都还小，没结婚，我岳父岳母都不在了，就是我和媳妇还有六个孩子。因为我在大队里是马倌，优先分马，最后分到100来只羊，30头牛，70匹马。我一共有五个儿子两个女儿，最小的儿子是1985年出生的，没赶上分牲畜，赶上1996年第二次分草场了，全家一共分到19000亩草场。

承包我赞成，当时就赞成。我觉得还是自己干自己的好，你肯干就能发展。咱们虽然没有领导能力但是也没想害别人，自己自由地干就好了。

牲畜承包以后，嘎查里数我家发展得快，家里孩子多劳动力也多，也都能干活，就一下发展起来了，承包四五年后家里的羊已经从100多只发展到了700多只。孩子们能念书乐意念书的，我都让他们念书，不想念的就回家干活。我一直没雇羊倌，孩子们只要没结婚就都在家干活，不用分配活，该干什么就去干了，急了我媳妇会说他们。

刚承包牲畜的时候草场还好，但是因为草场也都已经分到各个浩特，只是不像过去可以随便倒（转）场了，慢慢地，季节草场也分不开了，草场越来越不够用。1996年草场承包真正到户之后，我家还种了五六年的饲料地，90亩地，雇了两个人，整个给他们两个1万元他们就高兴得不行，估计一个月不到1000元，种青贮和青莜麦。因为草实在是不够了，多少种点都比买草合算吧。但是后来浇地抽水用的油太贵，雇人也贵，成本不合适就没再种了。

我发展最高峰就是2000年前，但是存款不多，因为孩子结婚什么的都要花钱。孩子们结婚基本都是在1996年草场二次承包之后，所以家里的草场本只有一个。慢慢孩子们也都大了，结婚一个，我就把给他的羊划出来做上记号，但还是在一起放，草场也都在一起，没有彻底分家。分法就是按当时家里的牲畜数除以人口数，给你一口人的牲畜。

这样一直到2011年，家里的草场也分了，算是彻底分家了。主要就是我二小子开始有意见，其他的孩子也都说分了的好，就都给他们分了。一个人2400亩草场，自己的牲畜都拿走，自己去发展。我二小子早就出去打工，买了大卡车跑运输，在旗镇上买了房子安了家，也不怎么回牧区来，他牲畜少，而且懒，不爱干活，非得出去跑车。草场分开以后就都各自围栏了。大儿子是上门女婿，没占家里草场，我二小子、俩姑娘、三小子都各自拿走了2400亩，现在我四儿子一家还跟我们老两口和没结婚的小儿子在一起。

租草场是早就开始了，不租不行啊，不够用，从2000年开始家里就一直租草场，不过以前没分家，就是大家庭一起租的，现在几个孩子也都要自己去租草场。承包之前还能蹭别人的草场用，承包以后必须得花钱租了。我大姑娘家租了5000亩，二小子、二姑娘租了大小子的9000亩，三小子租了邻居的8000亩，我跟四儿子和小儿子一起租了5000亩。

现在不是不想租是租不到，买草比租草场还贵呢。

分了家后我二儿子和二姑娘的羊合群雇了大儿子当羊倌，按市场价给工资，二儿子跑运输，二姑娘直接进城陪娃娃念书，她男人在镇上工作，也是自己不放牧了。

现在我们一大家子从原来分牲畜时候的9口人已经成了8户，24口人。以前大家子时候最多1500只羊150头牛，现在每家也就是百十来只羊，还得自己买草买料拉围栏，成本高多了。以前一年四季都放牧的话，冬天一个劳动力就够了，现在冬天必须喂草料，就至少要三个劳动力，我的体力也跟不上了，雇人成本更高。

我家2011年分家，上面也是从2011年开始发补奖的钱。家里只有一个草场本，所以就只有一张卡，补贴每年直接打到卡上，我再按照人头把钱分给孩子们，嫁出去的女儿也给的。现在都是这样，嫁出去的女儿也都要拿草场补贴的，因为她们也有自己的草场，不给她们不公平嘛。补贴就是一亩地1.71元，一年3万多元，每个孩子能给3000多元，现在都是这么办的，要不家庭内部也要出矛盾的。

不过现在花钱都厉害了，每年光上礼也花出去好几万元。没办法，你花了那么多礼钱总要收回来一些吧，所以今年9月我过73大寿，准备了半个月，搭了五六个蒙古包，花了十来万元，挣回来了四五头牛。这种请客随礼都已经是很重的负担了。

李×给我们计算了家里的人口变化和牲畜变化。虽然看起来牲畜数量也从高峰的1500只羊增长到了总数2800多只羊，但8户人，每家平均只有300多只羊，且还必须有各自的棚圈、水井、围栏等建设和租草场买草料的大笔成本支出。当我们问到老人有没有可能在家庭内部分工合作，比如跑运输的二儿子可以负责拉饲草料、跑市场，能干的可以负责放牧劳作，进城的可以照顾读书的第三代等，老人摇了摇头："难啊，你们去问问我的姑娘小子们就知道啦。"于是，我们又对这家子的其他成员进行了分别的访谈。

李×的大女婿

德××是李×的大女婿，是李×家第一个结婚也是最早从家里独立出来的孩子。他从岳父那儿得到了很多帮助，最终也还是走到了单家独户放牧而且要自己租草场的状态。2013年，我们对德××进行访谈的时候，他家正在修水窖。他一边看着工人干活，一边跟我们讲了他作为外来蒙古族上门女婿的经历。

我是从兴安盟来的，家里是种地的蒙古族，过去打工的时候，认识了我媳妇，1997年我们俩结婚，在旗镇住了两年后，夫妻俩一起回到牧区。开始的时候没有摩托，骑着自行车放羊。结婚的时候岳父给我们分了一口机井和机井房，100只羊10头牛，但是没分开，还是在大群里做了记号一起放。我俩回到牧区以后，慢慢就把机井房重新翻盖了一下，当成住房住了，劳动还是在一起。

原来大家庭的时候是老爷子说了算，一共19000亩草场。2011年彻底分家了，分家以后草场成了四块，我家这块就是我媳妇的草场，2400亩，都用围栏围了。一分就围了，拉了两道围栏，当时正好有项目，补贴以后一卷380元，我买了20卷。

可2400亩肯定不够用，另外又租了两块草场，一块2300亩，一块5600亩，虽是两块草场，不过是邻着的两户，跟我家是连在一起的，用起来也方便。不过2300亩那块要到期了，肯定要涨价，不知道还能不能租得到，现在租草场最低也要3元一亩，每年光花在草场上的钱就得 2 万多元。不过就算再贵，我也还是想继续租的，毕竟草场能连在一起太难得了，要不就算草场便宜，几十里地外租个几千亩的，还得雇车拉羊过去，太麻烦了。

就像我媳妇的二弟三弟他们，分的草场在中间，旁边都是我家的、我岳父的草场，跟另外的草场连不上，没法租草场就只能走敖特尔，按一个月一只羊多少钱那么算，秋天再回来自己草场。那就贵啦，好年景一只羊一个月 10 元，一头牛一个月 100 元，遇到灾时价钱还得翻倍。

分家有分家的好处，大家庭也有大家庭的好处。但是人不好沟通就有谁干得多了拿得少了的矛盾，父母都在兄弟也不好闹，出来就跟别人没关系了，经营好了就都是自己的。不过现在羊太多，旱灾也多了，冬天都是靠人喂，有时候春天还得继续喂，买草买料既费钱又耗人工的，再在一起麻烦就多。你的羊多了我的少了，我多干活你少干活不乐意之类的。而且你老不着家，家里人给你看着羊，你一点力气不出，分的钱倒不少，这就很麻烦了。我多出力多干活了，现在雇个羊倌还得多少钱呢，不能一直让我白干吧？可是都是一家人又没法太计较，太计较就成仇了。再说我是外地女婿，我们三口人用我媳妇一个人的草场，我家羊太多，别人也会不高兴，对吧？所以在一起有困难。

分开了就自由了，反正只要你出钱，要人工要草场要草料的，出钱就啥都有了，也不会闹矛盾。

在我们还想跟他讨论大家庭经营的优势时，德 × × 的几句话点明了分家的原因，尤其说到牲畜大部分时间都要舍饲圈养太费人工。没想到，舍饲居然也对分家经营起到了部分推动作用。

今年（2013 年）我的大羊和羔子一共 600 多只，还有 9 匹马，10 头牛，在嘎查里算是中上户。以前家里牛还多一些，但是草场太小了，牛跳网子跳得厉害，到了别人家草场就得闹矛盾。所以我最多发展到 30 头牛，后来都给处理了。

去年我买了 1100 捆草（70 斤的大捆），从刚入冬的 28 元一捆到春天的 36 元一捆，到现在已经花了 7 万多元了。玉米买了 90 袋，每袋 110 元，颗粒饲料一共 30 袋，羔子饲料 100 斤一袋 185 元，一般饲料 100 斤一袋 135 元。这样算下来，加上租草场的 2 万元，草料费将近 9 万元，一年光让羊吃掉的就是 11 万多元了。

我这儿用柴油机抽水饮羊，一年油费 2000 元。孩子一个人在旗里上初三，一周总得去看两次，跑一趟就是 100 元的油费。这样一年下来连生产的加上平时跑的油费加起来要 2 万多元。镇上我买了个平房，不到 7 万元，小房间孩子住，大房间租出去，好在不用再租房子。

去年卖绵羊羔收入 4 万多元山羊 2 万多元，再加上牛，收入一共 12 万元左右。不过去年卖羊比较少，所以收入低一些，按平年算，收入支出基本打平，存不下什么钱的。

我家有机井和管子，就开了 100 亩饲料地，从 1999 种到 2007 年，现在不种了。因为后来柴油越来越贵，种不了。浇一次地的油费就要 3000 ~ 4000 元，一年至少浇 8 次，5 月开始种，9 月收，一亩收 6000 斤青贮，100 亩就是 60 万斤，油费得 3 万元，合 5 分钱一斤，加上种子化肥人工，比直接买还贵。所以只要可能的话，我想拉长电，这就能解决自己的饲料，还能搭个暖棚种点蔬菜。

我大舅哥苏伊 × × 是我岳父的大儿子，他是直接跟着媳妇家走的，也在这个嘎查里，但是没占这边草场。他媳妇是独生女，他就直接过去跟媳妇和岳父母一起了。2004、2005 年的时候，他过得特别好，有机井还有饲料地，但是 2005 年他觉得草场好，够用了，把自己草场先租出去一半，又从外面包了 100 多只羊回来放养，还接了一些零散的羊过来，结果 2006 年普遍大灾，又是干旱又是大风的，羔子没接上，大羊还死了不少，他把自己的羊都赔进去了，还有一些羊到现在都没还清呢。结果 2008 年他又生了场病，就彻底败落下去了。去年他贷款了 5 万元买了 70 个羔子给女儿做陪嫁，现在是帮着老二家放 200 只羊，自己的草场也等于让老二用着呢，挣点辛苦钱。

2015 年春天和秋天，巴彦塔拉嘎查整个都在羊价下跌和干旱的双重困境中，我们又对德××进行了两次访谈。虽然仅仅隔了两年，但他家已经大变样了，原先作为住房的小机井房已经被一整排砖房取代。除了人住的，还有新盖起来的砖房棚圈、车库，俨然已经是一个颇具规模的现代家庭牧场了。

这两年主要就做建设了。新房花了 11 万元，储草棚是拿的项目，自己花了 2600 元，铁栅栏 8000 元，主要是保护房子，另外还有个专门的育肥棚圈加洗羊池，也是项目的，自己出 2.3 万元。差不多整个建设花了 15 万元吧，现在手头没有存款，一直在贷款。

2012 年贷了 2 万元，2013 年，你们来的那一年，我家贷了 5 万元，2014 年为了建设贷了 15 万元，今年 10 万元，一年比一年多，压力也越来越大。去年（2014 年）羊价不行，掉得厉害，可为了还贷款只能多卖羊，一只羊少卖了 300 元。前年一只羊还平均能卖 800 元以上呢，去年只能卖平均 500 多元。羊价不行了吧，饲草料价格倒是越来越贵了，而且去年还干旱，70 斤的草捆买了 2100 多捆，喂了将近八个月。还买了 300 多袋饲料，3 万多斤玉米。光草料上就花了 13 万多元。

现在家里大羊 400 多只，羔子 300 多只。去年卖了 300 只羊，收入 15 万元，扣掉草料费刚刚够一家人生活。可之前基建上亏空了 15 万元呢，只能继续贷款。我是从信用社贷款的，今年是一分利。农行的贷款不好拿，主要都给企业了，不怎么给牧民。今年嘎查有 60 万元的农行贷款指标，大家抓阄，谁家抓到了才能贷。要知道会干旱我就不盖房子了。现在贷款已经成依赖了。本来我们牧民是需要银行帮忙的，结果现在都成了给银行放羊了，成了银行的羊倌。贷款还不上的只能个人借款。

去年我家除了原来租的那块草场，还租了两个月的短期草场，花了 1 万元，天太旱了，不租不行。原来租的那块草场也是一签 3 年，去年 6 月签的合同，必须一次性给钱。5600 亩，每亩 3 元，3 年就是 5 万多元，一次付清。

去年开始我家试着搞羔子育肥。育肥后的羔子能卖 670 元一只，没育肥是 500 元左右。育肥草料成本每只羊就得 100 多元，等于说一只羊育肥一个月能多卖 60 元。不过育肥能省点草场，而且把羔子圈起来喂饲料还能让大羊少喂奶，好抓膘，这样过冬省一点草料，对我们草场小的人家还是有好处。问题是育肥羊的市场不行，现在政府已经不鼓励育肥了，说育肥羊不是真正的苏尼特羊，二道贩子收羊的时候价格也会低一些。

现在牧民已经无路可走啦，放牧吧草场不行，育肥吧市场不行。我家这也就是在管理不严的时候捞一把，把育肥羊当草原羊卖，走一步看一步吧，草场完了就啥都没了。

不过建设搞得是越来越好了。去年新上的棚圈特别先进，带洗羊池，而且带摄像头的，自己花 2.3 万元，这样羊羔生下来人从电脑上就能看见，就不用担心母羊什么时候下了羔子人都不知道，但是现在没有电也没有电脑。现在是人越来越好，草场越来越差，牧民也都变成了多面手了，啥都得干，啥都得会。如果能把网络用好了也是一个趋势，可以网购。现在的牧民，没有车就是残废，不会用电脑就是文盲。不过最重要的还是要保护好草场，没有草场就什么都没了。

2015 年的 8 月，正是最干旱的时候，我们又对德 ×× 进行了回访。春季我们见面后，他的草场下了一场透雨，同在一个嘎查内，他家草场明显绿了起来，临近的草场却仍然干旱。这也让我们再次亲眼见证了草原降水的不平均和多变性。

今年我家草场好，夏天的雨下完了，长出来的都是多根葱，虽然羊也吃，不过也不是什么好草。而且草场太小了，所以我还是从 7 月 7 日开始育肥了。一只羊一天 1 斤的育肥料，1.75 元，算是补饲吧，后期加到一天 1.6 斤料，主要还是吃草场的草。育肥一个月以后，8 月 17 日把羊卖了，但是不太理想。一共育肥 40 天。算下来一只羊吃了将近 90 元的料，卖出去一只羊 530 元，我邻居卖的没育肥的 450 元左右。看起来好像没赚到什么钱，不过好处就是省点草场，而且大羊就断奶了，体质比较好，下一年接羔也能省点力。人工就没法算了。

这种育肥羊我们不吃的，因为我们不吃当年的羊羔子。不过我们这不是纯粹圈养育肥，还是放出去溜达吃草，只不过不往远处去了，怕走动太多掉膘。育肥最主要是不能断水，吃育肥料的羊喝水多。差不多比纯粹放牧的羊能多喝一倍的水。如果说平时一只羊一天 5 斤水的话，育肥羊就得 10 斤水。

今年我家大小羊 700 只，育肥了 300 只羔子，公羔子都卖了，母羔子没卖，因为价钱不合适。今年没骟羊蛋，公羊就得早早卖出去。我也是卖给苏尼特羊公司，一斤政府能给 1.5 元的补贴，跟其他羊一样，因为我们不是纯粹育肥的，还算草原羊那么卖。

今年的贷款估计是还不上了。我有两笔贷款，都是从信用社贷的，一个是旗里信用社一个是苏木信用社，一笔 10 月到期，一笔 12 月到期，各 5 万元。10 月还贷时间已经推延过一次了，今年必须得还。

去年光喂羊就花了 16 万元。今年羔子价格太差，就算把羊都卖了也才能卖 16 万元，等于饲草料和羊已经持平了。没办法，等该还贷款的时候只能先想办法借个人钱还上再贷出来吧。

还好 6 月 7 月我草场都下雨了，前天也下了，而且只在我的草场上，旁边都没下，要不实在就不行了，这个日子越过越困难。

儿子已经在呼和浩特市上高二了，一年就得 2.5 万元，等上了大学开销更大，也还得继续供着。我们牧民现在就是给银行、给学校当羊倌呢。

德××是李×的几个孩子里我们访谈次数最多的，他的整个发展过程相当有代表性，就是一对勤劳能干的年轻夫妻从大家庭分化出来，在自己的 2400 亩草场基础上发展的过程。我们能看到，即使他们非常勤劳，头脑也很灵活，德××不仅积极投资基本建设，种过饲料地，还尝试了羔羊育肥，甚至还想种植蔬菜大棚，但是生产成本不断提高，收益却不见提高，而不得不靠贷款维持，一年比一年背上更多的债务。重要的是他自己说的：“没有草场就什么都没有了。”这恐怕也是牧区分家分草场最终需要面对的问题。

李×的二女儿

我和我男人是2006年初结婚的，我爸爸给了我65只羊，9头牛当陪嫁，我男人是隔壁嘎查的，家里给了100只羊到了我家来。那时牲畜只是做了记号，还是在一起合群放牧的。可正好赶上2006年遭灾，没办法，没钱买草料，我们自己的羊卖得只剩了20多只，爸爸发话了，让我们别再卖羊，他给我们草料。可是我们不想干了，年轻嘛，觉得不想在牧区了。因为当时我和我男人是家里的主要劳力，太累了，想进城。2007年把剩的30只羊让弟弟和爸爸放着，我和男人进了城。我男人买了辆车跑出租，跑二连浩特到锡盟的长途，我卖安利产品。那时候卖羊和牛得了不到6万元，买了个4万多元的二手车，在城里租房住。但是跑了一段出租车，不行，认识人太少了，没顾客群，后悔了，觉得还不如听爸爸话不卖羊就好了。开出租两年，把车4万元处理了。算是没赔钱，也就是挣个生活费。

2009年，我们俩又回到牧区放牧。我家我大哥是给别人当上门女婿了，我大姐和大姐夫家的羊发展得好，将近600只，也分了个小群出去，草场还是合用的。我家就跟二哥、四哥、小弟和爸爸妈妈的羊在一起。有时候轮流放，太忙的时候还得雇羊倌，比如接羔的时候。因为我四哥二哥都常年在旗里，家里劳动力不够。

到2011年我们彻底分家独立了，我和我男人带着不到200只羊出来，就是一口人的草场2400亩，没房子，住的是蒙古包。独立有好处有坏处。好处就是自己发展，想干什么都可以。比如我想发展羊或者牛都自由了。要不牛羊太多了，大家庭春天接五六百羔子，太累，现在光干自己家的活就行了。而且大家都有自己的想法，放不到一起去。坏处就是劳力不够。去年我生孩子在旗里，男人在草场放牧，连个做饭的都没有。

分开草场以后，棚圈、房子、蒙古包都要自己花钱。蒙古包一个五六千。今年刚盖了房子。盖房子拉围栏修棚圈都是自己出钱的。围栏花了8000多元，棚圈25000元，房子4万元，都是贷款修的。今年贷款了10万元盖房子。我们就是从分开草场开始贷款的。第一次3万元，第二次2万元，第三次5万元，今年10万元。前两年主要就是草料和棚圈要花钱嘛。后面贷款就是生活了，因为不贷款就必须卖牲畜，牲畜这几年都没卖，就是想发展呢。

租草场是跟我爸还有四哥五哥合伙租大哥的草场（后来跟二哥一起租大哥的草场）。今年让大哥看着羊，我们出工资，一个月一只羊10元，租他的草场一亩5元，羊多的多出点草场费。我们孩子小，劳力不够，就多出钱不放羊了，干点别的活。现在孩子一周岁，负担挺大的。

现在家里一共不到300只羊，想再买点羊进来还得靠贷款。我们发展太多也不行，草场太小，300只大羊也就差不多了。我男人在隔壁嘎查也有草场，但是他们家的羊也多，草场不够用，没法回去。

分了草场太小了，只有2400亩，很快就踩坏了，现在发愁的就是租不到草场，离得近的价钱高，不方便，离得远的牲畜过去可能还不习惯。现在最低也都5元一亩了。有的草场能租到，但是没水，还得拉水，费油钱，劳力也不够。

二女儿提到的这种家庭内部付出劳动的“不公”，以及因为这种“不公”生发的分家分草场，在牧区是非常普遍的。二女儿如愿以偿地得到了公平的草场，这种公平的代价则是草场太小，要不断租草场和贷款度日。可如果不分家的话，如何在家庭内部平衡劳动付出，如何进行分工合作？这其中有很多不是依靠家庭内部的亲情就能解决的，就像大女婿说的“家里不能太计较，太计较就成仇了”。可不计较的结果就是根本无法走下去，各人的不满终会暴发而破坏这种靠亲情维系的合作。而一旦分家分草场，一切都得靠钱，曾经的大家庭内分工合作的优越性又丧失殆尽。

李×二儿子

在我们调查之初李×就提到过，二儿子是第一个走出牧区进城生活的孩子，也正因为他才促成了最后的分家分草场，可我们的访谈中，他恰恰是最反对分家的人。

我自己跑大车已经10年，从2003年开始，拉草、拉砖头之类的。媳妇就在旗镇的家里看着孩子上学，没事就在家里绣十字绣。车就是一般的货车，不是那种特别大的拉草车，一车能装个500捆草吧，主要就是跑牧区到旗里。活儿越来越不好找。

我是1996年结的婚，媳妇是隔壁嘎查的，带着40只羊嫁过来，父亲给了我们100只羊、15头牛。父亲也给我们盖了房子了，你们去牧区我家的话能看见，一排房子里最东边是我家的房子，中间是我大哥的，后来搬走了，再旁边是我弟弟妹妹的。那时候没分家，草场一起用，牲畜也都合群放牧，牛羊都做了记号，在一起，大家轮着放，谁有时间谁放牧，没有安排轮班什么的。那时候，大姐在旗里看着弟弟妹妹上学，家里的主要劳动力就是大哥大嫂、我和我媳妇，还有老三，这样过了五六年吧。我的牲畜发展到最多的时候是1999年，将近400只羊，50头牛，十来匹马。

2000年开始连着遭灾，又得买草料又得人工喂，特别累，大姐和大姐夫又搬去了机井那边的房子住。本来父亲说只要我出钱就让我家搬去机井房的，我没同意，大姐他们就过去了。守着机井他们还能种点饲料地，发展得不错。2001年，正好女儿该去旗里上学了，我跟媳妇商量了一下，1万元从父亲手里买了现在旗里住的平房，平时媳妇就在旗里看着孩子上学，我在牧区放牧，放假的时候她们再回牧区。到2004年，我有了大车本，去煤矿砖厂干了两年活，给人家开车，结果老板老不给工资就出来了。出来以后也没回草场，就自己买了辆大车开始跑运输，差不多一家人就都在旗镇上常住了。每年冬天接羔的时候回去，牛羊就让家里人给看着，不交钱，但是买自己羊的草料。

2006年旱灾和沙尘暴，损失最厉害，我就剩了100多只羊、30头牛。后来又慢慢发展，现在车不好跑，就想着重新发展牲畜呢，去年就没卖羊，现在大小羊200只，能恢复到300只大羊就行了呢。现在我家羊大哥看着呢，一个月给他 2000 元工资。

2011 年，家里说要分家。不知道谁提出来要分的，其实我家不想分，一起的话草场大吧，而且能一块租草场，棚圈机井什么的也都能合着用，不用另外建设。但是其他人说要分，就分了。我小家就是一个人的草场，2400 亩，让大哥给看着。大哥家遭灾，没什么羊了，这样把羊给他放着，一个月一只羊给他 10 元，还可以用他的棚圈接羔。以前我们大家子一起用棚圈，我家自己没盖，只能用大哥的。

明年女儿初中毕业可以住校了，或者去锡盟、呼和浩特市上学，我和媳妇就打算回去了，起码我媳妇可以回去放牧了。我看还是不分家的好，谁有时间谁看着牲畜，其他人还能出来找点活干。结果现在草场分了也一样，我们不回去，哥几个的牛羊今年还是会来我们草场上，而且牛跳围栏也厉害，这不是闹矛盾嘛。

不过现在是已经分了，我们要回去的话就得重新盖房子盖棚圈，拉围栏，租草场。就算这样也还是回去放牧，也比在外打工要好。

2014 年我们再次回访的时候，这家人果如之前所说，家里的孩子去了锡盟上学后，李 × 的二儿子和二儿媳妇已经搬回牧区，重新开始发展牧业。由于种种原因，没能对他进行回访。很大程度上是因为他的出走引起了家庭内部劳动付出和分配不公导致了大家庭的彻底分化。但这家好不容易走出去的人家最终还是回到了草场，在自己的 2400 亩草场上开始放牧生活，重新盖房子、拉围栏。

李 × 的三儿子

我家分家出来一个人的草场 2400 亩，不够用，每年都要租草场。之前租的是前面邻居家的 8000 亩，每亩 3 元，已经租了五年了，到今年 10 月到期以后可能就要涨价了。如果涨到 5 元就太贵了，不能租了。这边好的是，能租到邻居的草场，跟我家的草场可以连在一起用，可太贵了就没法干啦，纯粹就是赔钱呢。去年雨雪好还可以，如果要喂草料超过 4 个月，养牧就不合算了，还不如草场租出去干点别的。

我家300只大羊，今年（2013年）接了200个羔，还有十来头牛，没有马。家里一共四口人。去年卖了160只羊羔，平均750元，卖了3个牛犊子，平均一头5000元，一共收入14万元。买草料都是让我二哥拉的，比外面能便宜点，质量还可以，去年在草料上花了5.7万元，租草场花了2.4万元。四口人一年的生活费差不多3万元。

我是2000年结婚的，结婚时候，我爸爸给了我们150只羊，要说发展得最好的时候还是现在。不过上面不让多放牲畜，去年我们一家被罚了3000元。不过就算罚钱也行呢，要钱就给他，只要让放牧就行。

现在家里两个孩子，大儿子在旗里跟岳父一起上学，小儿子还小，在家跟着我们。我岳父是旗里的干部，没有草场，所以我家只有我一个人的草场。

家里有5万元贷款，去年贷的，过去从来没有过。草料什么的都是二哥拉来的，比外面便宜，也没赊账。

如果能一个人有200只大羊就能过好了，四口人就是800只羊，就能存下点钱，实在不行600只大羊也行，我两个儿子，将来都得上大学娶媳妇，处处都要用钱，必须打算的。

结束了对这个大家庭的访谈，我们看到，想要大户发展，甚至让大户带动其他牧户发展，首先要保住大户，至少做到家庭内部的各个小家庭之间的联合，可访谈中各家都有自己的角度和利益，所谓的家庭内部分工合作，不是说说那么简单，最重要的是所有的大户在分家时都把草场作为当然要分的“个人财产”，草场越分越小，牲畜越来越多，这直接导致了草场的加速退化。作为基础生产资料的草场的不断退化，给原本就存在的因为分家带来的重复建设、生产成本上升等问题雪上加霜。而要做到家庭合作，又得从根本上扭转自承包以来已经逐渐深入人心的“草场是个人财产”的观念，何其困难！尤其在当下草场能够变现直接带来经济收益的情况下。

当然，解决了草场合作的问题后，仍然面临很多其他问题，如如何计算劳动付出，如何进行分工合作等。这个案例让我们意识到，牧区的合作不仅存在于观念上、意识形态上，不仅需要感情、亲情，还需要对各自清醒的定位，合理的劳动及利益分配，强有力的优秀领导者，哪一样都是不可或缺的。而最根本的是合理的草场产权制度。

同样在B嘎查，我们也遇到过这样的案例。

小伙子达日×××兄弟姐妹五人，加上父母，七口人一共分得14700亩草场。随着孩子们成家后，大家庭陆续分成5家，草场也被分成5块。达日×××2009年结婚，拿出一人的2400亩草场，同时租用大姐的草场，按市场价每年花6000元；二姐租用了大哥的草场，也是每年交租金6000元；父母的草场和二哥的草场租给了外人。草场补助每年发下来后几个人平分。即使租了大姐的草场，达日×××的草场还是不够用，只能每年夏天去岳父家（隔壁撒茹塔拉队，30里地）放牧两三个月，因为他媳妇在那边有2000多亩草场，媳妇的哥哥则去他岳父家走场。一年后（2014年）我们再去见达日×××的时候，因为干旱和羊价下跌维持不下去，他已经处理掉自己的牲畜，到其他旗当羊倌了，自己的草场也出租了。

这就是一家严格按照草场家庭承包的办法在家庭内部分草场然后互相租草场的案例。由于草场能够流转变现，开始有了财产性收入，家庭内部分草场后，也不得不按市场价格租草场，甚至宁可租给外人，因为有时外人给价高。这也使得想要租到连片草场的难度更大。

嫁出去的姑娘回娘家要草场越来越常见，每年去媳妇的草场上走场，是我们看到的一个新现象。原本轮牧走场就是为了让草场休息，现在是走了一群羊又来了一群羊，压力一点没能减轻，又带来了新的家庭内部的矛盾。这大概也是牧民们在分家之初没能想到的。

3.2 一个牲畜和草场都没分的大家庭

2006年我们在进行“蒙古马”专题调查时在东乌珠穆沁旗认识了苏仁××夫妻，当时的苏仁××正是40来岁正当年，作为曾经的马倌，他召集了几个年轻人将他家和附近邻居的近百匹马集中起来，让我们见识了一下自承包后就少有的马群奔腾的场景。而他家坚持在自己草场上住蒙古包，冬天游动放牧，也与绝大多数牧民冬季住在定居点不同，即便游动也只在夏天形成了鲜明对比。而这种坚持，让他家成了远近有名的大户。2013 年和 2015 年，我们又到东乌珠穆沁旗专门拜访了苏仁××家，原本还是希望看看这个勤劳能干的大户在经历了连续几年的丰雨、干旱波动后，又有了什么新变化，他们的草场是否能看出游动与固定的不同。意外收获是，从他们家庭的案例上，我们也看到了家庭内部合作的合理性，所以在进行案例整理时，把这个访谈放在了分家的题目下。

我今年（2013 年）已经 53 岁，差不多算是退休啦，我的三个孩子都成家立业，姑娘嫁了出去，两个儿子也都结婚有了自己的孩子。女儿嫁出去时给了 90 只羊、9 头牛、9 匹马，因为 9 字儿吉祥，还有一辆车。家里一共 14000 多亩草场，一直没分，牲畜也都在一起。现在两个儿子家加上我们老两口，一共 40 头牛、160 匹马、1200 多只羊，吃饭不分，牲畜也都没分。现在家里的牧业活儿也都交给儿子们，我和老伴儿就打算彻底搬进城帮看着孙子上学啦。

全嘎查 50 多户，上 1000 只羊的只有两家，我家是最富裕的了。我们这儿草场属于草畜平衡区，每亩每年拿 1.71 元的补贴，规定 30 亩养一只羊，每年春天休牧 3 个月，已经休了五年了。刚开始查得还比较严，等羊的数量降下来了，检查得也松了，以前是苏木来人一只只查，现在主要是听口头汇报。

除了自己家的 14000 多亩草场之外，我们还租了 15000 亩，一亩 5 元钱。这种 5 元一亩的都是建设比较好的，有棚圈，可以当冬草场用，还能接羔。自家的草场主要夏天用，租的草场分三块，都在不同的地方，主要冬春用。

现在冬天只要雪不大，我家还是要住蒙古包搬着家走，几天换一次地方的。像我们家这样的已经没啦，都住房子了。我家自己分的四季牧场，自家的草场是夏秋场，租的草场作为冬春草场，没有搞小区轮牧。那种小区轮牧我知道，一片草场划成好多小块块，一块里面放几天，轮着用。这个做法羊少了可能还可以，多了就不行了，几个小块天天进出，光是围栏门口就都给踩坏了，还是分季节草场更好。而且冬天最关键，必须得搬家，老在一个地方草场很快就不行了。虽然冬天搬家走场人比较辛苦，但是对草场好，对羊也好。这三年下雨好，草场也好，羊都吃不完，我们草场上的枯草层都有厚厚一层了。

苏仁××家除了14000亩草场，另外又租了15000亩，而且不分家，不在家庭内部分草场，这是能让他家能够在比较宽裕的草场里坚持游动放牧的关键因素。2006年，我们最初开始草场调查的时候，一部分牧民还能坚持在自家草场上划出季节草场，至少分成两块，冬春和夏秋的。可随着草场载畜能力不断降低，很多人家不得已，已经把全部草场都用做夏秋放牧，冬春完全依靠舍饲。牧区冬草场的丧失反映了草场退化的严重程度，同时也是牧户们的无奈之举。如苏仁××家的这样，不但能够保有冬草场，而且还能坚持冬季游动放牧也是非常特殊的。

2006年我们第一次对他家进行调查的时候，已经发现与邻近草场相比，他家的草场无论从草的高度、盖度和密度方面都要好一些。而2013和2015年的回访中，我们看到，在连续的干旱之后，他家草场状况仍然比其他人家好得多，尤其明显的是草的种类。如果说其他草场一眼看去只有高高的针茅看不到其他草的话，他家草场就像个百草园，草的种类非常丰富，各种草花点缀其间，地表还有一层枯草层覆盖着，甚至在遭遇干旱的2013年，清晨从草丛里走过，仍然会被露水打湿裤脚和鞋子。

现在小儿子正打草呢，在租的草场里，自己买的打草机。就是下雨草好了才买的，就一台，够用就行了。今年估计能打2000亩，基本都是羊草，这样不用另外买草就能过冬啦。前几年天旱，不能打草，草料买得多，一年得买10000多捆草，100多袋料，从西乌旗北部买，也从呼盟进过草。

今年（2013年）到7月份公羔子就都卖完了，平均600多元一只，母羔子都留了下来。雨水好草场好就能多留一些羔子发展，前几年干旱就得多卖出去一些。牧业就是这样经营的，好几年坏几年。不过现在卖羊的时间比以前早多了，7 月份就开始往外卖，以前都是到八九月以后才卖的。因为现在狼针（针茅）太厉害了，如果卖得晚，等狼针抽穗就会扎羊皮，收羔子的车也来得少了，价格也不行。可卖羊提早了，羔子个头小，长不了那么胖，不卖又不行，就是这么矛盾。今年的羔子价格比去年涨了点。今年卖了 160 多只羔子，挣了 10 万元钱。还要再卖点牛和马，处理一些淘汰羊。我们这儿母羊以前到 10 岁还能生育，现在七八岁就要处理掉了，羊的体质也没以前好了。

狼针的问题就是前几年干旱以后突然雨水好了开始的。说好是跟干旱的时候相比，其实要说草，还是不如以前，羊草少了狼针多了。以前从来没有过这种事儿的，狼针还能成灾。不过过去有大马群，草场上跑跑也就把狼针都踩得差不多了。现在差不多卖羔子和打草都比以前早了一个多月，狼针打下来可以卖给外面的奶牛厂粉碎了做颗粒饲料。

听苏仁××说，为了对付狼针灾害，甚至还推出了专门打狼针的打草机，能够设置打草刀的高度，刚好把狼针穗子打掉。我们也专程拜访了镇上的农机商店。正是打草季节，农机商店外满满地排着崭新的机器，从打草机、搂草机到大型打捆机，根据相关规定，牧民购进这些机械都能享受一定的补贴和折扣。售货员告诉我们，从打草季节开始前的 7 月初，打草机的生意就开始火爆起来了，除了购买新机器，还有维修点也都排起了队。但是针对针茅设计的打草机目前还未能推广开，因为只打针茅穗子就必须把打草刀设置得比较高，被打的草很容易滑脱或者卡住刀头，所以牧户们还是选择提前卖羊羔来躲避针茅灾害。

我家牲畜最多的时候是 2004 年，夏天羊最多到 1800 多只，牛 90 多头，马 50 匹。这么多牲畜也都是一点点慢慢发展起来的。我们这儿牲畜承包是 1983 年，每人分了 30 只羊。那时候我家还是大家庭一起生活，兄弟们都在一起。1988 年一场大火，家里几乎给烧光了，全靠我父亲主持家里，从外面租了苏鲁克回来放，慢慢重新发展牲畜。

那时候我父亲在家里当家，父亲说什么就是什么。不过一个大家在一起生活，光下面的孩子就4个，最大的18岁，最小的8岁，都在一起事儿太多了。1996年我结婚12年，父亲病重，哥四个才分了家，分完家父亲就去世了。当时我的小家分了240只羊（大小羊），30头牛17匹马。这些房子棚圈机井都是父亲给的，外面的大围栏也是父亲给的，每家都这样，都是大家庭的时候就给置办的。

虽然分了家，但是草场没立刻分，4万亩草场在一起，羊群也都是合群放，哥几个轮流跟着羊群走。之前都是父亲每年卖了羊给兄弟几个分配钱，每家多少羊什么的是不知道的。后来羊群发展起来，先是分了群，到2004年的时候彻底分了草场，每家都用网子把自己的草场围起来了。我家从1999年就开始租草场，因为我家羊发展比较快，草场不够用。我家发展在兄弟里面是最好的。

现在我和媳妇基本在锡盟市里租房子住，正准备买楼。孙子大了得上学，我们俩就过去住着陪读，草场上主要就是我大小子和大儿媳妇，二儿媳妇在锡盟当老师，二儿子就来回跑着买买东西，管管机械的事情，联络联络。暂时还没有雇羊倌，不过等到我们夫妻去锡盟的时候就要雇羊倌了。尤其是冬春圈养人工喂的时候和接羔的时候，要不忙不过来。到时候小儿子也会回来一起干活的。现在人工太贵了，500只羊就得雇上一家人，一个月就要四五千元，单个劳动力就是每人2000元以上。雇的人还不一定行，好多人花了钱也不好好干活，但是不雇又不行。

我今年（2013年）53岁，打算到我60岁的时候给他们哥俩分分家，他们都有了孩子了，老不分也不是个事儿。

现在最忧心的就是租草场。前几年想租草场还是挺容易的，我们嘎查有十几户没有牲畜靠出租草场生活。不过这两年雨水好，嘎查内能打草的地方很多，有些人就把草场包出去给那些专门打草的人，打了草卖给外地的奶牛场，有的一租出去就是三五年，草场价格就越来越高了。听说今年最高的一亩得20元，最低也要10元以上。出租打草场这个事儿我们也没法管，他们也是为了生活嘛，可我们会受打去，租不到草场的。现在就担心以后能不能租上草场了，尤其是到雨水不好的时候，只靠自己家的草场肯定不行。我们现在租的草场，主人家没牲畜出去打工了，但是租金也是不断在涨的。最大的支出就是租草场，还有买草料。租草场要求一下拿出三年的租金，一亩 5 元，一租 15000 亩，那就得 20 多万元了，还是有压力的。

我家能够富裕就是因为肯吃苦不分家，不会一天一个想法，这样我们四代都是富裕的。那些孩子结婚就分草场的肯定有问题。家里就得老人要能主事，团结，不能说老人放手不管，随便年轻人折腾，下面也得有人接班，家里兄弟有事其他人就能顶上来。现在有的人家都不说娶媳妇了，搞对象的时候就把草场分了，主要是姑娘家不干，你不分草场我就不嫁。

苏仁××家靠着勤劳，白手起家，在有限的草场条件下一直坚持游动放牧，终于成了远近有名的大户，却也有着他们的忧虑。明年是不是还能租得到草场？如果不能，单纯依靠从外部买草买料是否能支撑得了畜群规模？他特别强调一点，觉得自己家里之所以能够发展得这么快这么好，全靠不分家不分草场，家里人齐心协力。可儿子们都大了，各自成家了，也不得不考虑分家问题，那么儿子分家之后分了草场，能不能租到草场则成了苏仁××担忧的事情，不过这个问题就不是苏仁××自己能做主的了。

休牧区调查

4. 大规模集中开发的饲料地

4.1 赛××嘎查的苜蓿基地

鄂尔多斯作为干旱草原向荒漠草原、草原化荒漠的过渡地区，生态脆弱，地下水资源极其珍贵，近些年一些地区却在生态治理、人工草地建设的各种项目下，许多草场被开垦。2012 年我们调查时，仅鄂托克旗的赛××嘎查，井垦面积即达到 10 万亩左右，占该嘎查草场面积的 12.9%，据牧民说，高产饲料地建设等项目累计投资达 2.3 亿元。这些土地原本是为牧业服务的，为了解决当地牧民冬季饲草料不足而建设的饲料地，在建设过程中却被异化。政府项目配套大型喷灌设备，牧民投入拉长电打机井，开出的地却被主要用于种植经济作物，或被外来公司承包种植苜蓿等卖到各地。大面积耕地耗水量极大，鄂托克旗全旗又因为其相对其他地区来说比较优越的地下水资源，被一些耗水型工业项目和需水城市看中，随着项目上马，大量机井将水抽走，几乎所有的土井都干涸，一些地区正在出现人畜饮水困难的问题。

我们调查的赛××嘎查地下水位以每年 3 米左右的速度下降，仅 2012 到 2013 年，水位就下降了不止 10 米。截至 2013 年 10 月我们第二次回访的时候，已经有 3000 多亩苜蓿地因为 300 米深的机井干涸而弃耕。2014 和 2015 年，鄂尔多斯地区又遭遇罕见干旱，赛××嘎查的地下水位在原有基础上又下降了 10 米以上，一些已经种植苜蓿的饲料地被废弃。

4.2 赛××嘎查和草籽场

马××尔是赛××嘎查的牧民，50 岁，2012 年我们对他进行第一次访谈的时候，他正处在左右矛盾中，一方面亲眼看着自己嘎查的 93 万亩草场被开垦 10 万余亩（加上附近的草籽场、三北羊场等合计 30 多万亩），地下水位迅速下降，一方面自己家的5000多亩草场上也开了800亩饲料地，以每亩210元一年的价格租了出去，每年光地租就能拿到16.8万元。据他说，仅赛××一个嘎查，近几年得到的关于高产饲料地的各种国家投资和项目就累计达到2.3亿元，绝大部分用来铺设灌溉管道和配套喷灌机。家里能有拉长电和打机井条件的牧户几乎都开了地，并直接从土地出租上获取利益。

“我们这儿来过水利部门的人，听他们说，这边地下水最多能供10万亩左右的饲料地，不过到现在（2013年）已经开到30多万亩了，而且还有继续新开的。你们一定要想办法帮我们反映反映这个情况。”2012年我们第一次对他进行访谈的时候，他就反复说过这样的话。

马××尔与一些牧户联合成立了鄂托克旗阿各图牧民联合社，大家集体出资（投资基本都属于个人借贷高利贷，利息达到三分）投入160多万元建立了一个屠宰场和冷库，希望通过延长牧业产业链，增加加工环节来使畜产品升值，从而达到增加牧民收入的目的。用马××尔的话来说，只要能够通过销售让畜产品增值，就能说服牧民们减少牲畜饲养头数，就能保护草场生态。

但就在这一点上他仍然是觉得非常矛盾的，他家四口人，除了夫妻俩，还有两个孩子都在读大学，开支巨大，家里5000多亩草场，按30亩一只羊的标准只能养不到200只羊，生活根本无法支撑。在这种压力下，他只能被迫超载，养牧500多只羊，同时他还开了800多亩饲料地，仅饲料地一项每年就能给他带来16.8万元现金收入。而这笔收入则是相对稳定的，这对他家的生活至关重要，同时他自己又看到，这种无度开发饲料地使地下水下降迅速。据他说，他家的饲料地，地下水位平均每年下降3~5米，地下水整体下降不光会影响他自家草场，如赛××地区这样大面积大范围的开垦，会让整个地区的草场因缺水进入不断干化的恶性循环。他要求我们向上面反映这个问题。马××尔显然处于十分矛盾的处境，国家在这个地区实行休牧政策，牧民得到的补偿不足以抵偿他们的负担，这是他靠开垦饲料地出租获益的原因。但另一方面从保护生态角度他又反对开垦饲料地，而保护生态也是他创办合作社的初衷。为什么会出现如此矛盾的现象？

我们这里80年代初草场就承包到户了，那时就开始有网围栏了。

1983 年刚承包的时候我们家 8 口人，分了 100 来只羊。1985 年分了两户，那时候羊的数量就翻了一番了。再到 1991 年，我自己小家庭的 4800 亩草场发展到 500 多只羊，两个小家庭的羊加起来比承包初期翻了差不多 8 倍。我家羊最多的时候（90 年代末）到过 700 只羊，那时候国家提倡多养，家家户户都养那么多，超过 1000 只羊还是模范户呢。但那时候草场就明显开始不行了，后来靠买草料喂养的时间越来越长，2011 年天旱喂了一整年。我们现在实行草畜平衡政策，1 亩地每年国家补贴 1.51 元，我家每年得到 7245 元。喂养的话每天 1 只羊的草料费需要 1.5 元，我家现在大羊羔羊加起来 500 只，靠国家补贴的钱只够喂养不到半个月时间。但是每年春夏季要休牧喂养 3 个月。

2005 年我家得到政府配给的喷灌机，为了打机井拉长电，我借了高利贷，花了 20 多万元。2006 年开了 100 来亩地，2007 年扩大到 800 亩（正好是 1 台喷灌机转 1 圈浇灌的面积），都包出去了，每亩 100 元，一次包出去 3 年，每年什么都不用干就能有 8 万元的净收入，高利贷第二年就还完了。现在开始包给公司种苜蓿，每亩 210 元。

现在开地租出去眼前肯定有收益，不过以后就说不清楚了，肯定是长不了。70 年代的时候我们嘎查的好多井是自流井，后来下 50 米管子才能抽出水来，现在要 60 ~ 70 米才能抽出水来了。我家的机井这几年每年水位下降 3 ~ 5 米。大多数人家的喷灌机都是农业机械化配套项目给的，拉长电打机井都是各家自己投入的。开始的时候是绿化小区项目，后来是新农村建设项目，一个项目接着一个，都是种地的项目。现在又提倡种苜蓿，把地租给专门种苜蓿的公司来经营。种苜蓿对土壤有好处，不用年年开地，还可以增加土壤肥力。但是苜蓿的用水量比玉米还要多，因为苜蓿长得密，喷灌的水难下到地面，种玉米每亩每年一般要浇 8 次水，大概需要 500 立方米水，种苜蓿的话要比玉米浇的次数要多。

赛 × × 地区这种饲料地的开发，是围绕以前的“草籽场”展开的。据草籽场一位老职工介绍，1971 年，在全自治区各地纷纷号召“牧民不吃亏心粮”的背景下，从四个公社抽调了92名16～20岁的年轻劳动力，集中起来开垦了1.4万亩耕地，建起了农场，共占草场2万亩。最初并不是以草籽场，而是以纯粹的农场名义开发的，隶属于农垦系统，种粮食为主。但很快就因为农场是占用赛××嘎查和另一个牧业嘎查的草场使得周边牧户不满，1974年更名为“草籽场”，以提供优良草籽和饲料，为牧民服务为目标。当时这片区域地下水资源非常丰富，有多眼自流井，出水量达每小时70～90立方米。在农场建立初始，打了12眼350米深的井，很快自流井就不再自流了，到目前为止仅草籽场就有40多眼深机井，自流井也从以前不需要抽水就会自动流出来变成需要用80多米深的管子抽水。供应草籽场范围内饮用水的机井达到将近500米深。

草籽场种植的作物也从最初的高粱为主，逐渐发展为以经济作物（如西瓜、土豆等）与高产饲料（玉米）轮种的状态。据说这里出产的西瓜相当有名，直接销往北京，最远卖到重庆等地。不过这个过程中，草籽场因为处于四个公社的交界线上，再无扩展余地，耕地面积并没有明显增加。

1983年包产到户政策实施，草籽场不足2万亩的耕地也被承包给了职工们，每户30多亩。2009年草籽场再次改制，从企业身份改成了“社区”，原场部所在地也与赛××嘎查的嘎查所在地一起，成立了鄂托克旗赛××新农村牧区管委会，与一般的嘎查建制不同，相当于苏木级别，相对独立，全面负责包括草籽场、赛××嘎查、三北羊场在内的总体开发，不断吸引外来的农业、养殖业公司，成了附近最重要的农地流转和外来劳动力汇聚的中心。（在小镇上，密布着大型农用机械修理、租用点，随处能看到出租和求租耕地的小广告。）

据当地居民估计，目前光是以草籽场为中心，分散在周边30多万亩耕地上的外来包地、打工者就有3000人左右。而整个赛××嘎查只有230户，854人，草籽场的全体职工包括退休职工一共274人（加上家属等不超过500人），这样外来人口进入的规模和密集程度可见一斑。

4.3 打造百万亩苜蓿基地

如今的草籽场，早已不是当年的国有农场了，一条主路贯穿其中，众多小饭馆、旅店林立路边。然而更多的却是一些农机具修理租用的店面，随处可见贴在墙上的关于出租求租耕地的小广告和三五成群待雇的劳工，以及开发农业的大公司的形象宣传招贴，俨然已经成了一个以农业开发为中心运转起来的小镇。每逢播种收割的季节，镇中心就挤满了客运大巴，将甘肃、宁夏、河北等地的打工人员运送过来，据说生产旺季，小镇最多能集中上万人。

在草籽场进行农业开发的公司有很多家，其中盛×公司算是来得较早且规模最大的一家，我们对这家公司进行了持续的关注和不断回访。盛×公司是2010年成立的，注册资金800万元，2012年4月重组融资，吸收了数家公司的资金，据一位负责人称计划在鄂托克旗打造100万亩苜蓿基地。公司前身是本地的一家房地产公司，2010年开始，以草籽场耕地为主，以流转方式租种了1万多亩苜蓿。

据盛×公司的一位前总经理介绍，三聚氰胺事件以后，国家对饲料问题越来越重视，尤其是从质量到数量方面的要求越来越高，需求也越来越大，在全国草业大会上针对饲料问题有过专门论述。因为内地农区土地有限，牧区土地资源丰富，同时又背靠整个放牧业，对饲料也有着广大的需求和市场前景，所以当前利用牧区草场开发饲料基地，已经是个方向了。据他介绍，相邻一个旗也在种4万多亩苜蓿。

盛×公司之所以选择种苜蓿作为饲料就是因为蛋白含量高，远高于玉米，3斤玉米才能与1斤苜蓿的蛋白含量等同。中国每年都要大量进口苜蓿，这也说明了国内的需求是非常大的。公司计划2013年苜蓿面积达到10万亩，两年内达到30万亩，10年内加上在其他地方垦殖实现百万亩苜蓿基地的目标。

2012年我们调查时，公司已经在赛××嘎查租了6万多亩耕地，草籽场的2万亩也基本全部租了过来，都是一次性签约17年，到土地承包期结束。每亩租金250元一年。2011年苜蓿每斤0.9元，2012年每斤1.25元，而玉米才1.2元一斤。按苜蓿一年割三次，产量每亩总计1200斤计算，每亩产值1500元，刨除地租、工人工资等，平均每亩利润在1000元以上。虽然与一般的经济作物动辄每亩净利润2000～3000元无法相比，但大面积的种植和相对稳定的市场确保了这种低风险有保障的收入。同时，国家也在出台一系列针对苜蓿基地的补偿政策，根据国家的振兴奶业苜蓿发展计划，凡是连片种植，面积大于

3000 亩的苜蓿基地，都可以得到每亩 600 元的补贴，这等于每亩的纯利润能够达到 1600 元以上，同时还能享受基地建设、机械设备补贴等各种优惠政策。

盛×公司仍在不断扩大包地面积，负责人也表示，为了短期内达到 30 万亩的目标，不排除新开一些草场的可能。

地下水是否会成为实现目标的障碍，盛×公司也意识到了这是个重要问题，水利部门的官方数据表明，当前这一区域的地下水下降速度为每年 3 米。但公司负责人还是比较乐观的，认为可以通过一些协调和政策倾斜，从黄河调水解决水问题。种植方面则不断进行各种实验和技术更新，实现整个种植过程的可控化和机械化。至少在浇水用喷灌、播种用大型收割机等方面进行投入，逐步减少员工，并表明，这才是现代企业发展必须要走的路。

同时，草籽场周边的 8000 亩草场由赛××新农村牧区管委会出面征用，从 2009 年开始全面招商，建设养殖园区。分为高科技畜牧业试验示范基地、奶牛养殖小区、绒山羊育肥养殖小区、肉牛养殖小区、肉驴养殖小区及动物检疫站、牲畜疾病防治中心、饲料供应站、大型沼气和有机肥厂、入园牲畜隔离场、病死牲畜处理场等服务功能区。预计养殖规模 12.5 万头只，目前已经有十多家企业进入，正在兴建厂房设施。

节水灌溉采用美国维蒙特公司生产的圆形自走式喷灌机，到 2013 年已安装使用 94 台，2009 年又引进施肥罐 158 个、施肥机 53 台，解决作物生长过程中的施肥问题。具体建设内容涉及农田水利工程、电力工程、防护林工程、道路及其他工程、农机服务队建设等。

相比之前种植经济作物，如土豆、西瓜，或高产饲料玉米等，苜蓿属于多年生草本，据盛×公司的技术人员介绍，不需要年年翻耕播种，一年播种七年收获，对土壤保持方面比较有利，同时苜蓿属豆科牧草，也能起到增加土壤肥力的作用。但仍然不能否定的是，苜蓿毕竟是中生植物，要取得收益就必须提供足够的灌溉条件，据盛×公司的技术员测算，在草籽场这边的草场上，种一亩玉米年耗水大约 800～1000 立方米，而一亩苜蓿则需要 1200～1300 立方米。对水资源的极度依赖及超量用水将是这种开发模式的致命短板。

2014 年，内蒙古牧区大部分区域遭遇到十几年来最严重的干旱，鄂尔多斯市的大部草场直到 7、8 月仍然没返青。赛××嘎查周边的耕地，灌溉困难，一些地方的地下水位下降达 10 米以上。在这种情况下，盛×公司不得不暂停了扩大租地的计划，并将条件不好的近 2 万亩地撂荒，实际种的苜蓿只有 5 万多亩。2013 年公司亏损 3000 万元，2014 年亏损 2000 万元。

2015 年，赛××嘎查并没能像期望中那样迎来一个丰雨年，干旱甚至比 2014 年更加严重。在再次回访中，盛×公司的负责人表示，他们正在原有缩减到 5 万亩苜蓿的基础上继续缩小种植规模，2015 年实际种植苜蓿 3 万余亩，2012—2015 年，水位高峰期下降了 30 米。用水少的时候就是每年开春的时候，水位下降也在 20 米以上。公司亏损已经达到了一个临界值，如果再缩减面积将无法继续支撑下去。而地下水过耗又不得不压缩。

国家苜蓿基地建设背景

2010 年 12 月，14 位老部长、院士、专家提出“关于大力推进苜蓿产业发展的建议”。温总理批示：“赞成。要彻底解决牛奶质量安全问题，必须从发展优质饲草产业抓起。”农业部韩长赋部长、高鸿宾副部长做出批示，畜牧业司确定由奶办承担相关工作。

2011 年 1 月，畜牧业司组织国家牧草产业技术体系、国家奶牛产业技术体系、畜牧业协会草业分会的专家开展调研，召开座谈会，起草“奶牛优质苜蓿产业发展扶持政策建议 ”。

2011 年 2 月，高鸿宾副部长听取关于奶牛优质苜蓿产业发展情况的汇报。计划司、财务司、科教司、种植业司、农机化司、全国畜牧总站、中国奶协、中国畜牧业协会、国家牧草产业技术体系、国家奶牛产业技术体系等单位参加。此间，畜牧业司再次派出 4 个调研组赴河北、山东、甘肃、宁夏调研苜蓿草产业发展情况，研究促进苜蓿产业发展的相关政策。

2011 年 10 月，畜牧业司召开苜蓿发展工作座谈会 ，修改完善“2012 年高产优质苜蓿示范片区建设项目实施的指导意见”。

到 2011 年 11 月，农业部韩长赋部长、财政部谢旭人部长联合向总理上报《关于实施“振兴奶业苜蓿发展行动”的请示》，温总理批示同意。2012 年 1 月，中央发布 1 号文件决定“启动实施振兴奶业苜蓿发展行动”。2012 年 6 月，财政部、农业部联合下发“2012 年高产优质苜蓿示范创建项目实施指导意见”。

经过一年半的时间，“振兴奶业苜蓿发展计划”开始启动。

苜蓿草奶业振兴计划详情如下：

项目资金和目标

2012—2015 年，中央财政每年安排 5.25 亿元建设 50 万亩高产优质苜蓿示范片区。

其中：

3 亿元：高产优质苜蓿示范片区建设

2 亿元：生产、收获和加工机械补贴

0.25 亿元：良种补贴

确定补贴标准：600 元/亩，3000 亩起享受补贴

4.4 赛××嘎查出租饲料地的两个代表性牧户

一个土地出租大户

马××，1949 年生，是赛××嘎查的老户了，从大集体时候开始就是远近有名的能干牧民，又勤劳，肯吃苦，草场承包后一度家里发展到 1500 多只羊，90 年代时每年纯收入就能达到十几万元，但是他也没能避免开地外租。

我家是老户，地已经开了 12 年了。90 年代的时候，家里最多发展到 1500 只羊，因为羊太多了，一共才 5000 来亩草场，不够用，为了补充饲料，就开了 80 亩的饲料地，自己种。那时候都是自己种地自己干的，想雇人都还找不到人呢，好在那时候年轻。到 2001 年我们这儿可以拉电了，我家花了将近 20 万元拉了电，开了 1000 多亩地，又打了 4 眼井加上泵，整个加起来差不多有 1500 亩的饲料地吧，投了快 60 万元。地开了第二年，就是 2002 年，把 1300 亩地包出去，给了草籽场的人。那时候包地最高也就是 70 元一亩，低的 40 元的也有，

我的地是65元一亩包出去的，1300多亩包出去10年，一共不到90万元吧。当时主要是投入太多了，想着一次性包出去赶紧把成本收回来。

正好到今年（2012年）6月30日那1300亩地就到期了。算起来这10年没挣多少，就等着地收回来以后算是真正开始收入了。现在一亩地的租金怎么也得500元一亩，这样算我一年最低能拿60万元，10年就是600万元了吧。

没办法，现在养羊不行了，以前我家羊多的时候，羊价还低呢，每年连羊绒带卖羊的收入也能收个十几二十万元的。现在要求30亩草场养一只羊，管得也严，我5000亩草场，1500亩开了饲料地，还有500亩自己种了点树啊什么的，也就剩了3000亩草场了。按载畜量只能养100只羊，那怎么生活呢？就算我家现在养着500只羊呢，一年也才能收入七八万元而已。所以还得把地包出去。现在国家也不让再开新地了，不过咱们这样的熟地（指耕种两年以上的）还是可以的。

咱这个地方可以种地，就是干旱，不好好浇水的话种什么都不活。承包以前，嘎查只有一个机井，1964年国家给打的，打了250米吧，打完了就是自流井，自己往外喷水。那时候水就是好，打出来的井要么就是自流井，或者三四米见水。现在是20来米、30米见水。水位肯定是在下降的。不过我家位置好，偏低，水还是好的。有些人家都是七八十米才能见水呢。

我家是用的1000亩的大喷灌机。喷灌太大了也不行，24个小时才能转一圈，你挖土看看，也就是湿了个地皮，两指潮都不到。但是转得快吧也不行，那就一指水都不到了。

这儿以后的水的问题啊，我不担心。全鄂尔多斯的水最好的地方就在咱们这儿。现在打的是300米井，以后没有水了可以打400米、500米。加上个大一些的变压器就可以了，也就是多花点电费，泵大一些，深一些嘛。现在用的是70、80米扬程的泵，以后用90、100米扬程的嘛，我觉得再种个10年也没问题。而且要没水大家都没水，我是不担心的。大不了以后不在牧区，搬进城住就行了。

老汉之所以盘算租地上的收入，更多还是考虑到牧业下滑。90 年代他家 1500 只羊时，是赛 × × 嘎查有名的大户，但 2000 年以后因休牧和草畜平衡等各种政策，要求 30 亩草场养一只羊而且每年春夏要休牧三个月，单凭牧业收入的话生活水平势必大大下降。

而且按 30 亩一只羊的载畜标准来算，他家的 5000 亩草场剩余 3000 多亩，只允许养 100 来只羊，基本生活都无法保障。虽然他家实际养着 500 只羊，但毕竟是在超载过牧，不知什么时候就会有人来查、罚款，用他自己的话说就是“心里始终不踏实”。相较之下出租水地（当地把有灌溉条件的耕地叫“水地”）却是笔极为可观的稳定收入，一年的收入就抵上放牧几年的收入，而且不用出力。除了前期的拉长电、打机井、平整地块的开销外，就再不用投入了。

这也是大多数出租饲料地的牧户们算的相同的一笔账。

开地比放牧好

达楞 × × × 也是赛 × × 嘎查的牧民，父母去世后经营着两家的草场，自家的 3000 亩和父母的 5000 亩，一共加起来 8000 多亩，其中 2000 多亩开成了耕地，转包出去主要种玉米和苜蓿，自家用 50 亩的玉米和青贮玉米。

> 那时候（1984 年）政府扶持个体经营的牧户建设饲料基地，专门有种饲料项目。当时打井开地都不限制的，打个招呼就行了，上面还鼓励呢。开地后配上水灌设施并出租出去，最早的一家是 1995 年。2006 年嘎查里已经有 26 户开地了，但那时候政府不许再新开地了，对开了的地要求至少 60% 种植树木和饲草料，种植经济作物的面积不能超过 40%，但是开地和外包制止不住，地价开始往上涨，一亩熟地从之前的几十元涨到了 200 多元。2007 年继续涨价。那个种苜蓿的盛 × 公司进来以后，种苜蓿的地逐渐多了起来，但是玉米的市场价格不断上涨，地也就变得更值钱了。2009 年、2010 年每亩地已经到了 400 ~ 500 元。
>
> 我家承包了 3000 亩草场，至今已经开了 800 亩水地，600 亩租给了甘肃来的农民。这边甘肃来的农民特别多，开头是过来打零工，后

来就开始包地，然后再带更多认识的人来包更多的地。1992 年我家打了一眼机井一下就开了 300 亩地，因为一眼机井能浇 300 亩地。种的是饲料、青谷子和沙打旺，自己家 30 亩就够用了，剩下卖给别人家。当时我的机井是嘎查里的第二眼机井，第一眼是 1991 年另一家打的，现在每家都有好几眼机井了。过去一直都用柴油机抽水浇地，油钱太贵了，直到 2005 年拉了长电，我家又打了两口井，那时耕地达到了 800 亩，打井拉电一共花了 20 多万元，机井和长电还有围栏都是自己投钱，配套后租出去。大量耕地外租就是从那时开始的。前期投入是靠借高利贷，把开好了的地一部分用来长期租出一次性收回租金偿还高利贷，剩下的高价短期出租和自己用一部分。现在好多牧民都在外面欠着高利贷，都是为了开地借的。

我父母亲草场上的地是 2011 年开的，也都是用这种办法。因为开地比放牧好，一家三四口人，两三千亩草场怎么生活呢？按现在 30 亩地养一只羊的标准，3000 亩草场只能养 100 只羊而且还得休牧三个月。开地最多的人家草场有 5000 来亩，开了 3000 亩。那个盛 × 公司来承包地牧民的地给牧民带来了利益，要是没有他们来，可能这些地开了也没人种。

没有条件的地方，比如不能拉长电的、离得太远的地方，就算打井也不行，靠柴油抽水浇地太贵了，电费 0.52 元一度，比柴油便宜太多了，而且用柴油抽水劲儿不足，一天才能浇十来亩地，用电的话一个小时就是 2 亩。我们嘎查开的地多主要是跟拉电有关，别的嘎查没有拉电的条件，所以没有种这么多的。

2006 年政府在这里搞了一个 10 万亩绿化小区项目，允许牧民打井、拉长电、种地，另外还有新农村建设的项目扶持，开地的牧户更多了。从 2007 年开始国家给的喷灌机也多起来了，都是项目的。耕种收割也都是机械化，到了要用机器耕种和收获的季节租用那些专业户的，耕完收完就走了。大片开地的原因就是看见能赚钱了。其实就算把开好的地给牧民，牧民也都不会种，现在坐着就能挣钱了。我现在想把包给农民的地收回来包给公司，公司出价 230 来元 1 亩，但是租期长，3 年以后还能涨 15%。

我们这儿打井一般都是 300 来米深，也有 350 米的。这些年水位肯定下降了，我 1992 年打的那口井，刚打的时候还能自流，到 2001 年不能自流了，现在是必须要用 80 米扬程的泵抽水了。

达楞×××即使在整个赛××嘎查来说，也是打井打得最早，饲料地开得比较大的人家。不过早在 2003、2004 年，周边一些牧户已经开始有了大面积开饲料地转包的情况，很多人家为了开地借高利贷，最后搞到倾家荡产被债主告上法庭的也有。一个叫马×山的，借高利贷开了 1500 亩地，打井拉长电。大家都不知道，一直到讨债的告到法庭后才知道，四五年的时间他家欠了 200 万元高利贷，完全就是被开地和高利贷搞垮的。

达楞×××的 600 亩新开地，一开完就以 20 年总计 32 万元的价格转包给了甘肃来的种地人，合每年每亩地 26 元左右。但是让达楞×××没想到的是，这家人转手就把地又给转包出去了 15 年，听说收了 68 万元。只这么一转手就赚了 30 多万元，这让达楞×××很不平衡，正在找各种途径想把地收回来。

在被问到为什么当初会以这么低的价格把地包出这么长的时间时，他解释：要把草场开成耕地是需要大量前期投入的，从平整地面到打井、拉长电都需要花钱，很多人家看到了开地转包出去的利益却拿不出前期投入，很多人家就宁可借贷，甚至借高利贷，把地开出来后，为了能尽快还账就只好一次性低价把地包出去。他 2005 年开地时，把所有存款都花光了仍然不够，最终借了 18 万元，其中 3 万元是借的信用社的，15 万元是高利贷，三分利。最终还了 27 万元才算把债还清。在这个开地转包的过程中，达楞×××的 600 亩耕地实际只给他带来了 20 年内 5 万元的收入。当时 2005 年，土地还不大值钱，一般的熟地最多包出去也就是 50～80 元，新开的生地普遍在 30 元左右。当时他是以一个自己觉得还是过得去的价格把地包出去的，现在后悔了。

但 2006 年 4 月 5 日，旗政府签发了禁止新开耕地的文件，地价开始上涨，熟地一下涨到了 200 多元一亩。2007、2008 年继续涨价，到 2012 年已经到了每亩熟地 500 元的高价。虽然心中有各种不平衡，达楞×××仍然觉得：“不管怎么算，开地都比放牧好，你可以算算，一家三四口人，3000 亩草场，按现在的标准，只能养100只羊，可怎么活呢?”

可以看到，原本为了保护生态恢复草场而实施的草畜平衡政策，限制了牲畜数量的同时，把饲料地作为一种替代生计给予鼓励，政府免费给一台喷灌机就可开上300亩地，牧民又无力去种植，于是出现了不顾地下水资源，大量开发和转包耕地的失控现象。

但同时2004年赛××嘎查绿化小区10万亩项目开始实施，马××尔说，当时的项目设计是赛××、草籽场、三北羊场加起来总计面积10万亩，其中赛××嘎查3万多亩，由政府给配套喷灌设备。项目规定，要求种草和树，面积必须达到60%，余下40%则可以种经济作物等，除了配套喷灌，还将给予一定的补贴。但是这个项目最终资金没到位，许多牧民们欠着债开了地，为了还钱只能尽快把地包出去。最终，用马××尔的话来说：“政府也没办法了，牧民们投入的都投了，配套也都配了，你再不让开也不行了。”所以，即使在2006年严禁开地，甚至到2012年，仍然不断有大片草场在各种项目名义下被开垦的。

在耗水量方面：玉米一年浇8次水，第一次一小时一亩地，80立方米，第二次开始可以减少一些，第四次能减半，一年估计每亩耗水500~600立方米，电费18~20元。有人说苜蓿比玉米省水，也有人说苜蓿比玉米费水。就按省水算，每亩耗水也得400~500立方米。

达楞×××总结说：“我们这儿真说卖地的话，从1995年就开始了，那时候还是少量的。自己家30~50亩饲料就足够用了，其他开地就是纯纯地挣钱了。”

4.5 赛××嘎查自家草场无条件开地的牧户

嘎日×，50岁，是赛××嘎查那嘎啦小队的牧民，家里3000多亩草场，养着将近300只羊（夏季存栏数，冬季150只左右，草畜平衡标准30亩一只羊，超载1.5倍）。赛××嘎查854人，230户，分四个小队，没开地的81户，一半以上都集中在那嘎啦小队。一方面因为位置偏远，拉长电成本太高，一般牧户根本负担不起，一方面因为地下水水质碱性较大，苦水的地方较多。

同样身为赛××嘎查的牧民，他们的境遇与可以开地的牧户们是天壤之别："可以开地的那些人家都是坐着就能拿钱了，比我们强太多了。我们只能老老实实放牧，一年到头还不见得能挣上钱。"

嘎查也考虑到这一点，专门给没有开地的牧民们批准了3000来亩地（就是以前大集体时赛××嘎查的饲草料基地），紧挨着草籽场，每户牧民15亩左右，每300亩共用一口井，自己种饲料。离那嘎啦小队牧户的距离从18~40公里不等。每年耕地播种收割都要跑过来，尤其是种玉米，一年放8次水，每次放水一家家轮流来。

这15亩地基本都是种的玉米，绝大部分都是牧民自己种，极少数家里劳动力严重不足的也会雇人帮着放水收割。亩产籽实在800~1200斤左右。轮到谁家灌水就记电表的字，最后大家按放水时每家的用电量来摊付电费。

为了公平起见，每家的15亩地都不是连成一块的，而是分成两三块，这样每家都能有离井比较近和比较远的地块，离井近的浇水时就排在前面。虽然看似公平，却让牧户们增加了奔波次数，原本一块地一年要浇8次水，分成两块就至少要为了浇水跑上16趟甚至24趟，耗用了不少跑路的燃油钱。而一般10亩地浇完水需要10个小时左右，在放水期间，牧户只能守在地里。

在每次要浇水之前，牧户们还必须提前到地头，看看水井水泵的状况和前面浇水人家，如果前面的人浇完了水而你没在的话，后面的人就会抢先放水，那你只能继续等，甚至错过浇水时间，直接影响产量。结果，这15亩饲料地虽然从一定程度上解决了这些牧户家里的养畜需求，却带来了额外劳动和支出。

嘎日×家里四口人，两个孩子一个读中专一个读大学。季节性休牧是每年4月1日到7月1日，每亩补贴1.5元。15亩饲料地给他解决了草料的问题，省下4000~5000元的料钱，每年却还要另外买20~40亩的玉米草。即使150只羊已经超过了载畜量规定的30亩一只羊的标准，一年纯收入仍然还不足2万元，全靠他在外面开车跑运输，才能勉强维持生活。

我是赛××嘎查那嘎啦小队的牧民，我们小队70多户因为地下水深，地形不平，而且居住偏远拉不起长电，就没法打深井和开地，由嘎查统一分配1200亩地在一起种饲料，每家15亩，离我住的地方有24公里。有的人家住在40多公里之外，每年农忙季来回跑三四十趟，光是燃油钱就花不少。每家的15亩地都不连片，分了两三块，因为离水井近浇水就方便，离得远就不方便，所以每家分的地离水井有近的也有远的。夏天浇水时每户排队轮着浇，要提前到地里排队盯着，大概15天浇一水，有的时候浇不过来要等上一个月，一旦错过就要少浇一水，排到下一轮。同是一个嘎查的，草场上能打出井来的人家坐着就赚钱了，我们苦命没那条件。就这15亩地还离得远。但幸亏还算有这15亩，年景好得的话养着200多只羊还够。去年天旱还另外买了40亩地的玉米秆子才算够了，一亩120元。我们种这么点地就是为了草料，要是水不行了就得全靠买草料了，那就太贵了。

我们的机井水位下降得很快，现在是80多米了，老得换泵才能把水抽上来，换一个泵就是1万多元，一口井上的几家分摊。井是300米深的，今年又换了一个90米扬程的泵，不然就抽不出水来。我们小队的草场上有七八眼机井，都是苦水，其他都是大口井，还有两家吃不上水的，大家都担心如果地下水抽得太狠，苦水倒流过来的话，水好的地方可能也会不能用了。

现在休牧的时间太长了，要是两个月还差不多，休牧三个月加上冬季也要补饲，要喂六七个月，买草料的负担太重，老是圈着不放牧对羊也不好。每年开春家里活闲的时候我就到镇上去找活干，前几年买了辆农用车跑运输，一开始这里车不多，还好干，现在车多了，活儿也都便宜了，不好干了。

在被问及“既然每家都是15亩地，而且都在一个地方，为何不联合起来，用合作把问题解决了？比如3000亩饲料地统一雇工来种或合作种，收获后大家分饲料，这样能节省大量劳动力和时间成本”（与在面积更广的草场上进行合作、建立合作社相比，这显然是更加可行和容易实施的），牧户们普遍回答是不可能。虽然也讨论过很多次，甚至还专门开了几次会，并且大集体的时候也确实是这么解决的，有专门的饲料队负责耕种。可经过几十年的承包之后，再次合作已经是牧民们认为无法实现的问题。“人心变了”“人都自私了，没办法合作”成了被不断提及和抱怨的理由。具体到饲料地，则集中在“每户人家都有自己的想法，有人家想用化肥，有人家不用，那就不会付化肥的这部分钱”“各家都自由惯了，自己种地，想种什么东西、怎么种都是自己做主的，统一不起来”。甚至机井的机器出故障的时候，也要等在这个井上灌溉的所有人家都到场了，才能决定是否换零件，换什么价位的零件，否则就很难收上维修费用。这个细节虽小，却反映了当前牧户们想要合作的种种障碍和困难。

在这3000亩饲料地上，也同样面临地下水位下降的问题，2009年抽水用的66米管子，2012年就必须换成88米了，否则抽不出水来。3年里用水季节的水位下降了20多米。

对周边靠租地赚大钱的牧户，这些牧民们有羡慕，但也有一些不同意见。嘎日×的父亲认为，牧区其实需要的不是那么大片开地，再包出去挣钱，既然国家有项目可以打机井，还能给配套喷灌的话，不如用喷灌浇草场。他觉得只要有水，什么草都能长出来，这样放牧的日子就好过了。

5. 连续休牧十余年后牧户的情况

5.1 有30亩饲料地，但草场严重沙化

对阿日班×××我们前后追访了四次，他家就在从鄂托克旗镇的乌兰镇出来往北不远的路边。刚开始将他作为访谈对象主要是因为2013年初次访谈的时候他家的草场上满满都是黄蒿，一眼望去一片黄褐色，几乎看不到绿色，与周围草场的色调完全不同。黄蒿是一二年生植物，牲畜不爱吃，草场上出现大量黄蒿是退化现象。而他也是典型的家里草场不大，却因为有点饲料地，能够依靠“农牧结合”的方式经营的牧户，这在鄂托克旗来说还是很有代表性的。而2014年的一次和2015年的两次继续追访，则让我们对他的了解更深了一步。

> 我家有150多只大羊，都是白绒山羊，还有30多亩饲料地，靠着机井抽水灌溉一亩能打1200斤玉米，都喂羊了。家里草场太小，只

有2700多亩，所以必须种玉米喂羊，这样冬天也不用买草料了。

我家三口人，我和媳妇，还有个儿子上高中。今年（2013年）羊绒价格还可以，160元一斤，一只大羊能出1.2斤绒，150只山羊，收2.7万元，正好抵销了种地成本。可我们这儿要求每年春天4月到7月必须休牧，羊都要圈起来喂。真要这样的话，一天三斤草二两料就几乎就把羊绒的收入吃完了，补贴的一亩1.5元根本不够用的。那些草场离大路远的人还能偷偷放牧，我家就靠着路边，只能晚上出去放一会儿就赶紧回来，要不是有饲料地根本养不起了。

圈起来的时候最好的还是喂玉米粒，对羊也好，喂育肥的合成饲料羊肉不好吃，青贮吃多了羊又上火得不行，休牧期过后放到草场上来羊膘也上不去。要是租草场吧，也租不起，现在都十来元一亩了，租块草场一年就好几万元，还不如自己种饲料地。

我家地种了13年了，2000年开地，2001年拉的长电，花了3万多元，借钱拉的。以前是纯粹放牧的，开地就是因为草场不够。我家机井60米见水，还可以，那些100多米才见水的人家就种不了地了，农用电抽不上水来，他们就得买草料。而且现在上面有规定，一亩都不让再多开了，只能种以前的老地。我们嘎查种地的有80%还多吧，大都是2000年以后开的。天旱必须得种地嘛。水位是每年都下降的，差不多每年降1米，降了就加管子呗。嘎查里也有以前开地开得多的人家，最多的一家150多亩，他们还能卖点玉米，更好一些。

一亩地的成本我算过，反正光翻地和耕地做垄，一亩90元，播种50元，这些都要雇人，人家有机器。化肥农药100元一亩，除草剂一亩30元，种子一亩50元，电费一年一共2000多元。油就是小四轮，一桶200升，一升7.4元，一年一桶半。雇工一天150元，一年下来雇工的工钱1万多元。这样算下来30亩地就得2万~3万元，差不多刚好跟我羊绒的收入一样。

种地都机械化了，最费时费力气的就是浇水，你必须得看着，该放除草剂啦，该放农药化肥啦之类的。我这儿一小时浇一亩地，30多亩浇一遍就得一天半。雨水好的年头浇八九遍，不好的时候浇13、14

遍。差不多就是放水两三天，休息两三天再浇水，根本离不开人。

我家每年贷款三五万元，种地喂羊，要不就周转不过来了。孩子在康巴什上高中，消费高呢，一个月伙食费1000多元，另外还得有零花钱，一年得花2万多元。

草场今年（2013年）还可以，就是黄蒿长得多，2000多亩草场里1000多亩都是这东西。黄蒿就是下雨的时候正好赶上它长的时候。去年是猪毛菜多，7月还是8月才下雨，结果长的都是猪毛菜，秋天风一吹到处跑，挂在围栏上把围栏压坏了好多。今年下雨迟了一个月，就没去年好。

我家草场分了6块用。每个小块用两个月，羊分三四群，一群四五十只，把怀孕母羊、没怀孕的母羊、小羊、羯羊都给分开，放在不同的围栏里。我觉得还是分开的好，要不混在一起顾不过来。我家这样放已经十二三年了，大家也都是这样的。但是围栏花费太大，自从拉围栏开始已经花了大概25万元了。

阿日班×××的草场分了6块，也有人把这种放牧方法叫“划区轮牧”。不过，与一般所说的划小区轮牧不同，他更多的是从利用围栏分隔羊群的角度而非为了让草场轮休的角度进行的。当然，就像他说的，这种做法在草场承包固定放牧的情况下，大大节省了人工，而且能够做到对羊群进行细化管理，比如有针对性地分拨给饲料等，但是一旦分了小区，小块草场之间必须留出进入各个围栏的牧道，牧道被牲畜踩成了裸地和明沙，连骑摩托都走不了，需要推着摩托走。沿着围栏还踩出了密集的羊肠小道。这大概可以解释他家草场为什么长满了黄蒿的原因，因为草场沙化了。

在我们的调查中，鄂托克旗大部分有条件在网围栏上投入的牧户几乎都选择了划小区的方式，在自家围栏里进一步细分小块，大都是为了节省人工。一对夫妻带着一两个孩子的人家都有需要进城陪读的压力，一旦抽走一个劳力进城，仅剩一个人在牧区根本忙不过来。用牧民的话说就是“有了围栏就方便了，放进去就不用管了，虽然围栏得花钱，那也比一个月花三四千元雇个羊倌划算”。

2014年9月我们再次回访阿日班×××，这一年他的草场上只看到前一年的黄蒿，一片灰色，新的黄蒿还只是小苗苗，没长起来，但是出现了大片的沙蓝刺头，这也是在沙化严重的草场上才可见到的植物。阿日班×××说现在草场的草一年一个样，年年有变化。

今年黄蒿没长起来，天也旱。饲料地多浇了三四遍水，去年(2013年）浇了八次就收了，今年已经浇了十二次了。而且都是晚上放水，天旱大家都浇地，用电超负荷了，大水泵都启动不了，各家之间只能我用你停，我停你用。产量还可以，每亩打了1100多斤。家里大小羊260多只，还没卖呢，看价钱不行，去年羊肉35元一斤，今年30元，想再等等看。不过得多卖点，不然草不够。

我们嘎查140户，在城里买房的有十来户吧。

现在看我们草场只有针茅、黄蒿、沙鞭，别的草都没了。黄蒿一下雨长得多，不下雨长不起来。今年我家草场的黄蒿少多了，附近人家倒是都长起来了。黄蒿太多了羊容易上火，各种病就来了。而且黄蒿第一年死了第二年又会长出来，从根子那里，所以老有。

现在的问题就是休牧的补贴本来就不够，休牧政策定的一只羊三斤草一斤料，相当于一个月一只羊60元，三个月180元。羊一年最多能产150元的羊绒，就算把羊绒钱都给它吃了，还有30元哪里来？而且钱还到得太晚了，电视上说补贴都发给牧民了，实际第二年才打给我们。钱应该先给，要不我拿什么买料？羊休牧吃不到青草，长不了膘，羊绒就长不好，羊绒价格一年不如一年。而且天天在圈里不到草场放牧，羊绒都打卷，抓不下来，只能用剪子剪，剪的时候连羊毛带羊绒都下来了，掺了羊毛的羊绒价格马上打折扣。而且剪完绒的羊太阳一晒皮子就晒伤了，皮子不好，又要便宜80元。这都是损失。

如果说休牧草能好也可以，可天不下雨再休牧也没用。休牧时候下雨了草长起来不让羊吃，针茅的刺都出来了，又得扎羊皮。

2015年4月和8月，我们两次对阿日班×××回访。

我儿子考上大学啦！内蒙古大学新闻系，就要去呼和浩特市上学了，他高中班里40个学生，有6个考上重点，其他也都上大学了。这是好事儿，但是还得想着大学毕业以后找工作呢。

你们4月来的时候针茅还没长起来呢，结果你们一离开就下雨。下雨的时候温度没起来，结果就是针茅都长起来了，别的草都没有，草场都是这东西，针茅的刺儿也都出来了。那东西特别不好。要是在6月针茅长针之前让羊吃吃就好了。

我家今年开始用滴灌和地膜了。储水塔10吨的量，浇一亩地一个小时，40吨水。今年浇了10次。用地膜能省水，但是那个东西没法回收，种几年以后，播种下去的玉米好多都不发芽了，种子掉不到土里，这也是个事儿。现在政府光说让省水，就不说地膜怎么办。

玉米有个株距吧，9寸。那个滴灌就是这里弄一个口子，下一个种子那儿一个口子，有的出水口跟种子的地方对不上，种子也不发芽。以前我们用水渠灌的时候都能灌到，而且天旱的时候，一遍水就是一遍水，顶用，现在这样一滴一滴，滴了一天一夜地还没怎么湿呢，根本不省水我觉得，因为抽水用的电费也没觉得省，比以前还多了。

滴灌的好处就是淌水的时候不用人一直盯着扒口子，用滴灌把电闸合上就不用管了，一天一夜以后过来看看就行，省人工盯。但是投资可不小，地薄膜每年都要投资45元每亩，滴灌的细管子100元每亩。用滴灌还必须雇人雇机器播种，要不没法上滴灌，一亩60元，这样一亩就得额外多花205元了。

2015年天旱，阿日班×××的草场既没有长出大片黄蒿，也没有长出大片沙蓝刺头，草场被牲畜采食后低低的，看来冬季是靠不上草场了。他不知道30亩饲料地够不够冬天用的，羊价比去年又进一步下跌，唯一让他心情好的是儿子考上了大学，但每年增加的供儿子上大学的开支又成了这个家庭必须承担的负担。

阿日班×××的案例提示了我们，牧区极具波动性的气候特点以及目前的定牧的模式，决定了牧区对牧草饲料存在的刚性需求，而一些具备开地条件的区域种植小块饲料地成了必然选择，在草场退化严重地区饲料地甚至成了这些牧户们赖以生存的关键资源。当然前提是有水资源的保障和防止因饲料地造成草场沙化的措施，同时种植的目的是为了服务牧区、留在当地，而非大规模的产品输出。

5.2 一个中等户借贷欠款十多万元

在我们对鄂尔多斯的鄂托克旗西部、棋盘井镇附近、杭锦旗的巴××镇的调查中，牧民吴×图是个不可或缺的人。在牧区做调查，总能遇到这样的人，人到中年，头脑清晰，思维活跃，对自家的事情很上心，也为公共事业及牧区的未来操着心，这类人常常是我们在牧户中游走时最好的向导和翻译。

2012 年第一次遇到吴×图的时候，他除了跟其他牧民一样向我们反映禁牧休牧以来牧民们的情况，还很热心地帮我们联系了他在杭锦旗巴××镇那边的亲戚朋友，让我们能深入了解到更多情况，包括那边禁牧推倒牧民房子的事。

吴×图是 1964 年生人（蒙古族），我们从 2012 年开始到 2015 年，先后对他访问了 3 次，4 年里最明显的变化是他原来不用贷款，后来贷了十多万元，手头却更加拮据……

我们嘎查就是正宗的阿尔巴斯山羊的产地，一共 200 来户，有 60% 都禁牧了（吴××家没有禁牧，属于休牧），补贴标准是一亩地 8.8 元。嘎查离蒙西 30 来公里，有很多四合木灌丛（四合木是国家一级保护植物）草场在西鄂尔多斯保护区范围内，归西管局（西鄂尔多斯保护区管理局）管理，所以补贴比别的地方高一些。

从去年（2011 年）开始，我们嘎查出了好多瘫羔子的情况，今年我家接了 100 多只羔子，已经死了 50 多只，都是生下来之后头抬不起来，能吃东西可站不起来，走几步就摔倒，然后再站起来再摔倒，挣扎几天就死了。以前也有过，但是不多，前年有几只还救活了，去年十几只都死了。羊羔子也是命啊，可怜的，就跟疯子一样，一直叫，还摇头。

羔子下下来，100 个羔子死了一半，50 多只都死了。要是按道理的话，这个羊（抱进来两只病羊）都已经是大羊了，生下来 40 多天了，你看现在还跟个刚生下来的小羔子一样，连站都站不起来。这也是条命啊，多可怜。其他人家也都有。我们前面的人家也有十几个、二三十个病羔子的，可多了。这儿离棋盘井（矿区）三四十公里，不知道跟那边的开矿有没有关系。

政府草畜平衡办的人来看了，说应该是污染的事儿，但是真正把死羊拿走了又没化验出来，必须到自治区去化验，又说他们市里管不了，让我们自己解决，结果这事儿就没人管了。鄂尔多斯的防疫站也都来了，说不出原因，电视新闻都上了呢，说棋盘井附近这种羊特别多，只说不知道是什么病治不了。大集体的时候哪有这事儿啊，我放牧几十年都没见过。

现在正在休牧呢，我们这儿休牧已经好多年了，每年 4 月 1 日到 7 月 1 日就得把羊圈起来不能出羊圈。前年开始我们这儿已经连着旱了三年，草料就没有停过，就算是可以放牧的时候也要补草料，再加上休牧，日子不好过了。其实如果天不下雨，你再禁牧休牧也没用，草也不长的。

我家现在养着200 来只大羊，每年接100 多羔子，把羔子留下来，大羊喂肥了卖100 只，羔子养大一点再卖。这样一年有个十二三万元的收入。草料钱基本上就把200 只羊的绒毛钱抵销了。一年下来我们一家的收入就是卖羊的十来万元。羊绒价格去年还不错，180 元一斤，平均一只大羊的羊绒钱基本就是200 元，300 只羊就是 6 万元的绒毛钱。但是这两年绒毛钱不够买草料了，玉米从原来的 1 元一斤涨价到 1.2 元一斤，去年到现在光草料上头花了 8 万多元了，绒毛钱才只有6 万元。所以就算现在实行休牧，黑夜我们必须偷偷放牧，不放不行，要真的纯粹喂 3 个月成本太高，完全赔本，羊也受不了。

现在这种季节休牧三个月已经好多年了。你要说这到底有没有用？如果不下雨的话再休牧都长不出草，要是下雨的话，就算放牧也能长出好草。现在已经连续三年都没怎么下雨了，这么旱你再怎么禁牧都还是一样。如果真是下雨了，不用说我们自己都会休牧的，至少休个 40 天左右，草就能长得够吃了。

休牧的补贴是一亩草场 1.5 元，非得要休牧结束到 7 月 1 日以后才会发下来，我们也提过意见，能不能先发钱，我们好有钱买草买料来休牧啊，结果人家草监的人不干，怕我们拿到钱以后就不休牧了，说这笔钱就是放在手里等着扣呢，抓到我们偷偷放牧了就从这笔补贴里扣钱。其实要这样，我说我宁可不要什么补贴了，那也比我买草买料喂羊合算多了。

我家旁边的几户人家禁牧搬迁进城了，他们的草场都有网围栏，我们也不能用，那些草场是归西管局管的，听说保护区搞了几个保护站，雇了 22 个人专门盯着禁牧草场，看见羊就抓，晚上偷偷放牧的也抓，工资从禁牧款里提成。我家还被抓过两三次，每次就是挑你羊群里最大的羊抓，比如一只 1000 元的羊，抓走给你开个 600 元的罚单，你不交钱那 1000 元就折了。

这边载畜量给定的是每 30 亩一个羊单位，我家 3000 多亩草场，200 多只羊，这么算我家现在是超的，逮着就要罚款的。

我家两个儿子，大儿子大学快毕业了，在内蒙古工业大学。小儿子当兵复员回来政府不给安排工作，说农村户口不给安排工作，只能跟我们放牧。现在嘎查说的是三年以后就要全面禁止放牧了，不管你愿意还是不愿意，每个人只提供 25 平方米的住房。可这儿没法禁牧嘛，要是禁牧的话，一年两三万元连娃娃上学都供不起的。要说禁牧好不好，对那种懒的人，家里草场多的人当然是好的，那些草场小的家里人口多的，补贴完全不够用，进城又找不到工作，咋能禁牧呢？

第一次的访谈，话题基本集中在了休牧上，谈话期间，吴×图的媳妇还抱进来两只“瘫羔子”给我们看。已经 40 多天了的羊羔，毛脏兮兮乱糟糟的，只能趴在地上，每次努力要站起来的时候都会又一次俯卧在地，不停摇头尖叫。在我们告辞离开的时候，他们一家再三问我们，这种情况到底是怎么回事，我们是不是能带上一只病羊羔回北京送去检测。在之后的调查中我们发现，近些年瘫羔子异常普遍，很多老牧民推测这属于“缺素症”，即食物摄入不平衡，不知是否与舍饲圈养时间越来越长有关。

2013 年 10 月的见面是在巴拉贡的桥头镇上，吴×图的弟弟家。这里是属于杭锦旗的一个移民养殖区（是黄河边上的农区），以前是小学校，后来改造成了个移民村，里面住的哪儿的人都有，很多外来户在这儿租房居住，每家除了住房还都配了个羊圈，能圈养十几二十只羊。

吴×图的弟弟对我们说：

我们嘎查 170 户，140 多户都禁牧了，按草场给钱，一亩 8.8 元，已经拿到了。我家 4200 多亩，属于保护区内的公益林项目，签了五年合同，归鄂托克旗，现在住在桥头镇。我们过来三年了。房子是租的，一年 2000 元，在圈里养点羊，这边养羊必须买草买料，就算靠着黄河边的农村，买草料方便，可成本也是太高了。到今年年底就是第四年了。当时禁牧是因为草场确实不行了，老不下雨，草也不行了。其实只要天气好，好好下雨，放牧要比拿补贴强，但是不下雨就不行。

我以前最多养过 200 多只过冬羊。一年买草料最多的时候花两万多元。一万斤玉米，加上运费一车 1000 元，四五车。还有一万元的草。那几年羊绒每年能卖一万多元，有时候连买草料的钱都不够，没租草场。

承包的时候我一个人 20 多只羊，1995 年结婚时我有 60 多只羊。那时候父母去世了，我们兄弟八个，最小的是个妹妹。哥哥都结婚了，就我和妹妹一起，草场也在一起，但是羊各放各的。

禁牧时候我因为买草买料欠了七八万元的高利贷，都是二分三分利的，实在还不上，干脆就把羊都卖了，禁牧。好多人都是这样，欠高利贷买草料，还不上账越欠越多。娃娃念书个人生活什么还得花钱。禁牧的人很多都是有高利贷的，而且前两年草场确实也不行了，所以禁牧也是不得已的。

谈到这里，吴×图来了：

这次我是专门过来租庄稼地的，租了几百亩，他们收完玉米以后，我就把羊放进去啃茬子，河滩地上还有点草，差不多够吃两个月的。那些茬子对庄户人家来说也没啥用，我的羊来了还等于给他们的地上了羊粪。我从草场到这儿赶着羊走了两天半，路上就临时在那些迁移户的羊圈里过夜。虽然这边草场上的房子都推倒了，可羊圈都有，就是人辛苦点。我们这儿都这样的。只要能在这儿待一个月就能省1万元呢，可以不用喂料了。

今年的休牧补贴还没到位，4—7月的补贴，现在已经10月了。我们这儿实行了七八年的休牧，补贴老是不能按时到位，而且这两年才开始发，本来就不够这三个月的草料钱，现在还不能按时到位。我们这儿一只羊一天半斤料。我300只大羊休牧三个月，得13500斤料，合17820元，还不包括草和羊羔，也不包括过冬草料的开销，全包括的话得补贴每亩5万元以上才够。但是现在补贴是1.5元一亩，我家4100多亩，一共能拿到6150元，只够136只羊休牧3个月的。

刚才算的还只是喂料的钱，如果再加上草的话，一只羊一天至少得1元，一天喂半斤料一斤半草，节省着吃，三个月就是1万元。去年雨水好，我们都没倒场，但是过冬喂了3万多斤料，花了将近4万元。现在不喂料不行了，要不母羊老掉羔子。我算是嘎查的中等户。要是没休牧，怎么也能减轻点负担了。

今年倒是瘫羔子少了，防疫站的说去年那么多羔子出问题主要是药物中毒，好像就是一年打两次口蹄疫的疫苗搞的。

现在我们嘎查放牧的人家几乎都是来黄河滩过冬。这样来回走，应该有十几年了。年头好了就不来。今年我们嘎查三十多户放牧的，过来了十来户，其他的都禁牧了。

我330只大羊，接200只羔子。羊绒卖9万多元，羔子600多元一只卖了100多只剩了100只（羊羔收入6万元，合计15万元）。今年倒场，需要再买5万斤料6万元，买草还得几万斤。现在天暖还能放牧，到冷了，滩上黄河水就冻了，只能回草场上去，所以还得买1万多元的草。抽水耗油加上皮卡汽车摩托，油费一年1万多元。

我今年贷款10万元，买料。现在送到家一斤最低也得1.2元。我大小子大学五年花了11万多元，去年结的婚，还没给买房子呢，盘算着明年怎么也得给买房子吧。大儿子去年内蒙古工业大学毕业，考上我们旗里村官，还要交15万元，我们小子不干就回来了，去年冬天跟我一块放羊，又考上了鄂尔多斯的公务员，3000人里面要100人，考了第31名，今年5月分配到乌兰镇经贸局，已经上班啦。

临近河套地区的牧户们传统上就有到农区过冬的习惯，也算是一种基于自然条件自发形成的“农牧互补”了吧。

2015年4月，时隔两年，鄂尔多斯又连续干旱了两年，羊价下跌，饲草料价格上涨，我们对鄂尔多斯尤其是鄂托克旗最干旱的几个嘎查做一些专门调查，这次又请了吴×图做了我们的向导。比起之前的两次见面，他更加焦虑，生活生产的压力也更大了。

（1）成本问题

去年我们也是旱，到9月份下雨的。也就下了一场，后来就不行了，我家就只好倒场去了河滩上。平常不干旱我家是不走场的，这次走了70多天。

我们嘎查禁牧是自愿的，你愿意禁牧就签字，拿着补偿就进城了。现在补贴比以前高了，原先是8.8元一亩，2014年开始涨到13.5元一亩。这就是看你自己的选择了。我们嘎查没有推房子的事儿，都是自愿选择，只要你搬走就可以，然后你跟老婆两个人签字就能拿补贴了。我们嘎查80%都禁牧了。那些10000多亩草场的人家肯定都选禁牧了，我们嘎查草场最多的一家2万亩呢，一年什么都不干就能拿十几万元，我家要是有那么多草场我也禁牧了，而且禁牧就没有那些养羊的成本了。我家是休牧，只给一亩1.5元的补贴，家里4000多亩草场，每年只有约6000元。

我们这儿比较特殊，因为归西管局（西鄂尔多斯保护区管理局）管，草场证已经都换成林权证了，禁牧也没说期限。我就觉得奇怪，你要恢复生态，三五年不就行了？别的地方，比如前旗（鄂托克前旗），人家禁牧三五年以后再回来放羊的可多了。我们没说禁牧期限啊。去年我们嘎查也有人想回来放牧，结果人家说你把前面的钱给我连利息退回来，那你就可以回来放牧。那谁能退得回来呀？

我家现在放牧刨去草料成本什么的，一年纯收入 10 万元左右。看着不少，可我一大家子一年吃喝啥的都得花钱，我大小子租房一年就得 1 万多元，烧油开车什么的都得花钱。

我家一共是六口人，我，我媳妇，大儿子一家三口子，再加上小儿子。一个人光吃喝就是五六千元一年。现在一斤菜六七元呢。我现在出来一趟就得买十来斤菜，要不都不合适了。穿就是百八十元呗。我们走桥头或者蒙西，大概十天就得进城一趟，买日用品买兽药什么的。一只羊灌一次药 1.5 元，一只羊一年灌 3～4 次泻火药，300 只羊，一年我光买兽药就得花 4000 多元。

开销：房租费 1 万元。去年买了个小车，1.2 万元。买料玉米粒 6 万斤，7.2 万元（400 多只羊过冬。现在还有 1 万来斤）；还买了 5 吨颗粒饲料，一吨 1100 元，共 5500 元；还有几千元的草（200 捆草，买的时候 8 元一捆，运到家 12 元一捆）。两个车加上摩托烧油，1 万多元（摩托车去年烧了两大桶油。一桶 200 升，3000 元。皮卡车一公里 1 元多，跑一趟蒙西 120 元。都不敢跑，一般情况都不跑了，这样去年皮卡还跑了 2 万公里呢）。兽药一年 5000 元。每年光上礼也得一万多元，手机费我跟媳妇一个月就是 200 多元。现在东西贵，没办法。

去年我贷款 10 万元，羊绒卖了 8 万元。羊羔子卖了 100 多只，按 500 元卖的。收入一共 13 万元多点。今年春天还贷了 7 万元。如果能有结余我就不贷款了，还得交利息呢。

我现在手里已经没钱了，除了 7 万元的银行贷款，还欠了个人的 5 万元，跟信用社利息一样，一分利，是跟朋友借的，不是高利贷。我们这儿还利息是一季度还一次。欠的债，光利息一年就是 1.2 万元。人家信用社说了要是每个季度扣不到利息的话，五年内就不给你贷款了。老百姓怕啊，生活全靠贷款呢嘛。

（2）承包问题

现在买草喂羊越来越贵，这两年我就没怎么买草，全靠倒场到河滩上的农区去，倒场回来就买颗粒饲料。现在不用多，能有5亩河滩地就能节省一万多元的饲草料钱，玉米粒加秸秆。

其实下雨好了不喂料都可以的。以前大集体的时候我们家放着大队500只羊，每年过冬队里给发两三千斤料就够了。山羊都是不喂料的，绵羊身体弱的老畜和母羊喂一点就行。那时候雨水多，冬天下雪夏天下雨的，也没网围栏，人也少，十里八里都看不到人家，现在两三百米就是一个人家，一家跟一家都挨着了。那时候一个嘎查才三四百人100来户，现在都300多户上千人了。那时候一户人家的草场现在至少都有三五户人家。过去一个小队才养2000只羊，现在五户人家就是2000只羊，草场肯定受不了，不沙化等什么呢？

大集体的时候，放牧户其实不多，嘎查里有差不多一半的人家都是给大队种地的，放牧的只有40多户。那时候还有水地，给大队种些玉米、糜子。承包到户的时候种地的也都有了羊和草场了。当时本来说分了水地的不给草场的，可他们不干，最后闹得把大队的3万多亩公共草场都给分了。本来那3万亩是留的后备草场，后来就都没有了。

现在草场小了，到处都是网围栏，人也都不会放牧了，就知道早起把羊往围栏里一赶人就玩去了，也不管羊是吃还是到处跑。羊这个东西就是吃饱了来回走，必须得掐着时间的，不能随便就把羊撒出去，比如说撒出去两个小时，吃饱了就马上圈回来。羊要是特别饿，草还可以的时候，一个小时就也吃饱了。不圈回来就让它们在草场上，围栏里统共就那么点草，也都让它们踩完了。

大集体的时候夏天，每天早上一个人赶着羊出去，11点就回来了，让羊卧到3点，再出去吃到5点，卧到7、8点回来。现在一人

300亩，一户3口人也就900亩，在你家房跟前就这么点地方，羊能吃多少呢？就是在网围栏里走，来回跑。现在就不能让羊在里面跑，卧也不能在里面卧，都应该赶回来。我家夏天就是这么放的，一天根本不需要十几个小时都在草场上。而且羊肥了以后，喜欢顶着风走，找凉快，所以必须都得给赶回来。

围栏嘛，有好处也有坏处。牲畜不分你我的草场，没有围栏它们就是到处走，草场已经承包了，这就有矛盾了嘛。人家蒙古国就不这样，我老婆前两年去了一次，人家还是大集体的草场，分冬草场夏草场的，夏草场离冬草场一两百公里。那个肯定好啊，统一都是国家的草场，没人打架，随便你走。现在我们要是那样肯定就打架得不行了，一天到晚就剩了打官司了。不过眼下草场分了肯定要围的。

（3）贫困的人越来越贫困

去年羊羔子一只只能卖400元，以前每只羔子至少700元的，我卖了100只羔子，这就少了3万元的收入，一下手里就没钱了。还好我去年借个人的钱一分利息，跟信用社一样，没借高利贷。我估计现在牧民里十户里面有六户都得有高利贷的，那些禁牧的也都有贷款呢。天不下雨还不上债，就只能把羊贱卖了，比如一只本来600元，现在就只能300元出去，快快卖出去还上贷款才能再贷款，要不信用社就再也不给你贷款了，这样一年不如一年。

我们嘎查几乎都是租房的，买房买不起，镇上一平方米已经到3000元了，一套房子怎么都得30多万元。政府给禁牧的牧民盖了移民楼，但是一家只有70多平方米，超过的部分要自己掏钱。

农行前些时候说要放低利贷款给低保户，5万元，七厘的利息，三年还完，如果头一年你有信用能按时还款的话，后面社保局给你出五厘的利息，这是国家的扶贫项目。我们开会就说这是个好政策啊！但他要是有偿还能力的话就不叫低保户了啊，低保户们贷款都是为了生活不是为了生产的，拿什么还你的贷款还有利息呢？结果后来说，扶贫多久才能扶起来？二三十年才能扶起来的不给。这不是扶贫项目，而是给有钱人的贷款和项目了嘛。报上去了 20 户，其中 7 户低保，其他 13 户都是上班的，有钱的，两户带一户这么弄的，能不能批下来还不知道，其实对低保户来说根本没什么用。

还有危房改造项目，说 4 万元给低保户盖 80 平方米的房子，但是要先盖房才给钱。几个低保户拿到项目以后，得先盖房子嘛，只能借高利贷盖房。这是 2014 年的项目，到 2015 年这个钱还没下来，他们还得还着三分的利息，这不是让穷的人越穷了嘛。4 万元三分利息，你算算一年光利息都 1.5 万元了。这要是到 2015 年年底钱才下来的话，光利息都 2 万多元了，还不如不盖房呢。先不说本来的房子还能住，就算盖新房，来五六个工人十天就能盖完。这些人就想着，就算借高利贷，十来天也就是五六百元利息，就算慢一点，你一个月钱下来这才一个月的利息，所以借钱盖房子，结果到现在一年多了项目钱还没给。我们嘎查这样的就有 8 户人家。

扶贫项目大都是畜牧局下来的项目，他们的亲戚、认识的人先拿到，普通的没有关系没有亲戚又没有钱的老百姓根本轮不上的。上面的补贴也是，都是给了畜牧局的，说给谁就给谁，钱是国家的，说得算是人家说得算，真正牧民得到的好处没有。

5.3 冬天到黄河边农区走场

2012 年 4 月，我们本想按照原计划在鄂尔多斯地区集中于牧民城镇化方面的调查，然而来到牧民中我们的计划被牧民们关切的问题打乱重来了，这些牧民几乎都是我们随机遇到的，图门 × 老汉就是其中之一。而 2013 年 10 月我们再次回访的时候得知，他已经过世了。我们的调查中这种事情不止一次发生，当我们想再去回访时，老人已不在，而属于这个老人特有的记忆、见解、思考也都不复存在。这也让我们对当下的调查机会倍加珍惜，不断提醒自己，有的人家也许能够一直持续回访，有的老人却有可能是最后一次谈话了。

与图门 × 老汉相遇是因为他家在一片巨大的风车阵下面，远远就能看到他跟老伴两人正赶着羊往家走。我们正好借用了一辆西鄂尔多斯保护区管理局的皮卡车，老汉看到车身上的保护区管理局生态保护的字样时，表情非常不自然，以为我们是巡查休牧的，却仍然把我们迎进家里，捧上奶茶和奶食，直到明白了我们的来意，表情才放松下来。

天已经旱了三年了，老是不下雨，羊只能全都喂着，也不能把羊都卖了呀。要是都卖了就跟种地的把地都卖了一样，就没有生活来源了。

我们这儿实行的是三个月休牧，隔着一条路，对面的人家全都禁牧了，羊都卖了，房子也都给拆了。我们是同一个嘎查不同队，我们三队这边还没禁。今年给我们说的是，可以自愿禁牧。

禁牧这个国家政策吧，也不能说不对。国家的政策是好的，上头给的东西也多，但是到我们手里就没了。而且我们这些五六十岁的，锹都拿不动，还是放牧好，要是不放牧了我们能干啥呢？而且我们牧民就是会放牧，别的啥都不会，不能放羊怎么生活呢？

那些禁牧出去的我们这个年纪的，找不到工作，一年只有4000元生活费，怎么生活呢？一天只能吃一顿面条，还只能吃稀的。长时间吃的饭不行，就生病喽，心脏病啊高血压啊。去年开始给起来休牧的补贴了，一亩地1元多，其实从2000年就开始休牧了，一直没给过钱。每年得有三个月圈着羊，得花钱喂着，还喂不好。其实不管草场上长草多还是少，羊只要出去吃完回来就可好了。现在老圈着，只三个月就开始出各种毛病了，主要是上火，都是因为老卧着，下头热。

不过一般都还是放着羊的，我家也是，晚上偷偷出去，要是让人家抓住了就是三五百地罚。今天你们这一过来可把我们给吓着了，我吓得脑袋上的头发都竖起来，帽子都顶起来了（笑）。其实罚款也可以的，罚个三五十元，我知道我错了下次不放出来了不就行了？结果现在的人就是，直接把羊抓走，招呼都不打一声的，等着羊不见了再去到处打听，你看见我的羊了没？然后再到镇上抓羊部门去往回买，还得租车拉羊回来，有的时候钱也花了，人也过去了，羊还弄不回来。

我家里是5000多亩草场，200多只羊，还有30头牛和30匹马。我家前几年倒是加入了那个阿尔巴斯绒山羊协会，是杭锦旗的，就是能给配上好种，人家给提供种公羊改良，但是这几年天旱了也就没做了，能把羊养活了是第一位的。

我家有个划区轮牧的项目，政府给提供水泥杆子和网子，然后拉回来装围栏什么的都是自个儿掏的钱，把自己的草场分成几块轮着用。我家草场划成了六块。拉围栏的好处就是别人的牲畜都进不来了，兔子都进不来了呢。草场分了六块，季节不好干旱的时候，就一天吃一块，一个星期轮一圈儿，天气好的话有雨地上长出草的话，就能每一块吃的时间长一点。

不过这两年天气旱，一旱我就倒场走了，到黄河边上人家种地的地方，第二年回来看看要是旱得不行了就再去。你看，我自己的草场现在就长起来了。黄河边上是我亲戚家，去到那边他们自己也有羊圈，赶着羊过去吃吃地里庄稼茬，再在那儿买点草，运费低，也便宜。

你们刚才看见有大车在路上，那就是把我的羊拉回来，才卸下来刚走。拉一次800元。我们是去年秋天走的，刚回来。

去年冬天花了1万来元吧。这是头一次用车拉着羊走，以前都是赶着羊走，15天走过去，回来再走15天。但是现在高速公路修起来以后走不成了，路两边都用铁丝网围起来了，赶着没法走，只能雇车。

以前大集体的时候我们也是这样，天旱了就往黄河边的庄稼地走。我记得1971、1972、1980、1991、2000年都走过。以前网围栏什么的也都没有，就自个儿赶上羊走了。

原来也把羊包给过那边（黄河边）的人，结果发现不行。等那边过了个冬回来羊的绒毛也没了，羔子也没了，光秃秃地就回来了。觉得这么不行就只能自己走过去了。我们这边大概100户里头80户都是这么干的。有亲戚的靠亲戚，没有亲戚的就给农民说说，在你们这儿住个冬天吧，农民就说好啊，我们这儿羊圈也有啊，你们来吧，羊粪给我们。这样就赶着羊过去，自己买草买料，就这么过冬了。

这边离黄河近。但是过去必须要等着庄稼收完了才能过去。这一次是去年10月走的，今年4月回来。

图门×详细地给我们讲述了黄河边的牧民和农民、牧区和农区的这种互助关系，近些年很多人都想从“农牧耦合”的角度为牧区发展找到出路。现实则是，农牧确实可以耦合，也各自存在需求，农区需要牧区的牲畜粪便做肥料，牧区需要农区的秸秆且不是收割下的秸秆，而是以“游牧”方式赶着牲畜过去的方式，但是前提是两者不能距离太远，一旦“游牧”过去的成本高于买草买料，这种耦合也就难以为继了。

6. 禁牧搬迁案例

2000年内蒙古自治区开始生态治理后，季节性休牧以及完全禁牧政策先后出台，在地方上的执行从补偿标准、补偿方式到规定都各有不同。补偿也从实物（饲料粮、陈化粮等）到现金，经过了几个阶段，发展至2011年，又全面出台了针对草原的国家生态补奖政策。治理政策在不断完善，但是政策到了基层对牧民们来说仍然是有喜有悲。比如鄂尔多斯市以休牧为主交叉着一些禁牧区，杭锦旗的一处禁牧区出现了为了执行禁牧政策而将牧民在草场上的住房推倒的做法，在牧民们中引起大量抗议和不满，出现不断上访的情况。

6.1 房子被推倒的生态搬迁户们

2003年鄂尔多斯地区开始季节性休牧，每年4月1日至7月1日，牲畜必须要完全圈养，一些地方的休牧补偿一直没有到位，而草原监管的惩罚性机制却随之而来。被抓到的偷牧牧户会被罚款，有的一次罚200～300元，有的50元也就放行了。与其他很多地方实行季节性休牧政策的牧户相同，鄂尔多斯地区也普遍出现了“夜牧”“偷牧”的现象。用牧民们的话来说，牲畜甚至也开始习惯了这种夜里放牧的生活，每天天擦黑就自己往草场上走，吃草，早晨天刚亮就自动往回走。一些草原监管人员甚至直接跟牧民私下达成协议，每年一次性索要1000~2000元，就默许牧户“夜牧”。

2007年，杭锦旗巴拉贡镇辖区内，大部分地区开始实施五年禁牧，把牧户草场上的房子推倒（地方政府的解释是，为了防止牧民禁牧后回去偷牧影响生态治理的成果），按照房子是砖或泥结构及面积等给予一定的拆迁费（齐脊房的标准最高，每平方米400元，土房每平方米300元，水井、羊圈等基础设施不计算在内），另外每年每个人补贴4000元生活费，2012年时5年禁牧期满，又由国家生态补奖政策接续，生活补贴升至每人每年6000元。有些牧民表示，前几年每年4000元的时候连饱饭都吃不上，6000元至少能吃饱了。（鄂尔多斯市下属的各旗政策不同，鄂托克旗按草场面积发放禁牧补贴，每亩每年补贴4.9~8.8元）

2012年，我们来到了鄂尔多斯市杭锦旗的桥头镇，原本只是因为通往磴口的高速公路路过这里，是个长途司机们歇脚的地方，却因为近几年的禁牧移民政策，逐渐成了周边牧民聚居的小镇。一条狭窄小街上开着十几二十家餐馆，大都是移民的牧户们为了生计而开的，卖的是牧民们的家常吃食蒙餐，顾客也多是进城的牧民，餐馆收入微薄，来消费的牧户们也同样消费能力有限。2012年，禁牧牧户按每个人每年4000元标准发放生活补贴，平均到每个月只有333元，还要上缴55元的养老保险。用牧民们的话来说就是：“一个中碗面条就要10元，一包烟也要10元。一天下来吃一碗面条就不能抽烟，一年3600元，这笔钱也就花完了，还每天只能吃一顿面条，都不能吃大碗的。”

原本我们在鄂尔多斯市是以调查禁牧后的植被变化，尤其是国家级重点保护植物半日花、四合木为主的植被，但不承想却陷入了众多搬迁了的牧民们的“包围”。这些牧户们拿出了各种文件影印本以及上访信，希冀我们这个生态调查组能解决他们当下最紧要的生计和官司问题：

> 我们查过的，鄂尔多斯市委43号文件里说过，要给禁牧搬迁户每户70平方米的房子，之后2008、2009年又两次发布了文件，都提到了这个规定。但是在搬迁的时候却跟我们说，只有将草场上的住房

推倒了才能享受这个政策，也只有在推倒房子之后才能领搬迁费和生活费。

推房子的时候是上面派下来的推土机给推的，等房子也推倒了，我们去领补偿款的时候，又非得让我们拿出新迁居的房产证，证明我们已经在城镇安顿下来了，然后才能发每户3万元搬迁费和每人1万元的搬迁补贴。我们的房子刚被推倒，哪儿来的钱在城里买房子呢？为了领补贴，只能找人做假证明上交。

禁牧政策是尊重牧民的自愿选择，在牧民自愿选择禁牧的前提下，恢复植被的同时安置好牧民生活，可直接把牧户们草场上的住房强行推倒，又让牧民提供房产证才发放补贴，不符合禁牧政策精神，触犯了牧民的权益。有牧户查阅了政府工作报告，结果发现，那些假房产证都被一一登记，并出现在了地方政府的禁牧项目实施报告中，称搬迁户的70%都已经得到了妥善安置，有了住房。

我们这些被推倒房子的差不多有几百户呢，除了少数有点钱的能在城里买房，绝大多数都只能投亲靠友或者租房住，还有的为了生活，没把羊处理掉，就在草场上找没禁牧的嘎查租草场，不断流浪，从一个地方换到另一个地方。

2008年开始，我们除了每年每人给发4000元的生活补贴就没有其他收入了，尤其是家里有孩子上学的更加困难。之前差不多每户都有200多只羊，每年人均收入在1.2万元左右呢。

很多进城了的牧民不知道做什么好，开起了很多小饭馆，可牧民们的收入大幅度下降，生意也很清淡。家住桥头镇，搬迁后只能夫妻俩开个小餐馆的噶日×接受了我们的访谈。

我家三口人，以前最多的时候养着将近300只羊。2007年9月说要让我们搬迁的，10月就把房子推了，只给了不到一个月的时间让我们处理牲畜，进城找房子。那时候到处都是处理羊的，平时能卖500元的羊，都120元一只卖了。像我家这样的还算是好的，还能开个饭馆，可镇上的食堂（小饭馆）太多了，来吃饭的也都是搬迁过来的牧民，吃不起好的就是吃碗面，生意也不行。搬出来以后，没什么收入光是花钱，当时搬迁给的安置费还有处理牲畜的钱早就花完了，住在镇上一个月房租几百元，有的人家粮食都买不上，娃娃上学更是供不起。我们这个地方原来有蒙校，现在都搬到杭锦旗了，娃娃太小住校不放心，专门要有个大人过去租房陪着，一个月房租又几百元。

听说我们是从北京来的，越来越多的牧民赶了过来，就想跟我们聊聊，他们不抱着能解决问题的希望，只是想聊聊而已，因为他们有太多想说的，却没有说的机会。在我们谈话的时候不断有电话打进来，问我们在什么位置，还有牧民想见我们，请我们等一下不要马上离开。

我们在镇上并未停留多久就有牧民自告奋勇地要做向导，带我们去看看那些被推倒的房屋。草场上被推倒的房子废墟随处可见，往往是一片废墟旁边立着个羊圈或者小仓库。据向导解释，推房子就是为了让牧民们能彻底从草场上迁出去，不能再回来放牧，所以推倒的都是住房，羊圈和仓库不能住人就被留了下来。我们一路看下来，在很多瓦砾砖块中还能看到被掩埋的柜子、沙发、窗帘等。向导告诉我们，有些人家根本还没来得及搬走，拆迁队就到了，看主人不在家就直接推倒房子，家具电器全都砸在了里面，等主人出门回来后发现自家房子没了。

也有几户牧户因为特殊原因，坚持留在了草场上，房子或被推倒或被拆掉了门窗屋顶，只能一家人挤在羊圈里。吉仁×一家就是远近有名的住地窨子的人家，儿子是个残疾。他家的草场位置很偏，从桥头镇出发，开车差不多要跑两个小时，路也难走，就是当地牧民到了这儿也很容易迷路，四驱车行驶都很困难。

我儿子精神有问题的，出了门连自己家都找不到，更别说进城住了。本来家里就因为儿子精神有问题，看病吃药花了好多钱，家里没能盖起砖瓦房，一直住着泥巴房子，2007 年年底上头让禁牧，可我们这样的到城里咋活？我儿子在牧区还能帮着照看照看羊，干点活，进城别说干活了，能不走丢都不容易。结果一禁牧，好不容易盖起来的泥巴房也被上面来人用推土机推倒了。那是 2007 年 11 月的时候，都要下雪了，天气冷得很，没想到我家住得这么偏，路又难走，推土机还能过来。没办法，一家人只好把所有东西搬到外头，野地里过了三天，才算是把羊圈给收拾出来。现在就一直住在羊圈里，家里的 80 多只羊包给了东胜那边的牧民，现在主要放着 30 峰骆驼。

吉仁×的家被人说成是地窨子，因为他家的羊圈也是泥巴垒的，而且是先向下挖了半米深再接着往上垒出墙和屋顶。一家人就住在这么一间 10 平方米左右黑黢黢的泥巴屋里，屋子的一半空间是个泥巴炕，另一半空间塞满了杂物，基本进屋就得上炕，一家四口在里头都没法转身。

另一家有名的吉格××家也是个住羊圈的人家。白音×××嘎查二队是第一批禁牧的，2007 年 9 月宣布，10 月拆房的推土机就开到了草场上。吉格××和他老伴都 70 岁了，家里的瓦房是好不容易盖上的，又大又敞亮，推土机要拆，老两口一直扛着，站在房子前头死活不让推房。最后房顶被掀开了，窗户也被拆了，不能住人了。老两口只好把一小间棚圈收拾出来，住了进去。

我们俩是老了，怎么都能活，现在就想着怎么也得把草场还有几个骆驼和毛驴、十来个马给娃娃留下来。我们是牧民，牧民就得放牧嘛。而且禁牧说的大畜不用禁，小畜必须要禁，那我留着骆驼、马和毛驴子总可以吧。

禁牧是 2007 年 9 月份宣布的，让我们赶紧搬家，让一个月把羊都处理了，10 月份就来拆房子。我家羊当时就是贵的贵贱的贱，100 ~ 200 元一只就给卖了。如果不贱卖，当时四五百元一只也能卖呢。可你不卖的话人家来人就给抓上走了，罚款条子什么都不给开，就是直接抓走，那可咋办？所以还是处理了。

我们房子当时是毛驴驮水拉水，娃娃们也都来帮手好不容易盖起来的，建了22年了。我俩可舍不得让人给拆了。当时来挖房子的人，三天就来了两回，开着铲车就来了，我们就不让拆。因为十几年前我做了场大手术，钱都花光了。真禁牧进城了，只拿着4000元钱一年可怎么生活呢？

最后说，房子不推平也行，但是必须保证不能住人了，就把房顶揿掉，窗户门都拆了才算了。我们就把羊圈收拾收拾住进去了。

我们禁牧就是一人给1万元的搬迁费，然后一家给3万元的安置费，另外就是每年4000元的生活费。但是那个一人1万元直到2010年才给。说我们房子没有拆完，不拆完不给钱。我们往旗上走了几回，也认不得什么人，旗长也找上了，说钱应该给的，找了三年才算是把这1万元给发下来了。

还有四户也跟我们一样，不拆房子，只揿了房顶拆了门窗，那1万元和3万元就都没有给，虽然羊都处理了，人也都进城住了，还是只能拿着4000块的生活费，拿不到搬迁钱和安置费。

我们以后也不知道怎么办了，以后房子也没了什么也没了，我们住城市房子住不惯，腿都不行。娃娃来草场也没有别的地方，都挤在这一个小棚圈屋里。桥头亲戚和娃娃会把吃的喝的给我们带过来。现在养着十来匹马、二十来峰骆驼、两头毛驴。

现在禁牧五年的合同到6月30日就要到期了。听说到期以后禁牧补贴是一点都不给了，羊也不让再放了，可我们不想走，想继续放牧呢。但是住在这儿吧年年政府都来人赶人，不让我们住在棚圈里。他们来赶人我就问，为啥要赶我们呢？这是我们的草场呢。他们说这是旗里的政策，国家的政策，就是要赶我们。

你说我们要是到桥头镇住去吧，每天都得过来饮牲畜，可我们年纪大了，摩托不会开，车也不会开的，怎么来？

据说拆掉门窗是禁牧户们搬迁的最低标准，否则就不发放禁牧与搬迁补贴。有的人家拆掉门窗正是大冬天，勉强在没了门窗的房子里凑合住，只能用毡子毯子挡住窗口过了年，最后不得已还是被迫搬走了。吉格××他们把棚圈布置了一下，一住四年。

这是勤劳的夫妻俩，以前放牧的时候，4000 亩草场养着 500 多只羊。结果禁牧的时候，收羊的贩子们也来“趁火打劫”，压低价格，一个月之内，500 多只羊就都以低于市价一半以上的价格处理掉了。当时一只大羊最多能卖 500 元，处理时却只能卖 200 元。因为骆驼并不在禁牧范围内，所以老两口用处理羊的钱从阿拉善盟买了 20 多峰骆驼、几匹马。

说到为什么不离开草场，吉格××的老伴说：“我们就是要看着我们的草场，万一我们走了草场就没了呢，这也是在保护草场嘛。”这种担心不无道理，在调研中，我们也不断遇到牧民提出质疑，这样大面积大规模的严格禁牧，到底是为了治理生态恢复草场还是为了给开矿让路。一些地方也确实出现了牧民禁牧退出草原后，矿产企业无偿进驻开挖的问题。

6.2 一个拒绝搬迁牧户眼中的牧区发展

巴图××成为我们不断回访的牧户不是偶然的。2012 年 7 月，我们从杭锦旗桥头镇出发，开车在空寂草场上，几乎每走二三里都能看到被推倒的房屋的废墟，一堆堆砖头或土坯，散落着一些破旧的家具，旁边立着孤零零的羊圈，草场上难得能看到牲畜，到处都是空荡荡的。巴图××作为一个坚持住在草场上，没“迁移”而且继续放牧的牧户，自然成了我们的一个调查点儿。他的房子没有被推是因为他与前面那些被推倒房子的牧户不是一个嘎查的，实行的政策不一样。对他，我们前前后后回访了 4 次，每次的话题都是从禁牧开始又从禁牧结束，说起禁牧，他总有那么多想要说的，也有那么多的设想希望能够实现。2014 年我们最后一次回访，他仍然孤零零坚守着他的羊群，虽然禁牧补贴从开始的每年每人 4000 元增加到了每年每人 6000 元，但他所盼望的能够让他不再夜牧的政策始终没有到来。

2012 年 4 月访谈

我今年 58 岁，19 岁开始做小队长做了 8 年，之后又做了五六年的嘎查长，那时候还是集体经营的，没有承包到户。我们是巴音温都尔嘎查三队，下面又分了三个小队，每个小队30来户，人少羊多，当时还没有外来人，后来从农区来了很多人都被分到黄河边种地去了。当时我是二小队的队长，队里绵羊为主，另外两个小队山羊为主。不像现在，绵羊都没几个啦，家家都养山羊。

大集体时我们苏木一共四个嘎查，3000多峰骆驼，牛、马也都有，现在我们嘎查的骆驼是基本上断根了。我在大集体时是骆驼倌，专门放骆驼的，要走出去很远找骆驼，春天秋天冬天都在不同的草场上。现在你们看一家就一个300米、500米的库伦（围栏），羊就在里面来回踩，吃不上草，光踩呢。那时候各种牲畜都有，数量也多，光我们小队就有30来户，一万多只羊，平均每户也有四五百只羊，可草场好着呢。现在呢，国家又让休牧又让禁牧的，羊减了草场也没见好。

大集体的时候是春天一次秋天一次，大队统一安排转场，其他时候都不管。放绵羊的每年冬天一群羊给配上给二三百斤料就能过冬了。喂料的也只是100只羊里有三两个趴（体质不好）的，喂点料就行了。现在就怪了，一年到头每只羊都喂料，结果羊的体质越来越不行。

2002年开始，上面要求我们每年三个月休牧，从4月1号到7月1号，每亩给1.5元的补贴，不过补贴从休牧十年后的2012年才开始发。且不说这点补贴根本不够休牧三个月的饲料费，主要是这段时间正好是羊要吃青（草）的时候，是关键期。就拿霸王来说，我们这儿的草场上除了草还有好多灌木，霸王就是其中的一种。每年霸王开花时正是该抓羊绒的时候，羊出去跑跑出出汗也好抓羊绒，而且羊只要能吃上霸王的花儿一年都没病。现在羊冬天都是靠人工喂，只要春天吃到青草和霸王花儿，羊的火一下就消了，以后你再圈养或者喂饲料都没事，要不光是羊上火一年就得买好多兽药喂它们。咱们放牧跟圈起来养鸡、养猪不一样，人家电视上连猪现在都让放呢，说山上放的猪肉好吃，羊更是这样了！现在搞的休牧正是这个最关键的阶段，把羊圈起来不让出去啃青，羊的膘情不行，体质不行，精神也不好了。

霸王的花儿如果羊不吃，风一吹就落，白白浪费了。

我们也奇怪，以前骆驼那么多，一口就把小柠条吃掉了，反而柠条长得好。羊吃柠条的时候只吃一点点吧，反而都长不好了。现在骆驼没了，小柠条也没了。

2002 年开始每年三个月季节性休牧之后，2008 年 12 月我们这儿宣布要禁牧了。我不想走，可上面来人说不走可以，但七天后就不许再让羊出去了，都得圈养。那年我留了 130 个羔子，其他 300 多大羊拉到市场卖了，平均 300 块一个，加上绒，那年得了 13 万。我想的是，上面既然这么说了就得照办，我们是牧民就得养牧，就算圈养也得养点羊，大羊吃得多，羔子可能更好养活，所以就只留了羊羔。结果也没人来检查，我就恼火了。

中央政策我看了的，国家说的是我这里草场沙化了退化了过不了生活的话，或者交通极不方便的地方，你的生存都受限制的话可以自愿申请，旗里面同意了你就可以搬迁。结果到了咱们这儿，就成了强迫的。你不走也行，一只羊都不能出圈。

我看这个禁牧的方法不对，你一禁牧就让人都走了，房子也不让住。可草场不是不放牧就好了的，天不下雨怎么也不长草。而且房子都给推了，一平米只给了 300 块的补偿，你去桥头镇上买房子，1000 块都买不到一平方米吧？那点安置补偿买不上房子，让人住哪儿去呢？

上面的领导还是什么人来了好多次了，让我走。我说为啥让我走？电视里中央政策也说了，这是自愿的不是强迫的。在这儿放牧一人一年最少也有 1 万多块收入。可搬迁出去只能给我个低保。生活还不如这儿的话，我干啥走。生活只能往上提不能往下压，这是道理嘛。结果天天来人说你一只羊都不能放出去，慢慢我家羊就处理掉了一些。现在家里留了 200 来羊，只能晚上偷偷放牧，白天放出去一眼看不见就让人抓走了，那我还得开车去桥头镇交罚款拉回来，算上汽油费算上罚款，每次一只羊就得花好几百块。他们抓羊的人专门挑你最大最壮最值钱的羊抓，这样你只能去交罚款拉羊回来了。

过去，我们牧区一看见来车，上面来人就高兴，现在一看见就气得不行，害怕呢。以前的领导老下来跟我们一起劳动，了解情况，现在一下来就是罚款抓羊。其实只要让我放羊的话，什么 6 块钱一亩的禁牧补贴，什么每人 4000 块的生活费我都可以不要，国家的钱我不要，我自己能过生活。

禁牧以后我们四五十岁的人最恼火了，机器弄不了，技术也没有，但是你要让我放牧的话，生活怎么都没问题。

今年（2012 年）我花了 8 万块，喂 200 来羊，另外还有 20 头牛。就算草料上花十几万，最后全卖了还能赚个几万。但要是天不好好下雨的话我也会考虑禁牧。但是国家这个钱能给多久？最多也就是 10 年，这还是好的。10 年以后还给你？现在就有些年轻人高兴了，什么都不用干了就可以拿钱了。这是不对的。以前我们这儿的年轻人都好好的，干活啊放牧啊，现在桥头镇都是离婚的！年轻人没事干的就是离婚再找一个，把钱也都花完了。老年人没事干身体也都不好了。大部分年轻人都是不会花钱的，没事做，找不到工作，而且年轻人也受不了按点儿上班下班。

其实好办法还是你让牧民少放一点，然后补贴也发上一点，这样可能更好，这是我的想法。有的人愿意迁移有的人不愿意，那就让愿意的人走，草场可以租给不愿意走的人。你把所有人都强迫迁移走，娃娃没事做就是喝酒，钱又花完了，动员迁移的说，你禁牧了可以出去做买卖嘛，可牧民什么都没有做什么买卖？能干点啥啊。

而且住在牧区，起码房子不花钱。进城了楼房得花钱，每年取暖费还要交，要这样发的补贴连吃饭都不够吧？在我们牧区一个月怎么也要吃个羊，已经习惯了，进城了哪儿有羊给你吃？

我们这里是 2008 年 12 月动员迁移的，2009 年就把房子推了，到今年（2012 年）才开始登记，说要一家给发 5 万块钱 70 平米的房子。

2013 年我们又找到了巴图 × ×。他作为一个“钉子户”，仍然坚持着放牧，或者用他自己的话来说是“偷牧”，每天晚上把羊赶出去，早上圈回来，再买点草料贴补着。话题仍然围绕禁牧展开，说起禁牧，牧民们总是有太多的话要说，而一再被重复的观点和主张，正代表了他们最希望能实行的政策，最希望能解决的问题。

禁牧问题：

禁牧以后，大部分人家都迁移了，我家现在拿着每亩6块钱的禁牧补贴呢，不过还是坚持着没走。我小儿子家的房子已经被推倒，搬到桥头镇上住了。现在我们嘎查在草场剩的没几户，也没有人来收购羊，我都不知道羊要卖到哪儿去，等于白白养肥了。偶尔来个收羊的，人家说多少钱就是多少钱，我正发愁呢。

今年开始有点干旱了，不过一年不下雨二年不下雨，我坚持三年总得下雨吧，有了羊才能生活嘛，所以还是得坚持养羊。

原来这儿还是人太多羊太多。我的想法就是，以后迁移人家这件事应该全凭自愿，比如这家愿意走，迁移了，那家不愿意走，留下来，还能把这家人的草场租上，这样草场宽了，羊也能走得开，草料能少买一些，成本也就能降下来了。过去我们就是这样的，可以随便走，冬天也不用喂那么多草料。

但是这里缺水。我们打过100来米的水，水不行。我估计要是打个200、300米的井应该就没问题了。咱们这儿的泥土保水，只要一个月能下一两天雨，土就能一直都不干。而且霸王、四合木多，能耐旱。我们女婿在锡盟，那边是雨水多还下雪，听说一个月都能下两次，但是那边的雨留不住，一个月不下雨就都干了。咱们这儿不一样，一年能下一尺雨（土湿一尺）的话，哪怕一年只下一次就都可以了，因为这儿柴草（灌木）多，红砂啊、四合木、霸王，都是根子深耐旱的。

这个地方放骆驼更加没问题了，牛也可以。以前我老以为牛只能吃高的软草，但是我家2009年买回来的牛也吃柴草（灌木）呢，也能吃料吃干草。

现在草场禁牧了，国家还要种草，这是不对的。尤其是种沙蒿，不合适我们这里。一种了沙蒿，两三年以后其他的底草一下子就都死了不长了，然后再有两三年，沙蒿也都死光了，原来还能有点草的草场就都变成沙子了。咱们也不知道怎么回事，就是底草突然都死了，然后沙蒿也一下都死了，地面都成了明沙。你问我咋知道的？我在这儿住了四五十年了，我记得我十来岁的时候，家门前草场上有一个地方自己长了几根沙蒿，每年结种子，慢慢就扩大起来，结果旁边就没有别的底草只有沙蒿了。又过了几年那一片沙蒿突然就死了，过去的好草也都不长了。

我们这儿是飞播种沙蒿，种了 4 年了（到 2013 年为止），公路两边一公里的范围内都种了。我跟他们说，这么好的地方不能种沙蒿，他们也不听，只想着拿项目了。

现在飞播以后沙蒿长得还不是太厉害，但是慢慢就会厉害起来，以后肯定会不行。这个真的需要上面好好研究的，什么地方种什么草。本来这个地方草场特别好的，刮风再大都没有沙子，连地都看不见的，你这么种沙蒿种柠条的，好草场都给弄坏了。我们这儿就是这样，底草什么草都有，天旱的时候这个死了，可另外的还活着呢，到了明年可能又换另一种，啥时候下雨长啥，除了灌木每年底草都不一样，一直以来就是这样的。

现在一说禁牧就都不让放牧了，其实能不能年轻的或者一半的人迁移出去？好多人白白搬出去，没有地又没有工作，啥都干不了。年轻的也是老的更不用说，纯粹就是没啥干的，每天吃了点饭就剩生病了。

国家这个钱也不可能给你一辈子吧，三年五年十年八年也就是。国家的钱哪里来的？企业来的。现在矿都挖得差不多了，以后怎么办？谁还给你钱让你给牧民发补贴？挖煤的总有挖完的一天吧，不是个长事儿。咱们放牧是没有完的。历史以来，草就没有吃完过，放牧一直都能放。我们这儿一说就是进城学着做买卖，你都不干活了，没有产品，买卖什么？你东西有了才做买卖嘛。人都出去了，我就奇怪着呢，怎么做买卖？牧区这里总要放牧的。

有些人就说钱好呀，国家给呀，我说国家能给多少年，共产党政策再好也不能一直给你吧，说不给就不给了。年轻人们过几年回来都不会放羊了，城里那边的营生也做不了，那就可麻烦了。

而且这些年经营，好不容易砖房、仓库、羊圈都盖好了，结果人都迁走了。以前设备不好，草也就随便放在草场上，没有仓库什么的，拿回来的料可能也都让耗子啃了，就最近这两年刚知道怎么喂养牲畜了，也把棚圈仓库盖得好好的了，结果搬迁了。有些人真是不想走。比如 10 户人家只走 5 户的话就好了呢，国家的钱也能省不少。

我们嘎查迁移出去上千人了，也就三两个人找到了开车干活，另外就都是待着呢，或者打一点点零工，要不就干脆说什么活儿都找不到就干脆待着了，没有工作嘛。

房子也是，桥头几个后生掏钱喝酒还得在旅馆里呢，住的地方都没有，要是在草场上，还不要钱呢。而且在外头喝酒，让治安队遇上还要罚钱，一次就 300、500 元的，拉你去醒酒房呆着。年轻人没事干嘛，这两天有活干过两天就没活了，喝起来就没边儿了。没有营生嘛，也就随便喝起来了。现在有的后生就说我的钱快来了嘛，3000、2000 的，你先给我几块钱借着，我是迁移的人嘛，过几天钱就来了。人都不好了，到处借钱。牧区以后也都不好了。

如果你在这儿放羊的话，天天都得干活，哪有空闲让你这么到处跑着玩呢。

草场承包

以前大集体的时候好，你的骆驼在哪儿呢我看见了还给你说，现在看见了不给你骆驼腿打断都算是好的。分草场是有问题的，但是现在已经分了，所以如果可以租点草场的话，还能好一些。可现在租草场的价格也没个规定，三块五块也有，十块的也有。

大集体时候一家一群羊，除了放牧的，其他还有干副业的，打井啊种地啊什么的，还有兽医、医生、干部、仓库保管员、拖拉机手，大队里一起记工分。承包的时候所有人都有羊了，也都分了草场，结果草场越分越小。但是能看到这个问题的人很少。一般都说，就是因为天不下雨所以草场坏了的。其实还是因为参加分羊分草场的人多了，草场小了，都用网围栏拉着，好好的草都让踩坏了。以前放羊都是散开了慢慢走，早上出去一个方向晚上从另一个方向回来，而且没有路，现在到处都是路，车都能走了，网围栏里羊就来回走，都给踩坏了。

禁牧植被老化问题

我们从2002年开始休牧，但是骆驼和牛一直都有，而且虽然说的休牧，其实有些人家一直都偷偷放牧呢，我家羊也是，天黑了放出去，所以暂时还没有灌木特别退化老化的情况。霸王就是春天和冬天牲畜吃，春天主要吃花。四合木是啥时候都吃。这儿遇到天旱不下雨，底草长不起来的时候主要就靠四合木了。今年旱了，7月开始连着三个月不下雨，不过草场还可以。

四队那边禁牧了牲畜少，所以今年的底草因为被老草压着新草没长出来。原来都长得挺好的。

我们嘎查59万亩草场，其中27万亩都有霸王和四合木，另一半草场有一些底草、沙蒿、红沙、针茅、小白蒿、小柠条。我们以前会把那种太老的四合木的老枝子都砍掉，第二年就能有五六个新枝子长出来。以前大集体的时候是要组织人专门砍那种一半老一半干的四合木的，我们烧火也用那个，越砍长得越好。现在别说砍，连放牧都限制你，结果一棵棵四合木光长个儿了，都是半干的，再不砍就得死了。

不过霸王和红沙都不能砍，霸王砍了就再也不长了。以前我们小时候捡柴火，要是拿活枝子湿树枝回家来，老人就急了，说你个娃娃不懂事，会挨打的。但是四合木那种上头一点点绿的下面都老化的应该砍，砍了就能从根子上抽新枝子。以前羊多，四合木都秃秃的，现在羊少，又要老化变干了。我就说牲畜不能太多也不能太少。

我们嘎查83年时候2万多头只牲畜，小畜大概23000，牛没有，骆驼在80、81年的时候1000多，马100多，牛80。后来骆驼和牛都没有了，羊多了。到1998年、2000年最多，小户200羊大户500羊的，全嘎查28000羊，骆驼纯粹没了。我觉得草场沙化就是各家分了以后来回走踩坏了。每个草场都走出来几条路，都是羊路。其实羊还是2万多只，如果按着羊单位算，跟以前差不太多。

我们最后一次走敖特尔是1993年。以前我们走场就是去附近的苏木嘎查。那次走场不管走到哪儿都有人赶，虽然还没有拉围栏和二次承包，但是已经不像以前可以到处走了。我们走了一个月下了场雨就回来了。

我经历的大集体时走场的事儿就多了。以前是七八年碰到一次大旱，就得走场。我小时候1965年大旱，那时候嘎查也有2万多羊，前半年还下了雨，其实还不如1993年旱得厉害，冬天还有红沙可以让牲畜啃啃。只是风太大了，羊圈也没现在好，羊白天吃不饱，晚上又冷，棚圈没有屋顶，羊互相之间挤暖和，最后是羊把羊压死了，剩了400多羊。

现在倒是羊不会大批死了，就是花钱厉害。2011年一直没下雨，我的200多羊20头牛花了10万元买草料，一点没赚钱，最后只落了8、90羔子（合550一只），5、6个牛犊子。羊绒卖了3万多，基本打平了。

嘎查的发展

我们嘎查7年没开代表会了。我觉得领导问题是个关键问题。嘎查现在的领导什么都不懂，也不会放牧，也不想这些事儿，就知道天天过来劝我迁移。我说我迁移不迁移的关你什么事儿啊，结果我跟领导关系也不好了。他们一年花十几万，问怎么花的，光是吃饭了。

现在就应该公开说，谁想来当嘎查长，来报名，说说怎么能把社员生活提高。让想来干的人自己报名自己说想要怎么干，这么做才行呢。然后还要签合同，你在任上至少要把你说的百分之多少干到才可以。这样干三五年还可以看看。可是能干的人越来越少，年轻人也都出去了。现在这种，也是选举出来的，什么也不懂，只是听镇里领导的话。上面的镇领导能知道我们嘎查的事儿吗？就是要嘎查自己的领导自己决定才行呢。要不旗里面镇里面说什么你就听什么，时间不用长就腐败了。

其实不见得非得在我们嘎查内部选人，就算我们三队没有这样的人，外面还有人呢，他们只要愿意做有能力就应该可以，那种可以来回走帮牧民过好生活还能跑销路的，这样的人才行嘛。

现在的领导，就是把国家给的钱给你打到卡里，别的什么都不管了。你怎么喂羊怎么买草，怎么缺水，需要打井啦，遇灾啦什么的都不管，我们有十多年没见过镇领导了。卖牲畜什么的更没人组织了，我们也知道合作起来好，可谁来牵头呢？其实要是能组织起来，找到销路，签合同，每年供多少羊多少牛，多好啊。现在只能是有钱有关系的人，羊肉就能卖贵，你没有关系的，就卖不出去。多养活一天就是几块钱的成本呢，最后没办法只能低价卖出去了。

巴图××说了很多，包括承包时的状况、牧民们的迁移禁牧、他自己偷牧的不得已，最终还是回到了现在的生活上。他的坚守有他的道理，却一直没有被采纳。即使已经完全被边缘化了，这个无奈的“钉子户”仍然思考着整个牧区的出路在哪里。

6.3 草场被买断的小夫妻

在从鄂托克旗往上海庙镇去的路边，我们遇到了一对从牧区搬迁出来的小夫妻。2009 年夫妻俩搬出来，到了路边的移民村开小卖店，已经出来 3 年了。与一般的禁牧搬迁不同，这家人的草场已经通过“流转”的方式置换给了一个姓李的外来老板，连他们自己的户口也已经成了城镇户口。李姓老板则作为牧民身份落户到了特××嘎查。小伙子说，李老板在嘎查里一次收了三户人家的草场，他家2000 多亩，每亩地给了600 元，共计120 来万元，一次买断。之后国家出台的禁牧政策每亩6 元每年的补贴也都发到了李老板的户头上。据他所知，他们嘎查几百户里有二三十户都是这种情况搬出来的。

因为隶属上海庙镇辖区内，上海庙城镇发展迅速，大片草场被政府以城区开发的名义强制征收，他们嘎查临近城区边缘，有传说很快也会被征地，并且征地标准是每亩100元，不讲条件。如果真的到那时，他们仍然会失去草场和牧民身份，与其到时拿100元一亩还不如拿现在的600元一亩，在这样的情况下，20多户牧民都将自己的草场过户流转了出去。

把草场转让出去后，小两口也有点后悔，这就意味着他们再也不可能回到牧区过牧民的生活了，而且这一轮草场承包期满后，他们也将无权参与下一轮的承包。他们说："现在的生活，一年吃喝肯定是够的，但是生活还是不如放牧好。"

6.4 新建小镇上的移民户

D镇是个新建小镇，因为黄河不断改道，大片位于河边的农田被黄河冲刷掉，小镇原址面临被冲毁的危险，所以整个镇搬迁到距离七星湖景区不远的地方，据当地居民说，镇内绝大部分住户都是由于禁牧转移，从草场上搬迁出来的，都迁入镇内的移民小区中，住上了楼房。

小镇到处是一片片新建的住宅小区，道路宽阔，绿化带正在营建。住宅小区从远处看起来都非常漂亮，红白相间，6层的楼，还带有三角形的浮雕装饰。但是近看就发现刚盖好的新楼房到处有裂缝，连墙砖都是歪的。有些住户开玩笑说，有的楼就纯粹是用棍儿支着，没有了棍儿就倒了。

移民张××刚刚搬过来不到半年。他说："搬迁过来以后没有工作没有啥事儿干，一年一个人只有4000元补偿，现在一包烟一般10元，一碗面条也10元，要是抽烟就不能吃饭了，而且吃饭还只能吃小碗面，一天一碗，大碗都不够。我好不容易找到一份清洁工的事情，还比别人强点儿。要不是我儿子在城里上班有工作，出钱把我的新家装修了，并买了家具，靠我自己住进新楼的话也只能住在空房子里。"

张××带我们看了他的家，窗户、门、墙角都是歪歪斜斜的，还有裂缝，楼道里也到处可见建筑瑕疵，住在里面十分让人担心，若有地震就会出大事。

但是远看跟现代化的居民楼区一样，色调十分时尚。镇是新建的，很多配套设施机构还没跟上，到处都是空空荡荡的，物价却比离此地 30 多公里的乌拉特前旗贵多了。有的住户算过账，就算打上车到前旗吃顿饭再打车回来还比在镇上吃得好和便宜。由此看来，这种“运动式”的造城也是需要慎重对待的。

7. H 嘎查调查

鄂尔多斯市鄂托克旗 H 嘎查是我们以嘎查为单位进行调查的一个点。与鄂尔多斯我们调查的其他地方类似，牧户们 60% 以上都有饲料地，在过冬越来越依靠外购饲草料的情况下，这些牧户靠自家的饲料地供给自己，降低成本才能支撑下去。2014—2015 年，这里是整个鄂尔多斯地区遭遇旱灾最为严重的嘎查之一，往常每年只需要喂养 4 ~5 个月的，必须得连续喂养 8 ~9 个月以上。一些牧户因为牲畜价格下跌，停止卖羊羔，甚至出现了两年间连续用草料喂养 20 多个月的情况，严重入不敷出，同时发生的又是饲草料价格的持续攀升与牲畜价格的严重下滑，多重压力下牧民们如何应对极度干旱？2015 年 4 月，我们对这个嘎查进行了尽可能的挨家挨户的入户访谈，并在 2015 年 7 月又进行了回访。访谈中，不仅是干旱，“举债”，也成了中心话题。这里介绍的每家访谈虽不长（因人们都在为度过旱灾而忙碌和焦虑着），但是合起来可以让人对该地区牧民的整体状况有个大致的了解。其中乌 × 是我们联系较多、访谈相对系统一些的对象，其余则更多集中在大家最为关切的干旱和债务话题上。

7. 1 牧区新一代的中坚力量

乌 ×，50 多岁，鄂尔多斯市鄂托克旗 H 嘎查的牧民，1985—1990 年曾任嘎查长。选择他作为重点访谈对象，是因为这个年龄段的牧民正是现在支撑着放牧业的脊梁，也是压力最大的一批人，他们上有老人赡养，下有孩子要上学、求职、买房、结婚。他们已经跟老一代的牧民们不同了，不可能再遵循传统的游牧，接受了各种科学饲喂的新技术新概念，掌握了多种技能，占有大量信息；同时他们又不像新一代已经离开牧区、不会也不愿放牧、心往城镇的年轻人们，他们因为年纪、语言、劳动技能等的限制，只能留在牧区发展，也是牧区主要的劳动力和中坚力量。可以说他们面临的问题就是非常现实的“三牧”问题。认识乌×是从2012年他给我们做向导时开始的，2013年、2014年和2015年我们又先后访问了他4次。

牲畜价格问题

以前卖羊是供销社直接收，供销社说多少钱就多少钱，承包以后是卖给二道贩子，二道贩子说多少钱就多少钱。我们这儿做生意都是跟宁夏回族人学的。从承包到户后，“回回”们就来做买卖了。从夏天开始一直到冬天，来的买卖人可多了，你来了我走了，一拨一拨的。刚开始来的是毛驴车，拉点面、米、胡油、桃子、苹果什么的，来换羊换毛。这是80年代刚承包的时候。那时候就是羊换粮食，我们牧民也不知道羊值多少钱，粮食值多少钱，都是用东西直接换，两下说成了就换了。那时候好像大米3毛多一斤，200多斤大米能换一只羊。当时羊还贵，农产品便宜。我记得最清楚的是，36斤胡油可以换一只30多斤的母羊，换的油用来炒菜差不多够一家人用一年的。那时候对胡油特别稀罕，觉得比羊油好吃多了，而且不好买到，天天就用胡油炸饼子麻花。苹果、桃子等水果都是用钱买，少量嘛。最后他们回回更先进了，不赶毛驴车就用拖拉机拉着拖车来，八轮的后面是车厢，还有南泥湾拖拉机厂产的手扶拖拉机。

交换东西大概从1982年到1989年。国家的统购统销一直到1991年才停止，每年收完了国家规定的数目，其他牲畜才能交易，那时候贩子收的价格比国家的高，牧民们也都很喜欢二道贩子们。1991年开始没有统购统销的任务，一下就放开了，这一放开就看个人做买卖和讨价还价的能耐了。

大集体时候都要评估羊好坏，还比较公平，二道贩子收羊可不管这个，你一只60斤的羊他就说你40斤，慢慢讲价讲到50斤，差不多就卖了，没有一一过秤的，都是这么估算一下，两下都同意，羊就卖成了。同样的60斤的羊我能卖400元，他才卖了300元，这种事很常见。那就看个人嘴厉害不厉害，厉害的就能多卖点，不厉害的就少挣点钱。不过那些太精明的，慢慢地二道贩子也就不去你家了，因为你太精，他们赚不到什么钱。

到现在，有了手机微信，贩子能挣钱的空间越来越小，他在隔壁嘎查收羊，多少钱一斤，我们这边马上都能知道，价钱就没那么多水分了，所以说现在生意也都不好做，下来收羊的人也少了。

从承包到现在，羊的价格最好的时候是2012—2013年，羊羔子普遍在800~900元一只，大羯羊近2000元。但是最近两年（2014—2015年），连续干旱，羊的价格不知道为什么也跌下来了，500元一只都卖不出去。说白了现在养羊就跟赌博一样，卖不卖，什么时候卖，就看你赌得好不好了。赌好了就能少赔一点，赌不好就砸在手里了。因为羊是要吃东西的，你不能按时卖掉就会消耗你。可好多人就是想不明白这个道理，一直养着，想着价钱还能上去，觉得有羊就好，就能翻本。可你就不想今年不卖，过冬就得多买草料，到了明年要是继续旱怎么办？就算不旱，要是明年的价格还是没上来怎么办？早卖了就能省下过冬饲料钱，不卖就得继续喂着，不喂，羊会死，喂，卖不出你喂羊，钱就白花了，你自己还活不活了？

而且现在不是你想卖就卖得出去，没有人收购也是个问题，牧民难啊。我们嘎查前两年羊羔子700元一只、600元一只的时候都不卖，今年500元一只想卖的人倒是多了，可是没人收了。

我打算把家里的羊分批集中饲喂，对一部分羊给足草料然后卖出，再集中喂另一部分。现在已经喂胖了几十只羊，但是卖不出去，只能留着给人送礼用。因为冷库收购的也很少了，前几年我们苏木牧民每年卖给冷库的能有上万只，现在只有1000~2000只。羊价格不行了以后，冷库也不愿意多收羊了。

饲料地问题

我种地是从1995年开始的。我爸是真正的放牧人，他们那一代人都不懂这些，就算干旱也没有说靠人工喂草料养羊的，基本就是自然放养，年头不好的时候羊就死了，没有钱也没有意识去买饲草料喂它们。1995年我决定要种地就是因为干旱，实在是太旱了。1994年的时候我家一年买2000斤玉米就够用了。可到了1995年，那是最干旱的一年，也是我家第一次大批买饲料的时候，买了1万斤玉米，可还是来不及了，起不了什么作用。大概就是从那时候开始，我们家、还有附近的牧民们都开始慢慢习惯喂羊而不是放羊了。草场太小，又干旱，这就不得不考虑草料问题，自己种还是花钱买，怎么最合算就怎么干。

到2010年开始，每年饲草料的消耗就更大了，从1995年的每年1万斤玉米慢慢发展到一年要十几万斤玉米。这也是因为那几年收入可以了，有钱买料了。过去是到了时间把一部分羊处理掉，剩的羊少了草场就还可以支撑。可2000年后草场越来越不行，供不上了。过去我们每年从12月或者来年1月开始喂，到4、5月下雨出了青草就不喂了，如果不下雨继续喂，差不多就是年头好的时候喂3个月，差一点年景喂5个月。可现在，就算是正常年景或者好年景，也得从10月份开始喂七八个月，最好的时候也要喂6个月。这两年更完了，连着喂，一年12个月几乎都得靠人工喂。这种情况牧民就不合算了，不管是经济账还是人工的账，都不合算了，所以只要有点条件能种地开地的牧民，都开始种地了。

刚开始开地时还没拉长电，都是用柴油机抽水浇地的，有段时间油涨到5元多6元一升的时候我们就不种玉米了，种点草，可以不用浇水，因为种玉米成本太高，还不如直接买玉米。我们这儿长电拉过来是2010年，有的地方2006年就已经通了电，应该说更大面积更多人家种地都是从拉长电开始的。毕竟用电比柴油机的开销小得多。

2009年秋天，也就是我们这儿拉长电的前一年，我家一共才开了将近20亩地，用柴油机抽水种玉米，每亩能收将近1000斤。拉长电以后就完全不一样了，很快就扩大到30亩，再扩大到50亩，一直到现在70来亩（2016年扩大到了100亩）。还从前旗（鄂托克前旗）

租了60多亩饲料地。收的玉米可以卖给没有饲料地的牧户。

1995年刚开地那会儿，我跟媳妇都年轻，羊也多，除了自己的400多只羊之外还给别人帮忙放羊。种地也没有雇工，就是跟别人学，看别人怎么刨坑埋种子我们也就跟着干。后来有了用一个轱辘推着撒种子的工具，先进了一半了，干活速度快了不少。不过这么撒的种子太密，必须等出苗以后，一个坑里出来三两棵玉米的，人工除掉两棵，剩一棵，这又得需要人工，还得除草。现在好了，播种有大机器，一会儿就能干完，除草可以用除草剂，放到水里一起浇地就行了，一棵草都不长了。但是也有不好的地方，就是用了除草剂以后地就不好了，水走过的地方，地就硬硬的、板板的，一点都不松软了。

刚开始种地什么都不懂，就靠问别人，什么时候上化肥，放多少，哪个牌子好什么的。我种了一年就差不多学会了。为了耕地，2005年我家还花了1万多元专门买了台拖拉机。拖拉机买回来的时候，我连四轮还不会开呢，是我家雇的放羊的伙计开的，我跟着他学。第二年，他走了就是我自己开着拖拉机翻地了。那时候柴油便宜，3元多一升，小拖拉机也省油，一天十几公升。收割的时候完全靠人工，掰棒子，扔地上，晾干了再收回来。秆子就靠人用镰刀砍，砍完了打捆运回来。20亩地怎么都得干20天，两个人。那时候我们夫妻俩一起干活还可以，不需要雇人。

拉长电以后，地块从20亩扩大到30亩就开始雇人了，要开着机器来耕地和播种。那时候雇人不多，就是暂时的一两天，打零工。家里的长期工是个羊倌，管着家里的近700只羊，他也给我帮忙干。

现在都是用机器了，从耕地播种到收割脱粒。整个连耕地带播种70元一亩，收割是50元一亩，自己做的事就是浇水和喷药。浇一轮三天，然后停三天再浇一轮，差不多就是一个星期浇一次水。之前渠灌的时候比较麻烦，还得看着放水扒口子，随时看着该浇哪儿了。前年我家的地上了滴灌设备，连浇水带上肥料喷药都一起完成，方便多了，买个大桶，把化肥农药稀释了直接放水里就行了。

机械化了以后，农业上特别重的活儿就不多了。不过种地晚上睡不好，你得按时加肥加药，放水的时候，先用6个小时放清水，让地吃吃水分，然后放化肥，再流6个小时。要是一开始你就放化肥，那就浪费了，肥力都让吸到地下面去了。就得先放水，让地吸收水差不多了再加化肥。这都是自己摸索的技术。这样算的话，怎么也得平常一个人盯在地上，每年六个月。最忙是春季，然后整个夏天都在地里。玉米刚种下的时候最不能马虎，必须盯着，一天只能睡四五个小时。后面就是浇水的时候忙几天，然后就能歇两天。不过这两年看，机械化以后还是种地方便，喂养牲畜太麻烦。

去年（2014年）开始，我家除了自己的70亩饲料地，还贷款在前旗（鄂托克前旗）包了60多亩地，投入了4万元，今年能收多少回来不好说，按一般年景来算一亩能收1000斤，60亩也就是6万斤玉米，全卖了差不多能收回6万元，能挣个2万多元吧。那块地离家里130多公里，这两天我儿子在那儿看着。前几年大家都是租草场，这两年干旱都开始租饲料地了。因为就算你租了草场，太干旱长不出草也是白花钱，还不如租地种饲料，卖掉一些顶成本，剩下自己用，至少能把买饲料的钱省出来。

不过现在没钱是租不了地的，最便宜的一亩地也得200元以上。前旗那边开地多，用电量大，家家户户都琢磨着拉电开地，因为家里有地和没地的，那收入就差远了。现在家里要能有几百亩地，拉上长电打好井，就算自己不种直接转包出去，一年也能有十几二十万元的稳定收入。

不过开地开得多了，水就不够了，这两三年水比原来少得多了。以前浇水时候直接放水就可以，现在浇一段时间井水就抽不上了，必须等一等才能继续浇。不过现在草场靠不住，想解决草就只能开地，只有这一条路，现在大部分人把希望都寄托在开地上，包地比租草场更重要。

H嘎查里只要有条件开地的也几乎都开了。随着养牧成本的增加和羊价的下跌，乌×家也从最开始的20亩扩大到了2016年的100亩，甚至还到其他旗县租地种，很多牧民认为与其租草场放牧不如租饲料地来种。之前我们在赛××嘎查已经见到过大规模开地出租给外来人和公司，靠收地租获益的现象，在获益模式的转变过程中，资源在被深度开发，生态问题也在加重。

劳动量加成倍大问题

现在的劳动力比原来大集体的时候麻烦多了。过去放牧就是纯粹放养，赶着羊早上出去晚上回来，人虽然一直跟着辛苦，但是没有现在这样一天到晚顶着干活的，那时成本也低。现在除了平时出去放牧，一年的一半以上，最长时候一整年的时间羊都得人工喂饲草料。

因为这几年的草场越来越差了，干旱的时候草场上就光秃秃的，什么也没有，下点雨又会长起好多的沙蒿来。从植被的角度来说沙蒿挺好的，长得高，能固沙，总比光秃秃要好。但是从羊角度来说不好，羊不吃。而且有了沙蒿的地方别的草长不起来。但是没有沙蒿的地方，一刮风，土皮刮跑了就长不了别的了。所以我觉得沙蒿还是有好处，至少地皮刮不起来，能把好土留着。要不然好土刮走了，下面都是沙子，就都沙化了。

羊也不是完全不吃沙蒿，但是光吃沙蒿会中毒。尤其是五六月份，天旱的时候，沙蒿有籽儿，而且那个水分没了以后，味儿变浓了，羊吃多了就会乏得走不动。过去我就很奇怪，大集体的时候就有，旱的时候羊老是乏了就爬不起来。后来发现就是沙蒿种子的关系，没有沙蒿的地方羊就没事。而且羊多的地方沙蒿就长不起来，只是小低苗苗。羊不到的地方沙蒿就是黑黑的。

草场不行就只能圈养，可圈养太累了，一个劳力顶原来三四个人的工作量，我粗略估计了下，光喂养的工作量就是放养的三倍多。就拿我家来说，早上五点起，照顾两群牛、三群羊，运草、放草、放料、饮水，大羊和羔子都得单独喂，一天喂一到两回，羔羊一天必须喂两次。虽然现在有了铁丝网围栏，不用跟以前那样跟群放牧，可草场上草不够，牛羊放出去也就是溜达溜达，到时间还得赶回来人工喂，牛羊跑了还得出去找。

我家一共400只羊，一年最少需要5万斤料。这些料都存在库里，每天得从库里运到羊圈去，草也是放在库里，一点点弄过去。我家是用小推车，有的家用三轮摩托什么的，这就是挺大一块工作。具体怎么喂各家都不一样，有的是放槽子里，有的直接撒砖地上。羊群好的坏的还得分开，喂的料都不一样。有的人家里羊圈大，可以分出好几个小羊圈，每群羊在自己的圈里，料放在一个专门的圈里，这群吃完了，出去，换一群进来。有的家里没有条件的，就只能一起。慢慢地，羊也都习惯了，知道该我出去该它进来了。

除了喂食，还得清圈、打扫，要不羊粪多了就跟料掺在一起，喂的料就不能吃了。圈里面一个星期打扫两三次，把粪和剩下的草料都清理出来。清出来以后还得有一定的地方放着，第二年春天上到地里。没种地的人家也可以当肥料卖了，不过值不了几个钱。我大概算过，我家400只羊，每次清理用小推车清三五车，差不多就是一立方米，每星期清理两三次。过去放牧，羊吃喝拉都在滩里（草场上），羊圈就是个睡觉的地方，也不会在圈里喂食，就没什么清理不清理的问题了。

除了喂草料、清理圈，羊这么被圈着养，料吃多了也有好多麻烦事儿，羊该吃青草的时候就得吃青草，吃不上就容易出毛病。有的料吃多了会拉稀，有的容易上火，得天天观察，这个羊不对了，那个羊是不是不好了，慢慢观察，给它们按时服药。以前大集体的时候有专门的兽医，后来慢慢没有了，打针灌药都靠自己，看着说明书来。五六百只羊两个人干活的话，根本忙不过来。以前纯粹放牧的时候，草场上的草好，种类也多，羊自己就能找着该吃的草药自己解毒，现在喂的玉米秆和玉米太多了，里面有化肥农药，可能对羊的身体也有影响。

而且圈养的羊精神头不好，毛皮都是脏脏的，在圈里粘了一身的羊粪干草。再加上不能跟以前放养时候那样天天在滩里跑着出汗，羊绒就不行，不光长得不行，抓绒的时候还都抓不下来，你硬揪下来，羊就掉膘。本来羊就瘦，再生拽羊绒下来，羊就不行了。今年我就是，抓绒的时候绒不离身，硬揪下来，结果羊三天三夜不吃东西，膘一下就不行了。

圈养对我们牧民来说是一种很重的劳动负担，羊光吃玉米豆和干草，膘上不来，只是维持生命，也不能增加收入。想要靠育肥把羊养胖代价太大了，一只羊每天至少得喂2斤料，这样喂两个月才能胖起来。按一斤料1.5元算，差不多得花100元一只羊。现在羊的价格不行，成本这么高就太不合算了。

前几年都嚷嚷着育肥，现在育肥的羊也不好办，这么圈着喂饲料养胖的羊都是虚胖，还是没有草原羊好吃。可全部弄草原羊的话，草原承受不住，也没那么多草给羊吃。少养一些草原能承受住吧，我们牧民的收入又不行了。究竟我们保护草场还是保护我们的命，保护生产力？

以前能转场的话，人辛苦一点，不花钱。现在一吨苜蓿草1800元，一吨玉米2000多元，就得钱顶着。有条件开地的人家自己种玉米，成本还能下来一点。可今年喂了那明年呢？今年卖的羊刚把今年喂的草料钱还上，生活又怎么办呢？我们是靠羊生活不是靠地生活，草场必须放羊才能挣钱，不放羊怎么挣钱呢？

承包后随着草场退化越来越严重，舍饲圈养也逐渐成了牧民们不得已的选择，与一般认为的“游牧是落后的、粗放的，要走现代化道路必须进行集约化的舍饲圈养”不同，乌×细致入微地讲述了舍饲的不利方面。很多牧民也反映，圈养的羊，羊绒质量严重下降，比一般放养的低四成左右。

消费

我的第一辆摩托车是1987年我在嘎查当大队长时给我配的，当时我还不会骑，是先买后学的。2003年因为家里买了拖拉机，我又学会了开拖拉机。2007年报驾校学会了开汽车，拿的大车本，2010年自己家才买了车。我买车的时候，嘎查里有30%的人家有了车，现在估计75%的人家都有车了，不管好坏。这是我以前想都没想过的，自己能有各种车，能开各种机械。

我们嘎查也是，从1984年开始有的摩托车，到2005年，这20年内摩托车是主要的交通工具，之后都开始买小车了，摩托车好多都进了回收站，买的时候5000多元卖出去才100元。没进回收站的也只是平时放羊赶羊的时候骑了。刚开始买车的时候大家都买4万多元的奥拓，现在一般都买6万~15万元的车了，买越野和皮卡车的越来越多。还有些家里有两辆车，老子一辆儿子一辆，我们嘎查家里有两辆车的估计有10%了。

虽然现在生活条件好了，机械化也都多了，但是牧区消费和搞建设还是得量力而行。我们买小轿车是因为冬天骑摩托太冷了，长期下去会落下一身病，老了还得花钱治病，所以买了汽车。可买汽车以后花的油钱多了，每年一辆小轿车就得花1万多元油钱。手机也是，有了手机很方便，可是话费多了，每月我的手机费都得几百元，我老婆跟大多数妇女一样都有两部手机，一部打电话聊天，另一部智能手机专门收发微信。我们这里妇女的手机费用比男人多，她们通一次话就是1个多小时。男人大多是一部手机。有了手机以后人们之间往来的事情也多了。

平时开支花钱最厉害的就是汽油费、手机费和打礼这三种东西。打礼可是要命的，现在什么都请客，大寿也请客，考上大学，盖新房子，人没了也都请，甚至家里买了个新汽车、新拖拉机的也要请客，除了亲戚朋友们，还有孩子们的同学，大人请客，娃娃也请客，去吃酒席一次最少要打礼300元。一年一家最少得花出去1万多元礼钱，这实在是个大问题。

前几年我常常在想有了汽车和手机开销越来越大，为什么生活水平没有下降反而还在提高了，后来发现原因是牲畜收购价格前几年提高太快了。从2014年开始牲畜收购价大幅下降，我们生活受到很大冲击，现在开车和打手机都得注意节省了。今年政府有危房改造的支持项目，我家的房是80年代盖的，现在要是盖70~80平方米的房子政府可出2万元，自己出3万~4万元。但是这样的房子面积太小。

要是盖100多平方米的房子自己得出7万~8万元，现在手里没有积蓄就得贷款。

这几年旱灾厉害，贷款还得用在租饲料地等其他事情上，旧房子没有什么危险，还能凑合住，所以我就没有要盖房的项目。我家的羊圈也是旧的，要不是这两年遇到旱灾也想盖新的羊圈、羊棚和草棚，棚圈大些的好处是便于接羔，但是棚圈好了并不能有更多的产出，只是接羔方便了。有的人家棚圈盖得很豪华没有必要。我如果有钱先盖棚圈后盖住房，先把生产安排好。我们2011年在旗里买了一套80多平方米的楼房，花了17万元，是为儿子成家做准备的。

这两年大旱，我们的日常吃穿的生活水平还没有太大变化，但是得减少不必要的消费开支和基本建设开支，有些年轻人看不到这一点，消费和建设都与别人攀比，有的为了给孩子买房买车，把草场卖了的都有。还有些人家特别是贫困家庭算计不好这些事情，本来就没钱还要贷款盖好的住房和棚圈，生活只能越来越差了。

2015年9月6日，我们再次接到乌×的电话。天气仍然干旱，家里剩下的玉米不多了，却只卖出了100多只一直喂养的大羯羊中的30只，每只仅仅1000元出头，过去都是上2000元的。那些没有卖出去的只得停止喂了，把仅剩的玉米留给10头打算尽快卖出的牛。饲料地还没收，正是饲料青黄不接的时候。这么干旱，多数牧户的牲畜仍然没有卖出去，政府也没有任何反应。家里想从邮政银行贷款，但是因为欠着信用社贷款，邮政银行不给贷。

2016年8月乌×几次发来微信和草场的照片，说今年草场雨水好，牧民的心情也好多了，但是要还清贷款，还得有起码三年的好年景，还得羊价好才行。

7.2 因病致贫

础×家是H嘎查有代表性的贫困户。自己和家里人生病拖垮了这个家庭，再加上干旱和羊价下跌，对这个家庭是雪上加霜。2015年我们在4月和7月两次对他进行了访谈。他的家位于嘎查的最南端，与鄂托克前旗交界。

我家草场是3100亩，弟兄两个。我还有个哥哥，去庙里当喇嘛了。要不然牲畜和草场就得分两家，那就更困难了。去年（2014年）说的是卖了100多只羊，其实是顶账给了人家。因为我家一直欠着高利贷呢，还不上，只能拿羊抵账。本来去年羊价已经不行了，原先1000（元）一只的羔子只能卖到最多600元，但是因为是抵账，所以无论大小羊都是按1000元一只算的，那个借钱给我的人也没办法。

我家是嘎查里的困难户，大家都知道的，也没什么额外的项目，就去年给补了4000元钱，别的一直都没有什么。从我结婚到现在，家里一直也就是100来只羊，每年都是卖掉100只羔子生活，从承包以后我家大羊从来没上过200只。上有老下有小的，家里开支太大了，又一直得还债，根本发展不起来。

19岁的时候，我的肾脏出了毛病，那是1995年，花了2万多元。到1999年我又是贷款结的婚，结果娃娃也病，老人也病，就一直欠账了。我下面还有妹妹，妹妹出嫁也是我们给出的钱，娃娃大了去康巴什上学，花钱花得太多了。本来我家草场只有2000亩，1992年给领导说了说，把公共草场给了我们一些，加到3100亩了，可我和老母亲身体都不行，干不了重活，想多养点羊又没有劳动力，生活还是不行。

前几年还可以从银行贷款，现在一分钱都贷不出来了，只能借个人的钱，还不起账就只好把草场租出去了三年，前年刚收回来，5元钱一亩，一年收1.5万元租金。我们就去前旗（鄂托克前旗）打工，给人家看羊，一年工资2万元。草场一出租出去肯定不如自己用的时候，不爱惜，但是没办法，为了还账嘛。前年把草场收回来想要自己发展羊吧，天又旱了。

我家还有20亩饲料地。以前我们这儿种地都是用柴油抽水的，太贵了，后来几家合着拉了长电，每家花了2万多元，去年是第一年用上长电种地，可是种的玉米都让风沙打完了，一点没收。好在去年我在嘎查里还租了30亩地，那家人去年有病了种不了，租给了我，我自己种了点玉米，花了1万元钱。虽然也让风沙打了，但是没打完，后来补种了90天的玉米，收了3万多斤，其中6000斤自己用了喂羊，2万斤玉米给人家还债顶了1.6万元，还给了耕地的人家6000斤玉米当租金，相当于220元钱租一亩地。

机井也是借钱打的。过去三五家一个大口井，必须用牲口拉水，吃水都得拉。机井四五十米见水，打的150米，花了1万多元钱，也是高利贷，2000年借的。然后是变压器花了2万元，羊棚、水窖、整地、网围栏去年公家给了点项目，之前都是自己借钱搞的，都是借的高利贷，二分利。到现在加上利息算起来还有十二三万元的欠债，每年收入也就够还个利息的。借钱就是一年还一次利息。还不上的话，利息就又变成本钱了，本钱就越来越多，利息也越来越高。我们贫困户从银行借不出贷款。

现在女儿14岁，在康巴什念初中。我是觉得那边教学质量好，所以宁可自己多花点钱，让娃娃学好。她在那边住宿学费都不要的，每个月学校还给发480元的补贴，但是不够，一年还得花1.5万元左右，就是吃饭钱。一天娃娃光吃就要30多元钱，一碗米饭就得七八元呢，学校补贴的那点钱根本就不够。我这还是女娃娃，吃得还少，要是小子就更多了，一天至少还得一两元的零花钱。现在娃娃条件好，跟我们那时候不一样。我们一个月就是给她1200元，穿的我们单独买。我跟她说了，你再花我也给不了你。娃娃也觉得有压力，节约着花。我们女儿回来也不说同学比不比，但是现在就这一个孩子，怎么都不能让她太寒酸嘛。

我们是2013年4月回来重新放牧的，回来的时候还可以，不太旱，羊价格也还可以，一个羊羔子800元、1000元的，可惜那时候没有羊。我们家出去打工走了三四年，正是天气也好，羊价格也好的时候，等回来就开始旱了。出去打工也就是挣一点零花钱，养着自己呗。

我们回来以后，从2013年11月开始羊开始喂草料，就没停过，过了冬，2014年春天休牧三个月，到休牧结束的时候还是旱，就一直喂到现在（2015年7月），中间也就是去年9月10月停了两个月的草料吧，9月1日下了一点雨以后没多少天就又开始喂了，喂了20多个月啊，旱了两年多了。

平时一只羊半斤料3斤草，这是必需的。草是草颗粒，5角一斤，料1.1元一斤，这样一只羊最少一天8角钱的料，一个月料钱就24元。我有180只羊，包括租人家的羊，一个月一只羊24元，一共4320元一个月，20多个月就吃了11万多元钱了。租人家的羊是10只母羊给人家4只羊羔子一年。

贷款是贷不到的，银行根本不给，因为没有担保人，而且家里又困难。信用社知道我们的情况根本不给贷款，周围的人也是知道我家困难，不敢给我们担保，就一点贷款都拿不到了，真的是太困难了，每年也就是一点绒毛钱还有打工的钱。

去年还了2万多元的账，现在还欠着10万多元，都是个人的，跟好几个人借的，借的时候都说要二分利，有的看我们困难就不要利息了，还有的就得要二分利，还不上的话利息就又变成本金了，越来越多。大队帮忙解决贷款是不可能的啦，大队的领导也不帮忙。去年我们应该有扶贫贷款的，结果根本就没看到，人家有钱的有工作的拿到了，有项目的拿到了，倒是我们，老母亲的身体那么不好，连低保都没有，只有自己交了钱以后给的养老金。

我母亲和我病了以后，大概就是从1999年开始借钱了吧，年头好的时候多还一点，年头不好的时候就少还一些，算下来怎么也都还了有20多万元了。去年就还了十来万元呢，靠种地和包别人的羊还有打工。包羊不如种地，种地不如打工。前几年羊价绒价贵还可以，现在价格又下来了。娃娃上学也要花钱，现在媳妇怀孕了，马上又要添个娃娃，就更困难了。

租的那块耕地今年人家不出租了，就只种我们家自己的门跟前的十几亩地，不过还有两个月才能打下来，现在就是撑过去这两个月，等玉米打下来就可以了，要是能再下点雨，今年就能不买草料就过冬了。

我想再多开一点地的，围着我现在的饲料地旁边。不开地太困难了，天又旱，哪有那么多钱买草料呢？如果要多开地就得换水泵，我家机井150多米，53米见水，要多开地现在的水泵就供不上了，得换更大的泵，下更深的管子。在我们这儿种地全靠浇水，一年得浇10趟水才能保证一亩收1000多斤。但是现在换不起泵，没钱嘛。泵4000多元，连线带管子得7000元吧。而且现在上面又说不让开地了，还说谁要新开地就要抓走呢。现在这17亩地，风沙又大，如果一直喂的话只能养七八十只羊，要养180只羊是肯定不够的。

我们的向导乌×曾经当过这个嘎查的嘎查长，他说："这笔倒霉账必须得算，现在的年景还不如不养羊呢，劳动力都等于白贴了。草场是靠不上的，只能靠开地，政策又不让开地。再这样下去牧民太可怜了！"

当我们问到现在是不是包地比包草场还重要了的时候，他回答："那当然啦。没雨水不长草，包草场有可能啥都没有，还不如包地种呢。这是生活逼的，只能这样。"牧民们正在被逼着走上农民的道路。

可乌×又接着说："现在羊价比过去掉了一半，天还旱，再这样一两年可能大家都不养羊了，玉米也就没人买了。"

我们感叹，这些都是牧民最关心的事情，是不是牧民见面都要聊聊这些呢？乌×却摇摇头，说："也就是你们来了聊聊，这种事情谁也不想说了，喝喝酒唱唱歌可以。这种事情说了也没用，已经都不说了。"

7.3 嘎查书记的无奈

这儿以前也有沙蒿的，但是没那么多，就是1995年开始多起来，以前是各种草都有，1978年上面来人调查说，我们这儿一平方公里有300多种草，但是2008年政府又一次调查，连30种草都不到了。

这两年草场上到处都是沙蒿。沙蒿多了以后底草很难长别的，就是沙葱，这还是雨水好的时候。沙蒿繁殖很快，一棵蒿子三年就死，更多新的就又出来了，没办法消除。这些年每年4月15日开始休牧，如果下雨了休牧还有意义，不下雨的时候，休牧不仅没用，还有坏处，让坏草都长起来了，沙蒿什么的在小苗苗的时候如果让牲畜吃了还能好一些，休牧了以后沙蒿就长得更多。现在草场就是退化严重，不好的草场上啥都没有，好一些的草场上也都是沙蒿，别的草不好好长。

我们看到的草场上确实沙蒿成片，一眼看过去一片黄褐色。沙蒿属于多年生草本植物，主干为木质或半木质，属于沙地的先锋植物。据同行的生态专家刘书润教授介绍，沙蒿有一定的排他性，有它在的地方其他植物很难生长。而沙蒿作为先锋植物，意味着在草场沙化严重不适宜其他植物生长的时候，它会大面积出现，也表现出草场退化的程度。

我们嘎查53万亩草场，90年代的时候牲畜1万多头（只），到95年发展到3万多头（只），现在将近4万头（只），严重超载，按30亩一只羊的载畜量标准，超了一倍以上的人家太多了。草畜平衡的工作没法做啊，尤其是这两年，天旱，在圈里喂羊没精神，价格掉得厉害。

天不旱羊精神好的话还好一些，要不干脆就没人要了。去年我一共就卖了50只羔子50只大羊，本来年年都应该卖出去300多只羊的。卖不出去就只能喂着呗，草料钱就别说了。这两年我们这儿牧民基本没收入，都靠贷款生活。从这个银行借了还给那个银行，对困难户银行都不给贷款。我们嘎查90多户里30户都是银行不给贷款的贫困户，他们只能借高利贷，那就永远还不清了。

农信社利息好像是八分九厘二，三个月还一次利息，一年还一次本金。贷款就是这几年多起来的，一方面草场退化，子女太多的分了户以后草场更小了，另一方面生活提高了，消费也高了，他有车我也要买，就贷款买了。我家贷了55万元，不贷款不行，我家放牧买草料、种树都要花钱，不贷款周转不过来。

嘎查里进城陪读的不像八九十年代那么多了，因为如果家里只有两口子的话，一个大人去陪着上学，整个家庭就都不行了，所以现在娃娃们基本都是住校。学校条件也都好了。嘎查有七八户在城里买房的。小汽车是95%的都有。

嘎查大概8%的草场是流转出租出去的，其他都是自己放牧用。开始一亩租金两三元，这两年都10元、15元一亩了。

如果说生活的话，还是承包好，大集体的时候想吃羊都吃不了，承包以后想吃什么都可以，放牧也是给自己放的，生活不一样了，但是对草场肯定是大集体好。我们那时候整个嘎查才1万来只羊，而且是游动放牧，不是固定的。现在退化这么厉害，第一就是因为承包草场固定放牧了。划分草场以后，有点保护意识的稍好一些，意识不强的就把草场租出去了，那草场马上就不行了。草场上放多少牲畜是不一样的，不放的沙蒿长得多，放多了草场就沙化，不能不放也不能放多了。

如果能有那种合作社，把生态和生活都照顾了，把草场连起来就好了。我们现在就是没有合作起来，包括羊的品种也是，你放的是阿尔巴斯的，我放的是安哥拉的。我们这儿阿尔巴斯是我们自己的品种啊，多少年选育出来的良种，政府不考虑，光说让改良。其实现在阿尔巴斯的羊绒是精品呢，价格跟外国品种的安哥拉羊差不多。

真正合作以后，奶食品加工也可以有，还可以跟大集体一样，妇女干什么、男人干什么都分分工，多余劳动力还可以出去打工。但是现在人的想法不对了，实施不起来。而且我们这个年龄的，都是一个娃娃，两个娃娃的都少。一个娃娃大学毕业，就看不上你牧区了，到城市里他宁可当个服务员、厨师、理发的，挣不到钱也得在城里待着，也都不回来了。没法长远打算，就算你想得再好，没人接班了啊。

7.4 老嘎查长说分了草场后就一年不如一年了

老嘎查长名叫阿南×，今年80多岁了，还在放牧和种饲料地。

我当嘎查长当到1985年。

以前我们这儿的草种类特别多，最少也有200多种草吧，现在几十种有没有？过去多见的草就是针茅、小白蒿，沙化了的地方沙葱多一些，还有很多土生柠条、猫头刺、麻黄、野苜蓿，现在这些草都不多了。倒是有些毒草以前没有现在出现了，羊吃多了会中毒。

我觉得草场沙化一方面就是因为天旱了，另一方面就是因为牲畜不能到处走了。虽然从解放开始我们就住房子（这边房子都是63年盖起来的），但是羊群一直都是可以随便走的，没有网围栏，这儿干旱了就去别的地方，反正都是集体的草场，家家户户都有帐篷，冬天住房子，夏天跟着羊住帐篷。现在不能走了，再加上干旱，就沙化得不行了。

以前干旱是旱一年，现在一旱都是十年二十年的。我就记得1965年、1971年、1976年、1977年、1981年和1995年旱得厉害些。尤其是承包以后的1995年那次，从1994年9月下雨以后就整整一年没下雨，旱得厉害，跟现在差不多了。但是那时候没有种地的，想买玉米买草都没地方去，只能损失羊。我家就从700多只羊掉到300多只，到现在也就这么些羊了，再没发展起来。

嘎查在承包之前1977年牲畜最多，大小畜3万多不到4万，当时还正实行两定一奖。到1983年牲畜承包时一个人10只羊，牛是抓阄，谁碰上是谁的，一家一峰骆驼一匹马。除了集体分给的牲畜，家家都还有点自留羊。我家那时候人多，9口人，加上自留羊，一共120多头（只）牲畜。到1994—1995年是牲畜最多的时候，全嘎查有五六万吧，家家都发展起来了，特别多，光看我家那时候就有700多只羊。不过以前不光有羊，大集体时还有1200多头牛、300多匹马、130多峰骆驼，毛驴也有100多头呢，承包以后基本就剩了羊了。

1983年分草场的时候我们也提了一下意见，不过当时说分也只是大概一说，没有围栏，三五家一块那么划的。到1993年才开始正式分草场，一块块地量，拉大围栏。那时并没有什么草场矛盾，非得分到户，而是上头说只要分到户就可以不收草场税了，就都给划开了。草场税一亩是五分钱还是一角钱来着。

草场分了嘛，还是不太好。历史上我们从来没有分过草场的，草场分了以后就好过一年，后面一年不如一年了。不过现在情况看，草场大的人家就可以了，草场租出去就能赚钱呢。不过承包也有好的地方，个人负责，个人经营。大集体的时候劳动完了就都给集体了。

在我们的调查中，关于承包问题经常会从牧民中听到两种截然相反的意见，一种认为承包非常好，一种则认为承包糟透了，就是承包造成了草场退化。有时甚至同一个人在谈起承包时会同时告诉你这两种观点。初听这两种意见时很容易弄不清楚，实际上牧民们说的承包好，多是在说牲畜承包，认为牲畜承包打破了大集体时候的大锅饭，给了个人自由；但对于草场承包和围栏，大多数牧民都是否定的。将这两种情况区分开是很重要的。

这两年羊价钱不行，一只羊至少少卖了200多元。去年一只山羊500元，原来能卖700多元。而且干旱得不行，我没办法还去别人草场上放牧了，代牧，一天一只羊1元，一共花了1.8万元。要是不旱根本没这个开销，买草料比这还要贵的，而且都买不上。去年把牛都卖了买草料喂羊，买了1万多斤料（1.2万元）5万多斤草（2万元）。

我一共200只羊分了4群，放在四个小库伦（围栏）里，草场不够，要不更没法放了。现在的休牧也有问题，我家休了三个月，从4月到7月，结果草场上长的都是沙蒿，沙蒿长起来的话其他草就不长了。如果一直放牧沙蒿就长不出来，刚冒出来一点小苗苗就让羊吃了，就不会像这样都是沙蒿，羊也不怎么吃。

2015年7月，我们又对老嘎查长进行了回访。

我家大小羊将近400只，一部分给别人去代牧了，实在养不起。有30亩玉米地，种得还可以，一亩能打800斤左右，一年可以卖5000斤，留将近2万斤自己用。

2013年我卖羊卖了五六万元，2014年价格不行，羊也卖不出去了，只能把100多只羊包给别人。要不一点卖牛的卖绒毛的收入都花在羊身上了。本想今年如果草场好，去年没卖出去的羊羔子长大了还能多卖点钱，结果今年草场又不好。现在羊都已经收回来了，都喂着呢，而且比自己养的差远了，瘦瘦的，等于到那儿减肥去了。本来说好了一只羊一天1元，对方替我们放着，保证不死，结果对方不到期就都给退回来了，他们草场也不好，养不了。现在刚回来了三四天，一直喂着料，这个时候也长不了膘了，就是活个命。没办法，我们是靠天吃饭的，现在的羊太瘦了，白送都没人要，还得养着，都要用钱，都砸在手里了，国家又不管收购，真是没办法。

以前我们这儿是没有沙蒿的。现在草场这么多沙蒿。其实只要有雨草就能长起来，没有雨再休牧也没用。

7.5“每天的劳动就是从一个方向盘到另一个方向盘”

过去没见过夏天这么热这么旱的，从去年冬天到现在，我家已经喂了3万斤玉米了。家里有38亩饲料地，种了七八年了，拉长电以前已经开了地，2011年拉了长电开始种玉米。有了长电以后能种地就好多了。不过我这儿的地是斜的，不好灌溉，最好的时候也就打2万多斤。今年换了滴灌，应该会好一点。机井的水位下降了1米，原来手工打的大口井都已经没水了。

去年打了1.5万斤的玉米，自己另外还买了1万斤，另外还买了4000捆草，11块一捆30斤的，现在还剩下1000捆，料买了1万多斤，1.1元一斤，花了1.5万元，还有4吨多的颗粒饲料，960元一吨，3800元，总的花费将近6万元。家里500多只大羊，从去年（2014年）10月喂到现在。今年接了240多只羔子。

家里3000多亩草场，又租了4000亩，一次租10年。原来我们的草场没有沙蒿的，除了在沙窝窝的地方。这边土比较软，下雨以后草长得快，干得也快，原来一场好雨能顶一个月，现在一个礼拜就干了，沙蒿也多起来了。

许多地方的牧民在谈到气候时都反映说现在下一场雨的作用比过去的时间短了，而且谈到过去下一场雨土就能湿三寸，现在一场雨只是地皮湿一下，再大的雨两天过后地皮就干了。这应当与草场退化、蒸发量的增加有关。没了草皮的草场，大雨过后，雨水会迅速形成地表径流流走而很难留在草场上，这让牧民们觉得“下的雨跟以前不一样，没什么用”。也有学者做过专门调查发现，有草被覆盖的草场夏季最热时地表温度比裸地低10℃左右，退化草场地表温度的升高使得蒸发量加大，更加加重了干旱程度。

现在草场上就我一个人。两个孩子，大的12岁，小的4岁，2012年在后旗（鄂托克后旗）买了一个房子，33万多元，老婆就去陪着孩子念书了，我自己在家放羊。现在还有贷款，一个是农行的，三年到期，一个是信用社的，两年到期，现在农行的还没结完，差5万元没还上。中间贷过三次高利贷款，每次三五千元的，有时候真是没钱，周转不过来就得借高利贷。

家里我自己，连放牧带种地，连棚圈都是自己盖的。2013年买了拖拉机，8万元，国家补2万元，自己出6万元，犁自己出1.5万元；还有两台播种机，一共10800元，买一个不够用；2014年还买了个拖斗车，车花了8500元，拖斗1.1万元，就是为了拉草。农用车两辆，一辆大的一辆小的，摩托一辆，还有一台254小型拖拉机。各种机器一共花了17万元。自己盖了一个25米长的农机具库，5万元，水塔3万元。打井打了三眼，一眼饮羊，两眼种地。

现在种地还好，但是养羊就太费劳力了，累人。一个人干的活相当于最少两个人，结果就是必须买机器，一天就在几个方向盘转悠，从早上起来就是从一个方向盘下来，又坐上另一个方向盘，都是机械化生产，逼着牧民向机械化发展。

放牧加种植饲料地，使得在个体化经营体制下的牧民投入的劳动量大大增加，一些大户不得不购置大量机具，走上机械化的道路，然而成本成了他们的重压。

7.6 草场分给了儿子们，老两口去打工当羊倌

白××都是个很典型的勤劳能干的蒙古族女人，60岁，三个儿子。原先她是一家之主，家里老伴儿都要听她的。三个儿子陆续都要成家娶媳妇，2013年她把家里的5030亩草场分了三份，每个小家庭1600多亩，一家分了80只羊。她只感叹草场太小，分开了没法放牧，可不分又有矛盾，这是个很现实的问题。如今三个儿子里一个把草场租了出去自己打工，两个还在放牧。而白××都自己把家里牲畜和草场分给了三个儿子之后跟老伴儿两个人给别家打工当羊倌去了。

在2013年分家以前，除了小儿子出去打工了，我们一家人是住在一起的，240多只羊也都在一起放，生活还可以。2012年卖了50只绵羊羔子，700元一只，大羊没卖，羊绒卖了13000元，一共收入48000元。小儿子出去打工也不容易，经常拖欠工资，还都是苦力活，攒一点点钱娶媳妇都花光了。到2013年我跟老伴就给他们把羊和草场都分了，我俩去给别人家当羊倌，一年能拿两万多元工资，只放羊不干重活，养老金也有，一个人一个月360元，俩人一年拿到7000多元，还能过得下去。就是儿子他们生活太难了。

二儿子哈斯×××：

我家现在是170多只羊，2013年12月分家，当时分到大羊和母羊80只，因为小弟弟外出打工，家里就我和大哥放牧，所以除了草场和羊以外，家里的饲料地、玉米什么的都是一分两份，我跟大哥各一份。家里本来70多亩饲料地，我家分到35亩，打的一万多斤玉米和秸秆也都分开了，草颗粒是分了以后自己买的。当年没卖羔子，就羊绒上挣了点钱。

我是分家以后结的婚。我结婚的时候手里一点钱都没有，跟私人

借了1.5万元，二分五的利息，后来从信用社贷了3万元，还了高利贷，还的时候还了1.8万元（贷了6个月），还剩1.2万元。买了两吨颗粒饲料，花了4000元，可天太旱了，羊在草场上放牧容易吃进沙子，吃了沙子就生病，但是光吃饲料也不习惯，死了20只大羊，2014年春天只接了40只羔子。到了5月，天还是不下雨，又买了6000斤玉米，颗粒饲料和玉米粒掺起来喂，这么喂到秋天，卖了10只刚三个月的羊羔子，一只120多元卖的，收入1200元，羊绒上收了11000元。自己的35亩饲料地因为钱不够，只种了12亩，打了16000斤，一个冬天就吃得差不多了。收入的钱先还了信用社的3万元贷款，又继续贷了3万元出来，又跟个人借了二分利的1万元周转，还从农行贷了1万元。到现在，手里还有五万元的欠款。

今年（2015年）羊绒卖了12800元，打算留下五六十只羊，卖掉120只还债。我现在就想盖个好一点的棚圈，至少得2万元，估计还得再借高利贷。

在牧区，大家庭分家就像又一轮小型的承包，每家分到一点羊和草场重新发展，不同的是，现在的挑战更严峻，因为草场不可能增加，只能在家庭内部分配，结果草场越分越小，发展余地和空间越来越小，生产成本却越来越大。即使像白××都这样，一切都留给孩子，宁可跟老伴出去给人家打工放羊，但是儿子仍然陷在债务危机中难以脱身。

7.7 一个大户也开始靠贷款维持

白音××是H嘎查首屈一指的大户，主要原因是承包时家里分到的草场多，而且还租用了不少草场。底子好加上辛苦劳动就一直比较顺。但是连续两年干旱也给他带来不小的冲击，也开始贷款了。

我家有50头牛，1200只羊，其中大羊800只，羔子400只，自家13000亩草场，又租了将近6000亩草场。主要是娃娃太多了，我四个儿子，三个已经成家了，四小子还在上中学，二小子跟着我种地放羊。我家在旗里和镇上都有房子。

家里有100亩饲料地，农机具都是自己的，自己种，自己收，只有翻地和收割的时候雇人。料够了，草不够，每年还得买一百亩的玉米草(将近2万斤)，一亩60元，用十吨车，自己装，自己拉回来，雇的人不好好干，还不如自己累点。100亩地一年能打八九万斤的玉米，年头好除了自己用还能卖一些，年头不好就不行了，还得另外买。

租的草场一共两块，一块每亩6元，另一块每亩5元多，一年光草场租金就得花3万多元。没雇羊倌，就家里三个人干。

去年我家卖了200只羊，母绵羊100只，每只600元，羔子40只，每只500元，母山羊60只，每只600元，收入11万元。还卖了10头牛，平均6000元一头，收入6万元，羊绒142元一斤，卖了550斤，收入7.8万元，一共收入25万元。又买了5吨苜蓿草，每吨1800元，花了9000元；羔子料1吨，每吨3800元；1万斤玉米，10亩的玉米草，14000元。饲草料上花了近3万元。兽药上每年还得再花1万元。

现在每年买兽药就是个事儿，有时候光花钱看不见效果。政府应该弄一个兽医站的，还有饲草料基地，以前大集体的时候都有，只是后来都给撤了。

草场这两年都差不多，一直干旱，草场上长的草不够吃，就得靠外面买的草料。羊除了补上点食物，还得运动，要是不运动光喂草料也不行，但是代价太高啦，因为纯粹靠人喂，人太累了，必须要雇人，费的草料也多。所以还是得租草场，就算干旱草场上不长草也得租草场。

家里农机具都有，铲车、15吨的农用车，还有皮卡车都有，摩托车四辆，没有轿车。铲车是2012年花8000元买的，挖沟的铲车2003年花2万元买的，一套拖拉机2011年花2万元买的，老拖拉机是2000年买的，皮卡是2013年花8万元买的，四辆摩托车2万元，农用车是2012年7.5万元买的。

饲料地早就有了，2000 年也打了井，但是因为没拉长电，所以一直没种，2010 年拉了长电后才开始种地，水位也还可以，现在还没看出下降来。新房面积有 160 平方米，2013 年盖的，2014 年装修，带羊圈一共花了 80 万元，家具都算上了，羊圈花了十来万元，120 平方米，和房子一起盖的，还花了几千元单盖了个厕所。

现在还欠着 50 万元的贷款，今年刚贷的，之前的都已经还了。2013 年盖房子羊圈的时候，一共 80 万元，自己掏 60 万元，贷了 20 万元，2014 年又贷了 10 万元，今年都还上以后又贷了 50 万元。没办法啊，一个小子上中学，另外的三个小子都得花钱。

机械化大大提高了劳动效率，对牧民们也是种能力提升，他们现在不仅要能放牧，还得会骑摩托车、开拖拉机、操作铲车、种地等等，可同时，这些农机具也是一笔相当大的支出成本，让原本就日渐增加的放牧成本又增加了不少压力。

7.8 “越是干旱草场退化越厉害”

现在沙蒿多了，原来根本没有这么多，只有几块地方有，现在都已经长满了。我叫布仁吉格××，今年（2015 年）76 岁，活这么大年纪也没见过长这么多沙蒿的，好的地方也长上沙蒿了，遍地都是。我觉得休牧是一个原因，春天正是该吃沙蒿小苗苗的时候，非得把羊给圈起来休牧，结果羊没吃就都长起来了。这东西羊吃多了会拉稀，中毒，严重时候会死。羊不能光吃这个，必须得有别的草。可沙蒿和牛心朴子草一长起来别的草就不长了。沙化了的地方就会长沙蒿和牛心朴子。除了休牧，干旱可能对长沙蒿也有影响。现在十年九旱，过去是猪年龙年旱，现在是哪一年都旱。

我们这儿 1984 年开始分草场，刚开始只是粗说说，到 1992 年是拉着绳子一点一点量着分的，因为牲畜越来越多，可能是害怕不分草场的话退化更厉害吧。

草场分了，牲畜也圈起来喂了，退化还是厉害，草都吃得光光的。现在是越不下雨，草场退化越厉害，越厉害就越不下雨。原来早就走场了，现在走不了场，只能租草场，还得给钱。但是天这么旱，没什么草了还放羊，对草原伤害又太大了。

羊放多了，草场退化得不行，羊放少了，人的生活不行，不知道该怎么办。今年绒价和肉价都低，而且羊光喂草不行，还得喂料，一天七八两料地喂，也长不了膘，就是活个命，开销却高了。

我家去年（2014 年）买了 12 吨草，一半是苜蓿草，还有各种草，一吨 1300 元，一共 1.6 万元。玉米买了 2 万多斤，2 万多元，光草料一年下来就花了 4 万元。

去年卖了 29 只羊，每只 600 元，收入 1.8 万元，绒毛收了 3 万多元，一共收入 5 万元。盖羊圈自己花了 2.7 万元，加上草料 4 万元，再盖房子，现在欠的高利贷还有 3 万元，二分利的，已经一年多了，越欠越多。

在老人的讲述里，退化—承包—圈养—退化 + 干旱—更加退化，这个线索非常清晰，在牧民特别是老牧民中这种观点还是相当有代表性的。在干旱与退化的压力中，又加上羊价和羊绒价格下跌的外部压力，牧民生活更加艰难。

7.9 贷款还不起，媳妇被迫出去打工

布×，40 多岁，如今一个人在草场上忙活牧业，媳妇出去打工了，在草籽场小镇上看着一个儿童蹦床。连续干旱的几年再加上沙尘暴，让他家的 100 亩玉米地损失了一半以上，羊价又持续下跌，连日常零花钱也得靠借高利贷，还借不到。在他看来养牧已经成了越养越赔的事儿，如果能有办法是宁可出去打拼的。

连着旱了好几年了，没办法，不下雨啊，从去年十月开始喂到现在，已经 10 个月了，一直喂没断过。之前虽然旱，但是租了 3000 亩

草场（他指给我们看一片长满一年生的雾冰藜的草场），就可以不用买草，买点料就行了。现在那边不让租了，自己的3000亩草场根本不够，还得另外买草。家里有100亩玉米地，春天刮了一天一夜沙尘暴，让风沙打死了多一半，就剩了50来亩。土也刮跑了，玉米连根都刮跑了。

去年没买草，买了5吨混合颗粒饲料，1300元一吨，还有20000斤玉米。因为去年一百亩饲料地只种了30亩，一亩才打六七百斤。沙地种玉米不行，杂草比玉米还高，打不多。最后料不够还得自己花钱买玉米粒。今年开始饲料地上了滴灌，可能能多打一点吧，去年还是漫灌的，水井的水位也下降，去年开春时浇地前是22米见水，现在是二十七八米了。

家里300多只大羊，今年处理了一些，绵羊带羔子卖了40多对，一对540元钱，还卖了30多只羯羊，剩了200多只大羊。去年开始羊的价钱就不好，以前光羔子就能卖七八百元钱一只呢，现在一对羊才500多元。虽然价钱低，也必须得卖，实在喂不动了，再喂喂不起了。

今年买了个二手车，1.3万元，小孩儿在旗里念书跟奶奶一起，租房，一年8000元房租，生活费2万元左右，上学公交车一天4元，一年1400元。

我家有贷款呢，前年（2013年）从信用社贷了5万元，去年没钱还，就只还了利息又续了一年，农行也贷了5万元，三年期的扶贫贷款。现在一年不如一年了，实在还不上的时候只能借高利贷还农行的贷款，再赶紧重新贷款出来还给高利贷，已经这样来回倒腾了两次了，就怕还不上银行的钱再也贷不到款了。

今年要还10万元贷款，真是还不动了，手里没钱。现在就是着急想卖羊，喂不起羊了，羊是越养越赔啊。我媳妇出去打工了，去草籽场（附近的一个小镇）那边。她妹妹一家在那边开了个小饭馆，也是牧区出去的，现在干得可以。我媳妇过去白天在饭馆里帮忙，晚上自己开设一个孩子玩的充气的蹦蹦床，跳一次五元钱，生意好的时候一天能挣个100来元，要是打工能干好了她就不回来了，在家放羊挣不到钱啊。

给我们做翻译的乌×说："前几年是那些禁牧的人找不到工作又回来放牧。现在又开始有人出去打工了。打工的都是家里没办法了才出去的，但能有点办法还是在家里好呢。"

7.10 种草料喂羊不如只种地

我叫道×吉，我家有130多亩饲料地，倒是不用买草买料了，还能卖出去一些玉米豆。这两年太旱了，羊价又跌，人都要吃不上饭了。这样看还不如不养羊只种地的好，牧民变农民，可能还可以一些，要不养羊一点都不赚钱还得赔钱。家里的5000多亩草场也没用，都不长东西。

我去年卖了200来只羊，其中80个羊羔子，以前一只能卖800多元的去年只卖了500多元。都是挑好的卖了，不好的自己留着喂。还卖了40只老绵羊，60只山羊，绵羊一只460元，山羊一只500元，不好的羔子卖了20只，每只200元。一共得了9万多元，羊绒卖了6万元。2013年价钱好的时候，我也是卖了200多只羊，就得了25万元呢，羊绒也能卖10万元。现在羊都没人要了。

去年我的饲料地卖了6万斤玉米，一斤1.04元卖的，可是没想到旱了这么久，最后自己不够用了，只能从外面买，一斤多花两角钱买回来，又买了1.2万斤，多花了3000元。苜蓿草颗粒还花了3万多元。所以还不如不养羊，只种地卖玉米呢。

我的饲料地开了七八年了，一开始只有30亩，慢慢多开一些，开到现在的130亩。现在都是机械化，种地比以前轻松多了。一亩地能打1100多斤玉米，一年打13万斤，卖出了一半，卖给粮站，1.04元一斤，虽然比市场价低一些，但是省事儿嘛，自己留了一半。玉米草都是自己用了，没卖。但是去年太旱，就没停过喂羊，4000捆草都吃完了还喂着呢。这么喂羊没有膘，毛病也多，一只羊一天喂六七两料，现在400多只大羊，200多只羔子，一天就吃二三百斤料，一个月就得上万斤了。如果能开到三四百亩的饲料地，种上苜蓿可能还可以。

我家是从2013年10月开始喂，喂到了2014年10月停了一两个月，然后又接着喂，22个月，喂了13万斤料，24万斤草。还有两个月是育肥的，就是把羊圈住了喂，就用玉米豆不用合成饲料，这么喂下来能比不育肥的每只羊胖十来斤。育肥的时候一天一只羊喂2斤多玉米，这样两个月一只羊的成本多了120元，卖出去每只羊多卖200多元，减去成本，也就能多挣100来元，但是人累得很。

今年不能再育肥了，太累，而且育肥的羊都有毛病，一天三顿这么圈着喂容易得病。销路不行，羊病了只能死，别的地方羊有毛病了，趁着活着就赶紧宰了。要是自己能有个冷库就好了。

我家五口人，现在大儿子和儿媳妇自己单过，我跟老婆和小儿子一起住。现在还有十来万的贷款没还，主要是种地，买草料。以前一年收入30万元刨去投入，也就剩下七八万元，这两年收入也就两三万元。2013年我贷了10万元，2014年10万元还没还上，所以2015年没贷款。先还完了再贷吧，不贷款周转不开。我大儿子2012年买的房，128平方米，在乌兰镇上（旗所在地），花了40万元左右，那会儿贷了七八万元，没买车，女方给车。儿子在后旗干农业服务的，开着设备给人家耕地啊什么的。机械基本都是儿子自己买的，耕一亩70元，后面收获啥的不管，一年最多收入个七八万元。

现在两辆轿车，都是十来年的车，车不贵，但是一年油钱得2万多元，还有两辆摩托，一辆三轮摩托，没有农用车，有抽水喷灌的机具，玉米滴灌，苜蓿喷灌。

我是1960年的时候过来的，那时候这儿沙蒿不是很多，草场还是不错的，后来草场退化，我家附近让大风旋出一个大坑。这几年太旱，一旱了租草场没有用呢，就得靠饲料地，而且喂羊也赚不了钱，牲畜不长膘就是活个命，还不如只种地。

道×吉认为，放牧还不如种地，在H嘎查，尤其是近几年羊价下跌的同时又遭遇干旱，养牧成本大幅度上升的情况下，代表了大多数牧民的看法。当牧业已经无法支撑高额的成本支出时，更有保障的农耕成了牧民们不得已的选择了。但是大家都去开地，生态环境将会怎样？

7.11 打工难以维持生活，回来放牧又赶上天旱和羊价下跌

嘎×迪41岁，是H嘎查的贫困户，嘎×迪家贫困主要因为草场面积小，孩子上学开销太大。原本他跟媳妇两个人光靠着在外面打点工就能不愁吃喝的，也只能回到草场上重新操持牧业。他没想到的是，好不容易把羊渐渐发展起来，刚到200只却又遇到了羊价下跌和持续干旱，欠下的13万元的债务都不知道如何还清。

我家草场是爸爸妈妈的。分草场的时候家里四口人，父母和我们两个兄弟，一共分了4000亩。后来我和兄弟成家，就把草场分成两块，一人2000亩。

现在就是天旱得厉害啊，羊都卖不出去。以前好羊羔能卖1000多元，去年最好的羔子才能卖500元，差一点的只能卖两三百元，价钱掉得太多了。我家200多只羊，去年应该卖出去100多只羔子的，结果没卖成，等于没收入了，还得花钱买草料喂着。

不干旱的话，一年从11月份到第二年4月份喂1万多斤料就可以。草好的时候一天喂3两料就特别好，草不好喂半斤也没用。去年到现在草料就没停，一直喂着。家里草场小，这就2000亩，遇到旱年，就算租了草场也得买草料的，因为草场上不长草，租了也白租，还不如直接买草料。到现在已经喂了4万斤料（去年春天到今年春天）了，料1.2元一斤，花了5万元；17吨颗粒草，每斤5角，加上运费2万元。玉米草15元一捆，1000捆，1.5万元。一共喂了8.5万元了。但是收入方面只有羊绒的3万元多点，买草买料全靠贷款撑着呢。

今年上面有了新政策了，说信用社的贷款如果到期还不了可以先把利息还了办个延期。我家是前年（2013 年）贷款了 7 万元，利息九厘一（今年八厘一），每季度还一次利息。我家就是全靠给人家拉拉网围栏啊，打打零工挣点钱还的，每季度还贷款利息 2000 元左右。后来又借了 4 万元的高利贷，二分利息。因为我三个孩子，有两个在前旗（鄂托克前旗）念书，一个读高二，一个五年级，两个娃娃都是住校，节省着花一年一个孩子最少 6000 ~ 7000 元，两个孩子差不多得 1.5 万元。没钱，只能借钱了。还有个娃娃上大学，学艺术的，三弦，成本更高了。高利贷主要就是给娃娃上学和还利息。

过去的羊棚就是个土墙，下雨冲坏了，今年又借钱盖的砖头的，花了 3 万多元，也是借的高利贷，因为银行本来就有贷款还没还完呢。现在连农行、信用社的，加高利贷的，一共背了 13 万元的债。

家里有两辆摩托，一个蹦蹦车，详细没算过花多少油钱，至少一年好几千吧，没有小车。买东西要不就用摩托要不就让别人帮忙。有时候蹦蹦车还到镇上帮人拉东西挣点钱。去年给人家打工挣了有 1.5 万元，都是牧区的活儿。一个人出去打工，一个人在家看羊，打工一天挣 170 ~ 180 元。前些年娃娃没上学，开销还小，再加上天不旱，每年打打工挣点钱生活是够了，没存款。不过那时候羊少，我们两个人都出去打工，一年能挣两三万元吧，比羊上的收入还多一点。现在娃娃大了，钱就不够了。

草场有时候好有时候不好，去年最不好，好多地方都成明沙了，都沙化了。刚结婚的时候草场还可以，2000 年的时候，那时候下雨多，这两年最不行。

我家草场没有沙蒿，已经十几年了，过去有过，都死完了，也不知道为什么，草场有了沙蒿就不长别的草，要等沙蒿死了以后，遇到雨水好的时候其他草才能长出来。沙蒿羊吃得不多，不开花的时候吃一点，下霜以后吃一点。

我家围栏是 1998 年围的，没开地。因为要开地必须得有长电才行，装变压器得 2 万多元呢，拿不出钱来。政策允许每家开 30 亩，但是因为没钱拉电就没开成。机井倒是打了十几年了，但是只能饮羊用，浇地用柴油就太贵了。

2015年7月，我们再次对嘎×迪家进行了回访。

现在雨下得不平衡，嘎查里有的地方有雨有的地方旱，我家这块儿已经连着旱了3年了。我跟媳妇2010年打工回来重新放牧，刚回来的时候只有60多只羊，现在大羊将近200只。可是好不容易羊发展起来了，倒是成了负担了。之前是给别人当羊倌挣钱的。回来的第一年没卖羊，第二年包了人家60只母羊，羔子三七开，我们自己七，草料钱自己出，山羊绒是他们的。本来应该能发展起来的，结果赔了，60只母羊才接了13只羔子，还得把自己的羊羔赔给人家5只，倒是收了35斤羊绒，一共才卖了4900元。第三年继续包羊，包了110只，自己落了30多只羔子和1.5万元的羊绒钱以后，2014年就把母羊都给人家退回去了，因为天太旱，自己买草料的开销太大了。前年（2013年）开始干旱，光草料钱到现在花了10万元了，全靠贷款，今年自己100多只大羊又花了3万元草料钱。

我们俩之前都是出去打工，差不多打了10年，给别人当羊倌打零工，2010年才回来。这中间把草场租出去了七年，2200多亩，一共也就2.8万元的租金收入。现在有13万元的债，其中5万元今年必须得还了。原来还可以把羊卖了，草场租出去，现在草场都没人要了。贷款就是这样，拿好拿，还的时候可吃劲儿了，要是羊价再跌就只能一个人打工，一个人放羊了。如果我家能有30亩饲料地就好了，能省下不少草料钱。

7.12 贷款搞建设

我叫郝××，是当兽医的，当了12年了，培训时自己出钱，培训了三年，到锡盟去上课，一年15天，三年40天，花了300元，拿本科毕业证书。

我们这儿 1995 年以前家家户户都六七百只羊，整个嘎查差不多 6 万多的牲畜，后来大旱死了好多，现在（夏季）大概不到 5 万头（只）吧。

这两年老天爷不照顾，旱，放牧太困难了。家里草场太小，只有 1780 亩，另外租了 3200 亩，一年 3 万多元，年年租。幸好有 100 多亩饲料地，60 亩种玉米，40 亩种苜蓿，一年能打不少，喂家里的 400 只羊是够了，还好一点。不过种地成本也高呢，我现在自己种，收割时候雇人，一亩地成本 400 多元，其中滴灌就 80 多元，一亩地最多打 1300 斤，平均 900 斤。原来机井是七米见水，现在是十几米见水，水位还是有点下降。

除了种的玉米和苜蓿，还得买颗粒料，每年 3 吨，每吨 1800 元，一年 5400 元；奶饲料 1 吨，3000 元；羔子饲料 1 吨，4000 元。玉米能卖 2 万斤，差不多把这个成本抵出来。

去年（2014 年）我卖了 50 只羊，羔子大羊都有，收入 3.5 万元，羊绒收入 2.4 万元，一年就这么 6 万元的收入。羊价钱不行，比前年掉了差不多一半了。兽医一年工资 1.2 万元。没有存款，每年存不了钱还得贷款。去年新盖了一个草棚，3 万多元，买了辆二手车，1.5 万元，今年盖了一个羊棚，4 万多元，这就花了 8.5 万元了。

我家是 2010 年开始贷款的，差不多每年都得贷三五万元。今年在农行贷了 3 万元扶贫贷款，信用社贷了 5 万元。天要这么旱下去还不如不放牧了，种地还能挣点钱。现在羊喂胖了没人要，没市场，已经是羊吃人了，太困难。

大女儿已经结婚了，结婚时候给了她 50 只羊，现在小女儿还在上中学，一年花费 5000 元。

明年还得贷款，因为我争取了一个盖房子的项目。现在的房子是 1993 年盖的，20 多年了，也该盖新的了。

7.13 被圈养育肥压垮

30年来从没这么旱过呢，已经连着旱了三年了。我家4500亩草场，260只大羊，100多只羔子，瘦得没人要，卖不出去只能喂着。可只喂点玉米粒干草羊没法长膘，买贵的育肥料喂胖了以后更不划算，育肥一天一只羊至少3元。以前我们都是育肥70天后卖出去，一只羊差不多能多挣100多元。现在这么算光育肥的饲草料就得210元，还不一定能卖得出去。我去年就是，育肥了100只羊，卖不出去，已经喂了七八个月，一只羊喂进去了400多元，实在坚持不住把育肥料停掉了，本钱已经回不来了。

去年羊价不行，卖了160只羊，其中60只育肥羊，平均930元一只，100只羔羊500多元一只，四头牛每头8000多只，绒毛钱收入4.5万元，一共收入差不多18万元。再有就是我4500亩草场有个6000元的补贴。

去年买了100吨草，稻草、玉米草、苜蓿草都有，从宁夏拉过来的，其中6吨苜蓿1.3万元，50吨玉米草，每吨850元，一共4.25万元，稻草40吨每吨580元一共2.32万元，混合颗粒7吨，每吨1350元，一共9450元，葵花饲料4吨，每吨1000元一共4000元，苜蓿颗粒15吨，每吨1900元，一共2.8万元。光草料上就花了12万元。

玉米从去年到今年喂了10万斤，一斤1.25元，花了12.5万元，另外还有土豆15000斤，4角2分一斤，合6300元；胡萝卜5000斤，0.5元一斤，合2500元；2吨羔饲料，196元一吨；1吨奶饲料，186元；喂奶100多箱，花了3000多元，豆奶粉50袋，1500元，这些奶啊其他的料啊也花了12万元。

这样算下来，光是喂给牲畜的钱就是24万元，我等于一年下来没赚钱还亏空了6万元。

这是牧民武×得的讲述。由于该嘎查靠近农区，有买到各种饲料的便利条件，牧民喂的饲草料十分杂，玉米、土豆、胡萝卜、葵花、苜蓿、稻草、羔羊饲料、混合饲料、奶粉、豆奶粉、牛奶等等，但是不知这对当地阿尔巴斯羊肉的质量和品牌的影响如何，也尚未听说有人关注。

我们牧民基本都是家家贷款，不贷款的几乎没有。

今年（2015 年）我从信用社贷了 10 万元，去年的贷款都还了。不过这几年贷款是越来越多了，最开始贷款是 90 年代开始的，也就是几千元，那时候家里有娃念书上学要花钱，基本就没存款。到 2011 年、2012 年开始年景好，能有三五万元的存款，也不用贷款了。2013 年贷款 8 万元。去年儿子买房娶媳妇，要在旗镇买楼房，需要 30 万元，还得还银行的贷款，就从高利贷贷了 15 万元还给银行，二分利息，一年就得 3 万元利息，允许每年只还利息，可不能老欠着啊，利息太高了，要还又还不上。

现在儿子有了房马上又得买车，只能卖羊卖牛了，没办法，家家户户都有车，家里就这一个孩子，不给买还不行。

我家生活费一年得 4 万元，现在什么都贵，米一斤 3 元，一年 1800 元，面一斤 2 元，一年 400 元，菜一个月 150 元，一年 1800 元，穿的上头我们夫妻俩一年 3000 元，手机费一个月 350 元，一年 4200 元，烧煤四五吨，一年近 2000 元。儿子消费更高，穿鞋子一个礼拜都得一双鞋，一年 2400 元，上学一年 4.5 万元，学了五年，20 多万元下去了。

家里有病人，高血压、糖尿病、高血脂、胆结石，看病吃药上就算国家报销 70%，自己一年也花了 4 万多元。礼钱一年 2 万多元。儿子在乌兰镇上住，肉和粮食还得给他供上，他跟儿媳妇打工也就是挣个俩人的零花钱。儿子娶媳妇连婚礼带买房子花了 70 万元，这还是很普通的。

访谈之前我们从其他牧户口里已经听说了武×得，说他家为了儿子结婚花了一大笔钱，让我们惊讶的是，这一大笔钱竟然有 70 多万元，刨除买房子的

30万元，聘礼婚礼和新房置办上居然就花了40万元！很多牧户在访谈里也都谈到，现在的牧区小伙子想要讨个老婆是越来越难了，最起码得在城镇上有套房子，即使按比较低的一平方米2000～3000元的价格，也得要30万元左右，汽车则是女方父母置办或者也由男方来买，而这些开销最终都从草场和牲畜身上来，草场压力可想而知。

7.14 饲料地一下子从60亩扩大到200亩

我是汉族人，父亲那一辈从家乡过来，我小的时候，父亲当过这儿肉联厂的领导。1958年我就在这里出生，承包时分到了2300亩草场。我们一共兄弟四个，我行二，只有老大出去了，老三老四也都在这里放牧。

草场不够，没办法就种点地。我家种了100多亩饲料地，每年除了自己家用还能卖一些，不过收入还是以羊为主。现在草畜平衡呢，要求30亩放一只羊，我家有100多只羊，还有几头牛，草场沙化得厉害。

虽然种地就不用买草料了，但是花钱也很多。化肥，100亩用2万元，底肥和追肥加起来，一亩将近200元。犁地雇车，一亩40元。上滴灌的话播种一亩60元。收割也得雇车，一亩50元。脱粒一斤2分钱。玉米草打捆一亩50元。农药放在水里，直接滴灌到地里，一亩八九元。电费倒是没多少，一共2000多元。还有雇人费一个人一天160元，管吃住。整个加起来差不多要六七万元。

以前一亩地能打1000斤玉米，我去年上的滴灌，产量能到1300～1400斤。不过滴灌的第一年成本高，要买粗细管道。井是70年代大集体时打的一个，1990年自己又打了一个机井，22元一米，打了260米，水特别好，5米见水。这几年基本没看到下降，就是天旱的时候有点少。

去年我只种了60亩，平均一亩打了1300多斤玉米，一共打下8万斤。玉米卖出去平均1元一斤，卖了4万斤，自己用了差不多4万斤。去年旱，玉米收下来就开始喂羊，除了喂羊还得喂牛。去年羊价不行，卖了 130 只羊，平均还不到 500 元。好在不用买草料，要不亏得更多。去年卖玉米收入 4 万元，羊收入 6.5 万元。

我是年年都得贷款的，前年借了 10 万元。每年都是，还了贷款以后再贷款出来，就这么来回倒着，要不没法生活啊。如果羊能多一点草场大一点就好了。

现在好在家里学生都已经毕业了，娶媳妇买房子的也都已经搞完了。不过娶媳妇买房子都是借钱搞的。我小子今年 27 岁，高中毕业在外面打工，前年结的婚。我给在城里买的楼房，花了 60 多万元，108 平方米，完全是借的钱。我闺女嫁到农区已经 10 年了。

这边就是草场小就必须想其他办法，开地什么的。原来供娃娃念书，我们一家没放牧，就在乌兰镇上打打工，两个孩子上学。那时候一个学期好几千，都得借钱。后面孩子读完了书，那几年正好羊又贵，手里攒了点钱，又借一点，2010 年就把草场上的小土房推倒重新盖了房子，不盖房媳妇不来嘛。上面给补了 8000 元，算是危房改造工程，加上装修什么的一共花了 12 万元。在牧区盖房子就是运费贵，外面一块砖 2 角多，拉过来就得 5 角钱。

今年 3 月我在农信社贷了 6 万元。还欠了个人 9 万元的账，前年娃娃买房结婚借的，二分利息，今年种地完了就得赶紧还。总得想办法给孩子把家成了吧。

80 年代承包的时候，草场还可以，那时候我已经成家了，分了 9 只羊，媳妇也是附近的，没有带羊过来。发展到最多时候，大概是 2012 年吧，310 多只羊。为了给儿子娶媳妇买房，还有买车，把羊都卖了。儿子打工也攒了点钱，结果还是不够，就又借了一部分高利贷。

1995 年的时候我们这儿也旱过，当时家里 200 多只羊，种着 13 亩地。天一旱就不行了，本来草场又小，不多开地生活不了。到 2000 年，饲料地扩展到 60 来亩，以前主要是给自己种，现在可以卖出去一些，主要就是卖给本地牧民们。今年打算把饲料地扩大到 100 亩，估计就会好些了。

三个多月后，当我们再次来到冯××家的时候，他的饲料地已经扩大到了200亩。因为他家草场都种上了柠条，是由国家项目扶持的，三年后才允许放牧，他便又新开了140亩地，由原来的60亩一下子扩大到200亩了。这么短的时间就扩大到200亩让我们很吃惊，冯××说这很容易，雇来推土机和翻耕机没几天就行了，就是花点钱。有了现代技术在草原上开地易如反掌，这不能不叫人担心。

我家现在饲料地已经扩成200亩啦，没办法，草场旱得太厉害，羊价又一直跌。2012年一只羔子能卖900元，到了2013年就只能卖600元了，再到2014年，只能卖不到500元了，等于一下比2012年跌了快一半。现在看看，井供得上水，就又新开了140亩地，到现在开地的成本已经15万元了。大小管子一亩地260元，其中细管一年换一回，一亩地100多元，再加上开地、施肥、浇水，光是开地的成本一亩地48元，加上播种70元一亩，200亩全部种下来成本16万元，合一亩800元了。

200亩能收20万斤玉米，现在100只羊，过冬需要自己留5万斤，卖出去15万斤，正好抵销成本，明年再种一亩地就能省出160元的滴灌管子费了。

今年我在信用社贷款5万元，农行5万元，个人借款借了8万元（不要利息），都是开地之前的借款，估计等秋天卖了玉米就应该能还上。我第一次贷款是1989年，2000元。上万的贷款是2001年贷的，到了2010年就得贷5万元了，现在手里的账有20万元。

我草场上今年种了2000亩柠条，政府会补点钱，可是基本都死了，死了以后就不给补贴了，而且种了柠条的草场不能放牧，羊只能喂，冬天出来溜达，夏天圈养，这项目算是白瞎了。今年到现在已经喂了60亩的苜蓿，羊光圈养不长膘，就等着玉米打下来把玉米加上喂胖一点。

有的牧民说："现在年轻人结婚，蒙古人和汉人女方要的东西都差不多了，又要买房又要买车的。买房地方还不能差，好了又太贵，压力太大了。可欠着债过好日子，提前透支，又还不起贷款，肯定有问题啊！冯××儿子结婚花了60万元贷款，有钱没钱的，面子上不能少，这就是风气上有问题了。”

7.15“草场不是可以分给个人的东西”

这个被访人名叫额××，曾经当过副嘎查长，在牧民中算是见多识广，有见解的。

我已经超过了60岁，来这儿也30年了，曾经当过嘎查长，放牧到现在。现在的草已经少了好多种了，大概少了三分之二，雨也少了，以前的草牲畜都吃不完，到处是枯草，洼的地方枯草很厚，过去遇到大旱的时候我们还掏过枯草喂羊。

现在羊多了，枯草都没了，住的人家也密了。刚解放的时候这儿就十几家人，52万亩草场，现在161户，增加了十倍多。当时牲畜少，五种牲畜都有，现在毛驴没了，骆驼也没了。

以前都是分片放牧，还是好的，草场不能分到户，在自家草场上放不开，容易踩坏。围栏就是适合懒的人放牧，羊放进去就行了，草没被吃完也都被踩完了。让我看，分草场的制度已经到头了，没有什么发展的潜力，最多只能维持生活。原来一个大队大家一起放牧，一口井就足够了，现在家家都得有井，原来喂料一共3万斤就不错了，现在一家就得3万斤。也不知道还能不能回得去。

我家里3000多亩草场，又租了两片，一共差不多1万亩草场，养了500多只大羊，200多只羊羔，20多头牛。还有100亩玉米地。没玉米地是干不下去的，因为一旱了草场就等于白租了。大队时候集体也就有100多亩集体饲料地，以天然草场为主，这两年倒过来了，天然草场靠不住，依靠饲料地。现在一家子要是能种上200亩饲料地，比有3000多亩草场要强多了，现在种地都是机械化生产，光种地的人还能有空闲的时间。我觉得要是草场能合着用我还多条路可以走，要是不能合着用就只能靠饲料地。

这两年羊价掉得厉害，2013 年时候还好呢，羔子平均能卖 600 元一只，我卖了 120 只，大羊卖了 150 只，一只羊平均 800 元，再卖几头牛，一年 23 万元收入。

去年（2014 年）羔子是 480 元一只，卖了 230 只，老母羊 200 只，平均 550 元一只，牛杀着卖，认识的人来收了，26 元一斤，卖了 4 头，3 万多元收入，一共 24 万元。看起来好像跟 2013 年收入差不多，但是多卖了 150 多只羊呢。

2014 年太旱了，冬天租了 600 亩耕地，花了 3.5 万元，租了 4.5 个月，没办法只能这样了，自己种的饲料不够了，只能租人家打完玉米的地，把羊直接赶过去吃地里的秸秆。耕地离这里 50 公里，赶着羊走了两天。那 600 亩里不光是秸秆，撒下来的玉米粒可多了，开始时羊吃了一个小时都快胀死了，就在那边圈养着，到快下羔的时候再回来。要是没有那 600 亩，估计 2014 年就过不去了。现在的天然草场加喂养别说长膘了，活命都够呛。

我全年雇两个羊倌，一年五六万元，一个羊倌一天最少 80 元，一个月 3000 元，另外还得雇打零工的，主要是农地上的，打零工一天 150 元，两三个月（1.3 万元）。一亩地最低成本 400 元，100 亩地打 10 万斤玉米，自己用一半，卖一半，这样和成本差不多抵了，要没这个饲料地就没法养羊了。

用合成饲料喂起来的羊肉不好吃，用玉米喂起来的羊还可以，可是长得慢。人工喂羊的劳动量比以前大多了，好不容易把羊育肥了，人都累瘦了，一天最少要劳动十二个小时以上，长年这么做肯定不行。过去就是放牧，哪儿有这么累的？

今年家里贷款贷了 10 万元，主要用来播种，现在家里五口人，孙子上小学，后旗（鄂托克后旗）有买的平房。

之前贷款都是一年三五万元，没有存款，2010 年买了个二手车，五六万元，车不能买新的，要是贷款买个 30 多万元的好车，十年后就值个三四万元，贷款就不知道翻几倍了。

儿子结婚连买楼买车办婚事，花上五十万元、七十万元的多了，都是平常的事。

问题还是科技含量上不去，应该好好研究羊怎么增重，好好扶持生产，带动大家合作，别把草场流转给外人，这样对草场才好。统一把草场管起来集体流转也是可以的，三五十年后一部分人去了城市，一部分人留下来放牧，把草场管好了，还能减少人口。大集体虽然把个人自由拴住了，但是人有生产积极性，后来分了草场，都乱了，人的能力都是不一样的，文化素质水平也不一样，却一样都分了草场，结果能干的大户发展不起来，不会干的人拿到草场也都给搞坏了。

草场不是一个可以分给个人用的东西，政策层面的东西必须要统一管，羊作为商品也应该规模化管理。应该是少数人管理，多数人干活，统一调配资源。原来受灾了可以走场，现在不行了。过去集体经营还是有一定道理的，大家都听话，现在都不行了。必须要政府出面，帮助牧民解决这个问题才行。

禁牧区调查

8. 阿拉善盟关于禁牧的访谈

8.1 一位苏木退休领导讲述禁牧的前前后后

毛××作为一个当了20年苏木（乡）长的老退休干部，虽然平日不言不语，但他对整个承包过程非常清楚，而他眼下最担忧的则是禁牧会给他的家乡带来怎样的影响。退休之后，他加入了阿拉善盟双峰驼保护协会，开始在禁牧政策下为双峰驼奔走，希望通过协会的努力，让牧民能够继续养驼。2012年11月他作为我们的向导和翻译陪同我们到腾格里地区调查，一路上聊了很多。

1981年我在腾格里苏木当秘书，之前在腾格里镇上当了七年的学校老师，1982年调到了孪井滩（腾格里沙漠中的一个农业开发区），1983年体制改革，公社变成了苏木镇，我也成了苏木达（苏木长，等同于乡长），2003年离岗。

我们是1983年实行的牲畜承包，那时候虽然每个人分的牲畜不多，一个人一两峰骆驼十来只羊，但是普遍来说，牧民还是很欢迎的。当时草场还没分，一两年以后，草场被划分到组，几户牧民一个组，跟以前大集体时候的放牧小组的规模差不多。

不过大集体时候，我们跟锡盟他们一个小组一群羊不一样，这边都是一家一群羊或者一群骆驼，而不是几家合着放牧的。牧业小组是十来户或者七八户一组，也没什么组长，一个嘎查分四五个组或者五六个组，就是为了能够大体分一下草场的界限和畜群。比如我家放一群羊，劳动力不够的时候，不是各家之间的互相帮忙，而是从大队里申请劳动力，大队会把副业队的闲散劳动力派到各家里帮忙，大家都是挣工分。包括骆驼等大畜的生产，剪毛等，都是各家各户自己干的，集中劳动力干的也就是打草。每年打芦草的时候，每家都必须出劳动力，记下每个人打了多少斤来折合工分，打下来的草则统一分配。饲料地是农业队专门干。搭棚盖圈是大队里面派人做，一般都是派那些非牧业的搞副业的劳动力，他们就是随时听大队的调遣。所有的非牧业户都是这样干活的，如搭棚盖圈、打井，还有临时帮助牧业户干点活，这样的非牧业户大概占嘎查牧户的30%以上。这在整个腾格里苏木都是比较普遍的。

承包的时候牧民都比较高兴，就是因为大集体的时候连自留畜都不让发展，最多每家有十几只自留畜，你想吃羊不能随便杀，必须跟大队集体申请，批不批准还说不定。就这么分了牲畜后，又按小组大概分了草场。就在分牲畜的时候，那些占嘎查牧户30%～50%的副业户们也都分到了牲畜，开始发展自己的畜群，畜群点一下就多起来了，有点走不开了。不过刚开始大家的牲畜都不多，也没太大矛盾。

我就记得1984年分到户时候每户就是四五十只羊，有能力有积蓄的人，就从别的地方买羊，那时候苏木上也支持。我们还有一次专门派车到右旗、额旗去买骆驼，用大车拉着要买牲口的牧民过去，他们自己买，然后赶回来，那一次每家都买了二三十峰骆驼。就这样用了四五年就发展起来了。还有人去农区买羊。羊繁殖快，所以很快就发展起来，比骆驼多多了。

当时之所以承包就是要鼓励大家发展牲畜，像农区一样，鼓励生产积极性。过了五六年，到90年代，牲畜就多了，能感觉出来的。孪井滩刚承包的时候只有不到5万头（只）牲畜，5年以后就翻了一倍，到95年左右翻了3倍达到16万头（只）。就是这个阶段，能干的人家牲畜发展起来，才开始有了所谓的大户和小户之间对草场利用方面的一些矛盾。于是90年代末草场也都分给了各户，原来的非牧业户也都分到了草场。从2000年以后牲畜数量慢慢下来了。

牲畜数量下来，一个是因为牲畜确实多，天又旱，草场慢慢不行了，必须买草料，一般一户牧民一年最少也要买1万斤以上的草料，导致养牧成本增加。另外草场分到户以后一些大户的牲畜太多了，别人家的草场又不能用，就开始处理牲畜了。

这个阶段买草料政府已经不管了，都是各家自己从农区或者腰坝滩、李井滩那些农业开发区买。唯一就是春天的时候，遇到四五月的时候还是天旱，草场上没长草，农区也没有饲草料了，苏木就必须出面联系，从国营粮库或者其他农区联系粮食和草调过来。我在任的时候这样的事情有过两次，从农区调草料给牧民，个人出钱，旗上有抗旱经费的话就给补贴一点。

承包之前遇到天旱，不像现在这样大批买草料，而是走场，苏木一级出面联系的也不是买草料而是联系不旱的草场走场。我们以前走过伊盟、右旗。承包以后由政府出面联系走场的只有一次，1990 年大旱，苏木出面联系走到离苏木 100 公里的左旗的另一个苏木，去了十几户人家。这是唯一一次。

承包以后只有相当有关系的户，比如有亲戚关系的才能走场，要不就只能花钱买草料了，这边租草场还不是很普遍。

草场分到组的时候还没什么，分到户以后互相之间矛盾相当大，别说亲戚了，父子之间都闹得很凶。为了避免矛盾，我们就提倡拉围栏。李井滩是左旗第一个拉围栏的苏木。我们弄来了项目，政府补贴一部分牧民自己拿一部分拉围栏。有了围栏以后矛盾就少多了，至少羊跑到别人草场上的事少多了。不过那时候分草场，你家分到哪里就是哪里，就算分了一个只能养骆驼的草场你家想养羊那也没办法。水井没有分到某家去，这样大家还可以一起使用，比如以前就是这个井三家用的，分了以后还是这样。

这边定居比较早，60 年代基本就定居了，左旗南部在解放初期就已经有了房子，住蒙古包的人家都是极个别的了，多数户都是在冬草场上盖土房子。而且我们这边一般都是分两季草场，分四季的基本没有。

最先退化的就是房子周围，原来都长的是红沙之类的灌木，很快灌木就让牲畜踩没了，骆驼蓬等劣质草就长了起来，我们叫臭蒿子。等到牲畜承包几年后，各家都发展起来，放牧压力最大时，草场上普遍的灌木就是一个根根，被牲畜啃光了，上面就顶着一点点嫩枝子，下面长的底草热草（一年生草本）基本没有了。其实那时候牧民们也都感觉出来牲畜太多了，都开始自己减少牲畜了，就算国家不采取禁牧他们也会自己减畜的。

90 年代虽然牲畜头数多，但是价格低，一般人家养 400 只羊一年收入也就三四万元，还抵不上现在 100 只羊的收入。现在羊价格高了，补偿有了，人闲了，所以还是现在生活好一点吧。现在禁牧区一家就 100 只羊，人就没那么多活儿要干，而且交通和通信也都好得多了。以前养四五百只羊，一天到晚忙和累。开始大批喂饲料就是从那时候开始的，羊太多，草场慢慢不行了，只能买草料或者自己种一点，人也累得很。不过我们这儿能种地的地方还是少数，所以才有政府给设计开发了几大滩地，专门搞饲草料基地，只是后来都变味了，很少种饲料，都去种经济作物了，不管是用黄河水还是用地下水，水资源都越来越紧张。

整个阿盟也好左旗也好，开发那么多滩地、饲料地，让牧民转产，结果牧业人口还是没减下来，这是一大弊病。就算有些牧民们出去了，一有了禁牧补偿政策以后，那些出去的就为了补偿也都回来了。其实移民的时候已经花了那么多钱了，哪怕再多给点钱，把这些人直接安置在城市也好，不要再回到牧区，牧区人口减少就好办了。现在是不管什么人都跑回牧区，他们是回来拿补偿的还是回来放牧的就说不清了，造成了好多漏洞。

而且国家也不可能这么持续补贴下去吧？今后我估计牧区还是合作经营比较好。不过合作的问题就是，现在牧民互相之间不信任了，不管谁当头儿都觉得会有腐败。群众之间因为禁牧和放牧也闹了好多矛盾，凭什么我俩都拿禁牧补贴，我进城了你还能放牧？都是放牧的你养得多我养得少之类的，到政府告状的也很多，闹得很不团结，更别说合作了。

从生态上看，那些还在下面放牧的牧户的草场还好，包括他们偷偷用的搬迁户的草场也不错，但是像十三道梁的严格禁牧的红沙，禁牧三年就开始就不行了，老化，干枝子越来越多，有些已经死了。现在是吃坏了的草场禁牧两年就能恢复起来，可老化干枯了的就不好办了。所以放牧这件事还得做，不能一直完全禁牧下去。

8.2 一位原扶贫办干部谈禁牧与脱贫

斯琴××是阿拉善左旗原扶贫办主任，2008 年和 2010 年，我们分别对他进行了两次访谈。他自己就是牧民出身，访谈时，他还不到 50 岁，已经离开了政府部门，自己承包了一个小矿，当起了小老板。也许因为已经脱离了公务员体系，他对我们讲起牧民们的生存状况更加坦诚。2008、2010 年正是阿拉善生态治理政策进行严格推行的时期，关于移民进城、生态治理，这位以前的扶贫干部思考了很多。

我们阿拉善左旗全面禁牧，主要是退牧还草和生态公益林两个项目。退牧还草的补贴是一亩地 4.95 元，但因为每家的草场面积都不一样，所以每家最多按 6000 亩的面积给钱，再多就不给了。

现在最大的问题是禁牧后的安置。我觉得禁牧政策还是挺不错的，应该保护环境、保护生态。但是禁牧的过程有弊病，首先就是产业问题。以前我在扶贫部门工作，搞扶贫，到底要先生产后生活，还是先生活后生产？这是常常被讨论的问题。在禁牧安置上就很明显地反映出来了。突然把牧业生产停下，进城经商、搞蔬菜大棚、农业，这是了不得的事情，对人的生产是个革命呀，这个转换不是一两年马上能做到的，需要很长时间，蒙古族在其中贫困的特别多。以前放牧很轻松，有自己的草场、牲畜，很松散，没什么时间观念，一年收入也很可观。但没有牲畜后，进城转产，思想和生活方式改变太大，接受不了。而对于年轻人来说，虽然现在从小学直到高中都由国家补贴免了学费，但大学很多人家都供不起，好多年轻人无法接受高等教育，在社会上找不到工作，又不能回去放牧，每天不务正业、喝酒打架的很多。

我们扶贫办之前组织过 100 个少数民族年轻人到北部乌斯图（工

业开发区）的企业上工作，还经过军训的，待了不到半年，就剩了3个人。这些还是中专以上的，还有个大学毕业的，企业比较重视，结果基本全跑了，受不了工厂按时按点上下班的约束。我们嘎查，就我知道的，就有14个年轻小伙子，还都没有结婚，一天到晚，家里有多忙都不管，就在外面跑，喝酒还打架，不务正业。最多只上学到初中，不好好读书，现在没办法管了，家里缺劳力还要花钱雇工。这还是接受不了生产模式变化所致。

而那些转移出来种地的，也都没办法适应，很快就把地扔下跑到城里了，要不就是做奇石生意，要不就是待着。因为农业是时间性特别强的一种生产方式，牧民的思想意识根本没有这一套。他们放牲畜，放出去十天再找回来也可以。现在让他每天按时下地干农活，这是一场思想转型的大革命，需要很长时间，甚至不是一代人的事情。

我在北京学习时，有个天津大学的教授，是研究移民政策的，他就说过移民是个国际难题，他归纳的一个理论就是自愿与非自愿。只要自愿，什么事情都好办，而且很好；非自愿就很难办了，给的政策再好，照顾再多也会出问题。历史上的移民非常多，自然的、逃荒的、灾害的，都是自愿移民，就不会有太大的后续问题，而政府主导的移民往往都会遇到各种障碍。而且国家项目都有期限，什么时候必须移民走。我认为我们这里，应该把期限放宽，应该自愿，用产业来吸引牧民转产。现在是还没有产业就移民了，其实如果有产业，不用动员他们自己就来了，应该先生产、后生活。

所以现在的搬迁，总体来说太盲目了，没有做好，不到位。但从大的政策方向来看，还是移民好，生态恢复了，人们进城后，生活质量也提高了。但中间肯定要牺牲一部分人吧……当然好多细节问题和弊病也就无法避免了。

而且我们阿拉善盟3个旗县从人口到面积，情况差异很大。虽然同样都是禁牧，可额济纳旗一共才4000多牧民，草场面积却非常大，有的牧户一家就有十几万亩草场，巴丹吉林沙漠的牧户甚至一家30多万亩草场。左旗5万多牧业人口，草场少一些的户均面积才3000

亩，甚至只有几百亩。而补贴发放时按照草场面积来的，阿左旗的人均国家补贴的资金少得多了。

斯琴××谈到的禁牧补贴政策指的是2006年前后开始的退牧还草和生态公益林项目，在2010年后又经过了几次调整，包括对不同批次禁牧的牧民补贴标准不一、不同旗县不同苏木禁牧政策不一致等问题。2011年当整个内蒙古自治区开始推行生态补奖政策时，也触动了补贴金额、补贴方式等方面，到2016年时，生态补奖政策对阿拉善左旗的牧民规定为，完全禁牧的每人每年1.3万元补贴，一家放50只肉食羊的每年1万元补贴。即使跟禁牧政策刚实施时候的每人每年8000元补贴标准比起来，现在的补贴水平已经有了大幅度提高，但对于需要转产进城的牧民们来说，生活仍然捉襟见肘。

禁牧前，农牧区的人均收入大概一年5000多元。禁牧后，国家给老人每个月500元养老金，一年6000元，理论上比以前还高。但是原来的一年5000元，在牧区消费低，吃肉什么的都不用花钱，现在进了城，城市消费很高，根本不够花。而且过去这个数字是没有计算副业收入的，其实牧区有很多副业收入，春天捡沙葱，再过一阵有蒙古扁桃，后来还能挖锁阳、苁蓉，秋天的沙蒿子也有收入，冬天还能搂发菜，好好干的话，有的人一年光副业就能赚2万元，而且这些副业，是边放牧就可以顺便做了。而到了城市打工、或者听从政府安排到城市郊区种大棚，就不可能有时间再干副业，必须专职做，少了一大块看不见的收入。

我们算过，一个牧民有70只羊就能达到基本生活水平。在禁牧之前，一家三口200来只大羊，绒毛按每斤100元（羊绒价格一直波动比较大，价高时能达到180~220元一斤，价格下跌也能在一斤120元左右）计算的话，每只羊7两绒，就是1.4万元的羊绒收入。卖大羯羊还能收入3.5万元左右。还有骆驼，以前一峰5000元，现在得8000元或者上万了。再搞点副业，生活是不错的。可进城以后什么都要花钱，钱花得比以前多，手里的钱却比以前少。禁牧后只有老人每个月可以领530元养老金，年轻人的补贴是要扣除社保的。本来社保跟补贴挂钩是个很好的政策，只可惜补贴太低了，年轻人扣掉社保每个月只能领到不到200元，社保让他们的负担更重了。

禁牧补贴与牧民社保挂钩是阿拉善盟政府考虑到牧民安置的创造性政策，是跟退牧还草与生态公益林项目同步进行的，直接用补贴进行社保代缴。虽然这一做法解决了老年牧民的养老问题，而且对推行社会保障起到了很多积极作用，却仍然在大多数牧民中引起了广泛不满。主要是因为补贴金额太低，年轻人交了保险后就几乎没法生活了。2011年实施生态补奖后，补贴社保挂钩的政策已经停止，改为发放补奖后，由牧民自主缴纳。一位中层干部告诉我们，之前几年老年牧民们可以每月领取养老金，让缴纳社保这件事逐渐被牧民们接受了，如今自觉交社保的比例非常高，这也算是一大改进。

禁牧以后，离婚开始成了大问题。有个苏木出来300多户人，搬迁以后离婚率达到了50%以上，这个数字可以从民政拿到。为什么都离婚呢？当地牧民跟我说，以前在牧区，和外界接触得少，但禁牧后，女人进城陪孩子读书，顺便打打工，而男人外出打工，常常不在家，分居后，离婚就多了。女方主动离婚的比较多，她们往往就嫁给城里人了。这对孩子的影响太大，好多离异的家庭，孩子没有人供养。去年我在小饭馆吃饭，就遇到一个从公益林禁牧区搬迁进城的人，他一个人在那里吃饭，面前放着一杯酒，一盘饺子，我问他：你是不是禁牧过来的？他说对。他满身是泥巴，一看就是干了一天活。他说，不仅禁牧了，老婆也禁了（离婚了）。这时他女儿打电话来，想跟爸爸要钱花，他说：爸爸还没有拿到钱，这几天跟老板要，你要是实在没钱，就和同学借点钱，实在不行就吃方便面吧！我听了心里特别难受，这个牧民40多岁，他家本来有200多只羊，50多峰骆驼，是不错的牧民家庭。禁牧以后，全家每年才能拿1.8万元的补贴，老婆也跟人跑了，他说他们苏木好多人都是这样的情况。倒是一些有草场没牲畜的流浪户，还有已经没有劳动能力的老人们，确实觉得禁牧好，可这些人很少，也就不到10%。年轻人和孩子们，以后的出路又在哪儿呢？

除了离婚问题，搬迁移民的人要改变思想意识融入城市生活，还需要很多时日，这个过程中就出现了一批贫困人口，以及失学儿童。在统计数字中，是看不出这部分贫困人口的，甚至看起来整体情况还是在好转的。但就像我之前说的那样，以前在牧区消费很低，现在进城什么都要花钱，消费太高，而且进城以后就没了副业收入。尤其是牧民中的蒙古族人更加困难。汉族人以前就有经商传统，对农业也懂，很习惯，他们语言也通，进城后各方面都占优势；而蒙古族，尤其是阿拉善左旗北部的蒙古族，很多一句汉话都不会说，他们想打工几乎不可能，他们自己也害怕去工作。结果总人口中蒙古族只占26%，但贫困人口中蒙古族占了60%以上。

在谈到草场是不是真的坏到需要禁牧的程度时，斯琴××给了我们肯定的答复，但是对于草场为何会退化他却有自己的看法。

我们草场确实退化了，退化得很厉害，甚至有些人放牲畜赔本得不行，只能出来打工。现在全旗出现了很多贫困流浪户，今天在这儿明天在那儿打工，什么工种都干，本嘎查上草场和户口都还在。他们就是草场退化的直接受害者。因为草场不行了，发展羊太多养不住，少了维持不了生活，只能出来。这些流浪户们自己的生活还能维持，可他们的娃娃尤其是娃娃的教育上学出了大问题。去年（2007年）我调查，旗上的民族中学，有两个孩子每天拿着小袋袋装米过来，老师还奇怪，原来是因为那两个孩子的大人给人家打工，他俩连饭都吃不起，只能每天同学赞助点米过来，住就住在人家的菜窖里面。这些人的草场确实是退化得没法生存了。

不过退化原因不是像一些人说的那样，都是因为养山羊的关系，说山羊吃草根，现在人为了羊绒都养山羊，结果把草吃坏了。其实草场退化的根源还是人太多，牲畜也太多了，没有过去传统的走场放牧了。

就拿我的家乡来说，就在腾格里沙漠里，我家在湖边，过去那片2万亩草场只有4户人家，现在已经46户了，每家才500多亩。除了原来的4户人家的后代之外，绝大部分都是外面迁进来的人。我们做过统计，阿拉善70%多的人口都是20世纪60年代逃荒过来的，只有26%是当地蒙古族。人多了，牲畜也就多了，以前的那种游牧慢慢就走不开了，后来草场又承包到户，草场退化就更厉害了。

过去老人们讲有四季草场，秋天草场上没有水，草好的地方去抓膘就行，冬天去比较暖和的地方，春天去暖和、青草萌发早的地方……承包后，再没有四季草场，草刚长出来，羊就吃了，草芽受伤后一年都长不大。其实草一旦长到一定程度是不会吃太坏的。

关于草场退化，也有说法说是因为全球气候变化。不过我们这里的降雨比过去没有太多减少，至少气象上是这么显示的，但是专家说降雨的时间跟以前不一样了，以前从春天就开始有一些雨水，现在基本7月份以后才下雨，草长不起来了。不过禁牧后能明显感觉到禁牧的地方下雨多一些，没有禁牧的地方下雨少得多。专家解释是没有草的地方，地表蒸发太大，更加干旱，而有草的地方地表温度比较低，利于下雨。这样归结的话，无论草场退化还是降雨变化都还是人为影响的。我认为人为破坏是草场退化最重要的原因。我的家乡腾格里沙漠，在20世纪80年代时候还都是灌木，处处都绿绿的，现在全是大沙漠了。

在表达了对草场退化原因的意见后，斯琴××又讲述了曾经的大集体到承包的这段经历以及外来人在承包过程中的影响。在他看来，承包不仅造成了草场退化，还对人、对牧民生产生活的各方面都产生了深远影响。

20世纪60年代，整个阿拉善盟接纳了许多外来逃荒者。那时候还是大集体，他们到这儿就成了这里的人，承包时也分到了牲畜和草场。当时我正上初中，家里在大集体时是专门放牛的。当时全大队

400多人，其中200人搞牧业，100人搞农业，100人搞副业。副业就是出去打工，比如用驼队冬天驮盐出去卖，还有挖苁蓉、锁阳、打草、修棚圈等等。那时候车少，运输主要就是靠骆驼队。大队里皮匠、毡匠、铁匠、木匠都有，还有兽医、卫生员、教师、赤脚医生、会计等等，还有领导班子、管理员、保管员等十来个人。

承包的时候，不管以前放牧的还是种地的，或者是那些兽医、毡匠都分到了牲畜，一家一个畜群点，放牧的人和点儿一下就多起来了。随着后面牲畜数量发展得越来越多，草场开始越来越差，可以前大集体时候由集体负责的事情到了各家各户后，支出一下增多了。

承包以后，打草、驮草、棚圈建设都要自己搞，饲草料种植都要自己种了，以前这些都是大队统一搞的。以前大队里专门有给羊打针灌药的兽医，现在都要自己给羊打针了。自己要干的事儿太多，顾不过来，劳力紧张。

像我家乡，在腾格里沙漠的一个大湖边，我们湖道地方吃水还可以，戈壁上就麻烦了。我调查过的一个点上，24户人家只有一口机井，别处没有水，各家去拉水吃，水井周边干脆就长不起草。春天牲畜本来就乏，要去井上饮水得走10公里，路上又没草，这样天天为了喝水走路根本吃不上草。反方向倒是能吃草，却喝不了水。只能自己拉水。我们算的，一家一年光花在拉水方面的花费就要6000元，如果一家三口人，平均就要花费人均2000元了。大集体的时候就没有这个问题，会给你修个水窖，一个水窖100吨也有，120吨也有，专门安排拉水的骡子车、骆驼，不要你一分钱。现在你自己承担，花费就太大了。而且附近地下水位非常低，打机井没有20万元根本打不出来水。

还有打草啊、送学生啊，过去都由大队来管的。该补饲的时候，就有农业队的人给你送草来，不仅送草，还给送自己种的萝卜等蔬菜，用完了打电话就给你送过来。现在你要自己种自己打草，还要自己雇车拉，这都要自己掏钱，自己的工钱还不能算。

除了这些，好多大队当初提供的服务都没有了。学校、卫生院、大型农机具修理都没有了，只能一家一户解决。以前大队里有赤脚医生，承包后生病只能跑孪井滩或者宁夏中卫，像我们嘎查离中卫和孪井滩都有100来公里。现在不是家家都有柴油机吗？要换个2元的螺丝还要跑100多公里去，这中间的花费100元都挡不住。同样的，去学校看看学生，给孩子留下100元，路上得花掉300元，出去看病花个60元，路费就要花100元。以前每个嘎查都有学校、医生、修农机具的等等。这一块的支出大得多了。毕竟分散了嘛，不应该承担的都要承担了。

本来承包以后对人的能力就要求很高，必须什么工种都能干，什么牲畜都能放，结果能力差的很快就贫困了，因为自己干不了就只能掏钱雇人，成本越来越高。以前生产上都是互相帮助的，现在好多事情就算帮忙，也都是钱的关系了。比如谁家要出远门，进城看病什么的，得雇人看家，不给钱的话，连邻居都不会给你干。还有抓羊绒，过去都是邻居之间互相帮忙的，现在抓一头羊绒5元，种地也是，1亩地帮忙要40元，不给钱没人给你干。

到草场承包以后，有些人家开始拉围栏，这又是一笔投入。一米围栏7.8元，加上人工加上网片。我记得北部草场有人家围过1.5万亩的，花了5万元把自己最好的草场围起来。也有一些苏木全部都围了。

1999年我们扶贫办搞过一个调查，有个嘎查，看数字人均收入3200元，好像很高了，但是一算支出，每人每年还得倒贴400元。而1994年的时候看起来人均收入只有不到1000元，生活却还可以。咱们国家不是有过一个扶贫攻坚的项目嘛，我们这儿就是自治区贫困区县，整个左旗都是。

撤乡并镇后，生活生产成本就更高了。以前乡里有卫生所的，之后就都没有了，为了拔个牙就得花上好多路费到旗里。很多苏木连银行都没了，取钱存钱贷款都要到城里来。尤其是现在，很多禁牧补贴养老补贴都是通过一卡通发放的，而苏木上几乎没有取款机，只能每个月到旗里来取。

苏木上都没有学校了，小娃娃从幼儿园开始就要进城上学。有老人的还能老人看孩子，没有老人的，家里的年轻女人就要三五年进城陪读。租房子一个月最少80元（2016年房租每月最低500元），还有水费电费吃的用的等等，一直陪到孩子至少五年级，这可是一大笔开销。大集体的时候就不存在这个问题，学校就在家门口，送学生的人家都是统一的。而且你这个劳力要走，大队上绝对不会放的。

家里没了劳动力就只能雇工。这一雇工，等于人口又增加了一次。过去民勤人多，现在宁夏人多了。有些进来放了几年羊，自己就有了羊群。还有的人家是我给你干一个月活给我10只羊，不要工钱。这样慢慢地，主家的羊少了，雇工的羊多了，户口也进来了，就变成嘎查的人了，又慢慢变成牧业大户了，主家越来越贫困。这样的事儿也多了。

在讲完了承包、撤乡并镇等政策带来的一系列影响之后，话题又再次回到了移民问题上。斯琴××认为，移民本身是正确的，特别是对那些已经在草场上无法生存的牧户来说，但是如何移、如何安置、如何保障后续生计，仍然是个很值得探讨的问题。

我搞了搬迁工作十几年。搬迁不是个简单的事儿。移民历史上就有很多种，比如经济类型的、战争的、民族冲突的、政治的、生态的、扶贫的等等。像我们知识分子下乡，我们的民工进城这都是，全国几千万人，大移民啊。而移民里面主要分两种，自愿的和非自愿的。你自愿的话什么问题都没有，非自愿的，一个是不愿意一个是还有一个熟悉阶段。自愿的移民没什么问题，自己找工作、安置，但是非自愿的那些搬迁，安置产业就是个事儿。生活上好说，哪怕我给你盖二层楼，给你买好家具电器。可产业我认为到现在还没有找到适合的方式。比如有个嘎查，一亩地4.95元补贴，算下来一次性人均补助7.5万多元现金，国家给盖房安置，人均投入一共13万多元。投入这么高，参与调研的132户人家还都骂政府。

而我们最初做的孪井滩移民，每家30平方米房子，8亩地，一户投资4.6万，在全旗范围内号召，谁愿意来都可以，当时踊跃报名，安置到现在没有一个上访或者跑掉的，生活得好好的。所以移民政策出台以后就是应该自愿，相反要政府好好安排求他们来反而没有好结果。这就是自愿和非自愿之间的区别。

所以我们应该是出台一个政策，宣布，谁愿意来就报名。来的人至少能全盘考虑了，自己决定，失败了也没有埋怨。

8.3 对禁牧有自己见解的老嘎查长

在阿拉善盟进行调查，经常奔行100多公里见不到一个人，有时为了找到一家牧户，往往要开上两三个钟头的汽车。2010年11月的一天，为了见布和××尔老人，我们从阿拉善左旗出发，几乎跑了一整天，终于在天黑的时候，在镇上见到了专门从草场赶过来的这位老人。布和××尔思路异常清晰，他给我们描述了承包的过程，对当前的生态补偿也有很多自己的想法。

我67岁，1973年开始做嘎查长，已经37年了。以前放羊，也当过兽医。

我们嘎查分牲畜的时候是按人算的，一个人30羊单位，大畜折合就是一峰骆驼或一匹马折合5只羊，一头牛折合4只羊。分的时候大概还是按照大集体时候你放什么牲畜就给你分什么牲畜，原来放羊的就分羊，放骆驼的就分骆驼。当时牲畜是作价归户的，嘎查收回了12万元的作价款。

我们嘎查分草场的有62户，但是按照草场条件，有的人家分了两块草场，有9户，其他都是一块，所以分了一共71块草场。当时大队有62户，340多人，16000多头只牲畜，是全苏木最穷的嘎查。草场611.84平方公里，可利用草场大概有400多平方公里，分草场时，一个人2400亩草场，那种只有一个人的家庭给的是两个人的草场，两个人给的是两个半人的地方，三个以及以上人口的家庭就是按实际人头算了，要不草场太小没法利用。

大集体时候搞饲料基地的那部分人之前已经分出去，成立了国有农场，住到了镇上。到了牲畜承包时，那些种地的人提出要求说也是给集体做过贡献的，于是给他们分了集体的财产，也就是现金，没给他们分牲畜。

承包以后，嘎查已经从62户增加到了80多户，基本都是承包后新成家的那些分支户。户数越来越多，草场也开始退化了。我们嘎查规定了新的分支户离开父母生活，可以盖新房子，但只能在原来房子的300米以内范围盖房子，否则到处都是房子，每座房子周围都退化，退化面积就更大了。

不过承包还是带动了群众的积极性的，承包后的几年生活改善了不少。这几年又不行了。去年（2009年）到今年（2010年），嘎查的牲畜一直在减少，因为上面要求以草定畜了。旗草原站估算出草产量，定下全镇可以养多少只羊，三年定一次。我们镇12万亩草场，现在定的是能养9万多牲畜，各队再自己根据实际草场的情况确定哪队可以养多少。当然牲畜少了草场会好，但有些草牲畜不吃的话自然就死了，不能完全肯定或者否定任何一种情况。如果真的按照以草定畜来养，群众生活肯定受影响了。嘎查里有的以前烧暖气的，现在也烧不起了，家里有房子却烧不起煤的多了，以前几间房都烧煤，一冬天用4~6吨煤取暖，现在过冬的时候烧不起煤，一家人就挤在一个房间里烧煤了。2000年一吨煤才60元，现在一吨煤不算运费要1260元；面原来才50元一袋，现在一袋100多元了。

现在让牧民禁牧去搞第三产业，但四五十岁的人能干什么呢？一离开牲畜，这些人生活肯定不好了，几代人都是放牧的，现在马上让他们改种地也肯定不适应。有些人的牲畜没了，没事干了，各种各样的事情就出来了，喝酒、赌博的都有了。虽然禁牧国家给的钱确实不少，但是5年后还要继续禁吗？还是要把羊再弄回来发展？放牧不是种地，今年不种明年种也可以，牧民要改良牲畜是需要时间的，好几年才能出来稳定的好品种，一下把羊都卖了，想再过三五年再买回来，牧区的事情不是这么个办法。

现在我们嘎查还没禁牧，但是有36万亩划进公益林里了，占整个面积的三分之一左右，牵涉到51户。如果进入了公益林这部分草场就不能放牧了，到现在还没参加，因为大家都不同意。

我算过账，如果按照人口算，一个人一年5500元的补贴，如果把牧民卖绒、卖羊等收入都算上的话，除了两户没有羊的人家收入会上升，其他的都会下降，最多的一家，一年要下降6万多元，平均每户一年收入要降下来3万元。我们和政府、林业局汇报了这个结果。森林法规定的公益林一亩地补偿应该是5元钱，我们按一人5500元折算一亩地才6角钱，这不符合国家标准，连五分之一都不到呢。结果因为这些原因，我们嘎查只有2户参加了公益林项目，他们是无畜户，有补贴的话收入会上升。

而且禁牧给的那个钱，我认为根本不算补偿，你把我的职业都停了，才给我这么点钱，这算补偿吗？过去旧社会的时候，有穷人，但没有牵扯到他们的生活，大家也不会跑到衙门上访，现在把人的生计来源都停了，你说不找政府找谁呢？让我该干啥还干啥，同时给我钱，这才能叫补偿嘛。

对60岁以上的老人，政府也没什么补贴，他们的养老金很少，嘎查现在有44个60岁以上的老人。政府要求牧民要自己交养老保险，嘎查就用集体资金给大家上了养老保险。60岁以上的是按照300元补贴的，40岁以上的是按照200元的档次给的，他们大集体参加过，有贡献；而40岁以下的没有参与过大集体的，是100元的档次。嘎查给16岁以上的人口都加入了新农保，每个人贴15年的保险，带动他们参保。集体资金一部分是大集体解散时候牲畜作价归户得到的12万元，还有队里有一群集体羊这些年的收入，给所有牧民的补偿总共是45.4万元，一共能解决200多个人。所以集体经济还是很有必要的。

能在分牲畜的时候只给饲料基地的人分现金而没分牲畜，能在承包时就看到草场承包对草场的影响，并做出新分支户盖房子不能离开父母房子300米的规定，而后续已经承包到户的情况下，还能将集体资金给嘎查牧民们上保险这一点，也能看到集体和嘎查带头人的作用是多么重要。

这位老人对“补偿”也有自己的理解，“让我放牧同时给我发钱才算补偿”，这是老人一直坚持的一点。最近这几年生态补奖全面实施，而2016年新的补奖政策也把补偿标准提高了一些，却仍然没解决牧民们困惑的“奖懒不奖勤”的问题。如何能在确保生态恢复的前提下，又能保证牧民通过劳动增加收入，确实是非常困难的但又十分重要的事情。

8.4 由牧转农过程中一个少有的走过全程的蒙古族牧户

作为阿拉善盟的十大开发滩地之一的孪井滩，因为靠近黄河，能够引黄灌溉，成了在饲草料不足的年头开发饲草料基地的首选，也成了后续安置生态移民的重要区域。规划面积24万亩，实际种植7万亩。这个滩地的开发过程如何？搬迁至此的牧民们是否能够适应农业生产？而搬迁后的草场又如何？土生土长的豪斯××尔是其中鲜见的还算顺当地走过由牧转农全过程的蒙古族牧民。2010、2012、2013年，我们对他进行了持续追访。

我今年（2010年）47岁，就是土生土长的孪井滩的人，以前是纯牧民，1994年孪井滩开发以后又开始种地，我实实在在看到了孪井滩的变化。

以前我们这里草场上主要是红柴（红沙），羊吃，骆驼也吃，这边绵羊、山羊都有，我家那边是大山包，山羊多一些。我小时候和爸爸妈妈一起放牧，到处走，记得60年代最远一次走场到过伊盟，穿过宁夏灵武，都过了黄河大桥了，估计走了好几百公里，我太小了，只记得是被驮在驴鞍子上走的。

到1984年牲畜承包时，我家9口人，分了80多只羊，加上自留的50多头牲畜，人均也就14只羊。1986年年底，我结了婚从家里带出30只羊，其中20只母羊，10只羊羔。因为那时草场还没承包，所以一大家子人还是共用一块草场。就是在离老家5公里的地方盖了房子，中间还隔着别人的草场，我跟媳妇两个人放着我们的一小群羊。

那时候草场还很好，在我记忆中，七八十年代的孪井滩根本见不到成片的浮沙。

后来草场渐渐不好了。干旱肯定是有影响的，不过确实这十年间羊多了很多，羊一多，吃草吃得太厉害，草来不及长就被吃了，恢复不起来。就是我分家以后，1987 年开始吧，到 1994 年，牲畜啃食得很厉害，红柴都吃秃啦，只剩下根子上的棒棒戳着。我自己放羊，知道这是很明显的变化。不过雨水一好，就又长起来了。牲畜啃食也有好处，可以让草长得快一点。不吃不行，吃得过分了也不行。那段时间明显就是吃得有点过分，这看牲畜数量也能看出来。

到 1995 年的时候，我这个 4 口人的小家，羊已经从最开始的 30 只发展到接近 600 只了。我大哥家 300 只羊，二哥家 200 只羊，我爸爸妈妈和弟弟在一起一共 200 多只羊。其他人家也差不多都是这样的发展。而且 60 年代的时候大家都住蒙古包、走场。到 70 年代盖了房子后就不动弹了，除非天旱，才去别的嘎查和苏木走一走场。不过牲畜还比较少，草场挺好的，见不到成片的浮沙，后来承包了以后，草场上人越来越多，房子也盖得越来越密，过去才住三四家的一片地方已经有 15 家了，家家都两三百只羊，可以算算多了多少羊。草场恶化也就是包产到户以后的这个阶段最厉害。1996 年我参加了阿拉善左旗的出栏率调查才知道，之前牲畜最多的时候，一个苏木一共也就是三四万头只牲畜，但是 1995 年我们苏木已经达到了 15 万头只，原来我们一个苏木的牲畜已经相当于以前右旗全旗的牲畜数量了。

这样计算，豪斯××尔家的总羊数等于从 1984 年的 130 只发展到 1995 年的 10 年间，已经增加到 1400 只，翻了 10 倍还要多。毋庸置疑，虽然禁牧会带来灌木老化、牧民转产困难，但在禁牧前这里确实出现了极端过牧和退化的状况，作为“休克疗法”的禁牧，是一种极端情况下的不得已的选择。但是问题是怎样发生的？草场被分割的情况下牲畜数量大增，这与所实行放牧制度不无关系。

牲畜多了，草场就越来越不行，80 年代开始，放牧就需要买草料了，后面草料越买越多，不买料羊的成活率都上不去。刚开始草料成本占总收入的不到四分之一，到后来，我家 600 只羊一年的总收入 3 万多元，光是草料就要花去两万多元，实在赚不到多少钱了。而且饲料越贵就得越多养羊才能划算，和种地一样，尽量一次性多拉草料才能降低成本，可草场又养不了更多羊了。我家将近 600 只羊，5000 多亩草场，也算是大户了，可草场也相当紧张了。

1994 年开始孪井滩第一批农地的开发。当时我们嘎查大概有 400 多人，100 多户，全部都是纯牧民，以羊为主，共有 30000 多只羊，300 多峰骆驼。不过我们嘎查比较特殊，100 多户里只有十几户是蒙古族，其他大部分都是以前从宁夏那边过来的。建立孪井滩开发区的时候，我们还在继续放牧，开发区占了我们嘎查几万亩草场。嘎查里有一些人口多的家庭，变成了农业户，开始种地了。

我家是 2006 年 8 月 31 日正式进入五年退牧还草项目，开始禁牧的，在那之前我家一直维持着近 600 只羊的水平。禁牧以后，嘎查里绝大部分人都出来了，就剩了不到 10 户，都是老坐地户，他们放上不到 100 只羊，就为自家吃点肉，赚点零花钱而已。不过大部分人迁出来以后，牲畜少了，草场大了，他们不用怎么喂料就能养着那些羊，投入少了，倒是轻松些了。

我家是全部都迁出牧区了，只有哥哥还在牧区偷偷放着 100 只羊左右，天天骑摩托车去看看。我在田里也放着六七十只羊，天天吃玉米秆子，夏天 4—8 月用车带到 40 公里外的小舅子那儿代养，他们嘎查没禁牧，一只羊一个月 10 ~ 12 元，等 9 月份地里玉米收了再把羊拉回来。小舅子家还有 400 多只羊，他们嘎查是这一片唯一没禁牧的嘎查了。不过羊肯定是纯粹草地上放牧的好，喂秸秆的羊连肉味都不一样的。

我们禁牧也是被迫的。当时嘎查开了动员大会，告诉我们草场不行了，得禁牧 5 年，让草场恢复恢复。今年（2010 年）是第四年，已经恢复了很多了。禁牧绝对是有用的，我以前放牧的地方，红柴都秃了，现在又长起来，还挺高的了。

不过让我看，禁牧是可以，但是时间不能太长，长时间不放牧也不行，草就要自然干枯了。我觉得是因为草长太高以后，水分供应不上去，所以要干死。植被必须得牲畜吃才不断生长呢。现在禁牧区的草已经有点枯了。我觉得禁牧3年是最合适的，你看，第一年秃，第二年往出长，第三年就长高了，就可以放牧了，不过载畜量肯定还是要控制的。

让我们禁牧的时候说的是五年禁牧，现在是第四年，我们都在盼着明年禁牧期结束，好回去放牧呢。我那6000亩草场，怎么也能养200只羊左右，绝不能超过300只羊，那样的话草够用，投入也会比较少，收入自然会多起来。

豪斯××尔带我们去了他家的草场上，2010年，在禁牧四年后，从公路上看，阿格坦乌素嘎查的草场相当不错，地表覆盖着密密实实的红沙，远看是紫红色的一大片，近看才发现包括珍珠、红沙等灌木的更新情况堪忧，一些植株上部已经彻底枯死。而住家的房子却开始衰败，很多人家的屋顶都出现了漏缝雨，豪斯××尔家的房子甚至有段墙已经倒塌了。取而代之的是，在孪井滩小镇上，他在自家农地边盖起了漂亮的农家院，一排几间平房再加上羊圈，还有水泥铺就的晒葵花晒玉米的晒场。正是葵花收获季节，晒场上堆起了成堆的油葵。他俨然已经进入了农民的角色。

我种地算是比较早的。1994年孪井滩开发后，1999年我就在农区包过人家的地种过一年。当时就是觉得买饲料成本太高，纯牧业赚不了钱，必须农牧结合。我决定包10亩地种饲料喂羊，这一年我成功了。2000年我正式开始种地，种了10年。刚开始包的是我妹夫的地，他不怎么会种，我也是跟着别人学怎么犁地、撒种子。

第一年种地，主要的开销就是犁地、水电费、种子、化肥。孪井滩是个黄灌区，从黄河用机器三次扬水把水输过来浇地，1999年一立方米水是0.15元。我这10亩地，大概一亩一年得800立方米水，这么算下来，水费一共1200元。种子100多元。化肥420元。犁地是掏钱雇人犁的，12～15元一亩，也就100多元。这么下来将近2000元成本吧。那年我一共收了1万多斤玉米，过冬就不用买料了。如果自己买1万多斤料，就要5000多元，我省了一半的成本。当时家里有600只羊，农区有10亩地，我早上骑着摩托跑三四公里去地里干活，下午就回家放羊，还是挺好的，农牧结合，以牧为主。

我试着种了1年后，第二年一下花了6000元买了50亩地，连续种了5年。那时候人工便宜，我种地也就夏天雇三四个工人，花1个来月时间锄草，那时候人工费便宜，一天才15元。而且收成年年上升，田间管理也变好了，亩产从1400斤到了1800斤。孪井滩的地，种得越多收入越高，种得越少越不行，最少也得种四五十亩地，才能赚点钱。

到2006年，全面开始禁牧的时候，家里羊都处理了，我家当时卖了将近500只羊，也就卖了五六万元，然后在农田边盖房子，又花出去4万多元。出来以后我又多包了20亩地，一共80亩了。可是因为不能养羊了，光种地可不行，农业收入不如牧业，羊最起码一只就能卖两三百，羊绒还能卖钱，最差一年也有三四万元的羊绒收入。而一亩地收入也就几百元，50亩地才有一两万元的收入。而且政策规定我们不能种太多地，去年（2009年）开始说用水紧张了，都得有指标才能浇得上，要求减少20%耕地面积，今年我也就剩30亩了。

2006年水费就已经涨起来了，从2000年的1角5分增加到2角4分每立方米，现在是3毛多了，可能还要再涨，因为水不够用了。我们这儿灌水都是引的黄河水，刚开始没要求，现在开始限制了，按时间算流量。去年就是每亩地一年限制在500立方米的水。玉米至少得保持在600立方米的水才能保证产量呢，因为这里风沙和蒸发量都大，这一限制肯定会影响产量。

我不光种玉米，还种了西瓜、花葵。光种玉米，水不够用，而油葵又产量太低了，花葵好一些。花葵一年需要四五百立方米的水，比玉米稍微省水，而且省事。但是没法全种花葵，必须搭配其他作物。

因为黄灌的口子就那么大点，一个小时淌多少水都是有定量的，你要都种的花葵，不等你浇完前面的，后面的那些等不及就干死了。必须种不同的作物，把需要水的时间给错开。

每年年初，我们要种什么，种多少，都得跟黄灌局报计划让他们批，他们也得算淌水的时间、来水量，否则水流不过来庄稼就要渴死了。必须搭配着种花葵、油葵，全种玉米水绝对不够用。

种地就是太苦了，我从早上六点，一直干到晚上八九点，要锄草、灌水，没完没了。这两年还好一些了，有除草剂就省力了，不像以前用锄头刨来刨去的。

如果现在减少一半牧业人口让我养羊我肯定愿意干牧业啊，比种地好多了，种地又苦又累，而牧业只要草畜平衡，成本就低了，肉食品价格现在也不错，肯定能赚钱。不过前提就是养牧成本必须得降下来，如果还是跟以前一样，卖羊的一多半钱都得买草料的话绝对不行。现在人均最少60～80只羊才能保证吃个饱饭，还不能保证供孩子上学。

让我说，最舒心的时候肯定是草场好能放牧的日子啊，不受人约束，受的苦也少，熬个日子而已。

禁牧后，给我家禁牧补贴，一亩地4.95元，一共29000多元。当时我家属于牧区种地的先锋，自己先掏钱买了地，后来再禁牧的人就苦了。一户只给了4亩地。可纯种4亩地是根本不够活的，要饿死了，这些人现在只能靠禁牧补贴生活着，政府没给他们盖房，只给了个能放二三十只羊的羊圈，还有个院子，房子得自己搬过来以后按照要求自己盖。这样的有20来户，而且他们想再多买地也买不到了。

像我家，如果没有自己买的地纯粹靠4亩地和不到3万元的补贴的话真的没法活，我们一家一年要交7400多元的养老保险，这样还剩11万多元，家里还有两个儿子。大儿子在呼和浩特市上职业大学学化工，现在当电工了，在外面打工。二儿子在巴彦浩特上高三，一年就得1.4万元开销，要是没有我之前包的地，我跟我媳妇就不用吃喝了。

最倒霉的人是那种家里只有五六百亩草场的，连养老保险都交不上，这样的人有十几二十户。虽然有低保，但是低保也是要考核的，政府的低保指标要求逐年递减不能增加。但实际上，真正的穷人是越来越多了！

我们嘎查一共出来110户，还偷着放羊的有10户左右。更多的人把地包给别人，大概一亩地一年四五十元，4亩一年才200元。他们不能指望地，又不能放牧，都出去打工了，干什么的都有，饭馆端盘子的、当建筑工人都有。全盟的禁牧区牧民，都有来到孪井滩的，但蒙古族牧民能适应的很少，比如腾格里来的蒙古族牧民基本上都跑了。

牧区的房子离我农区的房子有15公里，都快倒了。今年是禁牧第四年，牧民聊天的时候也都在说是不是能回去放牧了，现在还没有明确的信儿，没说能回去也没说不能回去。大部分人都盼着回去呢。

原本十大滩地的设计是为牧区提供饲草料作为补充，却在生态恶化时成了接受“生态难民”的移民安置点。单从豪斯××尔的描述中也能得知，这种好意的安置并未取得很好的效果，大部分来到这里的蒙古族牧民都选择了把地转包出去，自己外出打工，更多人只靠禁牧补贴生活。

2012年和2013年，雨水丰沛，我们又两次拜访了豪斯××尔。

2010年你们来的时候正好是生态公益林项目的5年禁牧的第四年，我们还商量着是不是能回去放牧了，有的人家都想着把羊买回来了，结果2011年开始国家实施生态补奖政策。

禁牧前，我这片草场就像是一片秃刷子，灌丛都是秃秃的，确实牲畜太多又干旱。现在这几年就长起来了，好多地方摩托车都走不了了。而且这几年灌木不吃，头头长得太大了。灌木这东西头头长得大，消耗也多，明年如果干旱水不够，这些就都得死了。禁牧一段时间是对的，我认为，可以减少牲畜，但是一个都不放也不行。

在我们看来，确实丰雨年后的红沙草场比 2010 年的时候还不如。当时刚刚禁牧，大部分红沙还是不错的，现在虽然也有些地方开始放牧了，却依然有老化迹象，上面绿，下面枯，而且枝株明显比那次高得多。

> 现在就矛盾了。回牧区放牧吧，好多柴（灌木）虽然长大了，可已经都干了。羊不怎么吃那些枯枝，就是一走一过蹭蹭。以前牲畜多的时候没什么老鼠，现在老鼠也多了。老鼠主要是吃灌木的根，秋天吃点种子，根吃掉上面的灌木就死掉了。

9. 禁牧的“钉子户”们

在阿拉善右旗有十几家被称作“钉子户”的牧户，顶着压力根据自己的意愿没有禁牧，他们成了一批留在草场上的特殊人群。乐观来看，这些人在已经绝大部分禁牧了的草场上，有了足够的草场资源，可以在一定程度上恢复“游牧”，至少不用再像以前那样为草场太小犯愁，而且经过几年轻度放牧的草场远比完全禁牧的草场状况好得多，因此无形中为草场植被承载多少牲畜才合理做了个对照实验。可消极的方面则是，这也是一种“搭便车”，搭了政策项目的便车，利用了“不属于自己”的资源，也是不尽合理的。而且对这些独自留在草场上的人们来说，嘎查甚至苏木都没了，他们几乎成了草场上的一个个“孤岛”，一切服务都没了，办什么都要到旗镇里去。2012 年我们对这些户做了个访谈。

9.1 想拿回草场证

图们×××勒的家在阿拉善右旗的阿拉腾敖包苏木。他的草场上有 11 个矿洞，最深的达到 30～40 米深，为了挖萤石矿，只一次性给了他 3500 元补偿，而且是以探矿的名义就直接开采了，后来这个老板因为没有办下来开采证被国土资源部门给清退了，但是留下来的大坑深洞却没有回填。开矿是从 2006 年禁牧开始的。整个阿拉善右旗在开始实施生态公益林项目的时候都采取了收回牧户们的草场经营权证才发放补贴的做法，图们×××勒家的草场证也被收回了。“人家在我们草场上挖洞我们还不能管了，现在，一管人家就说，你们又没有草场证，怎么证明这是你家草场？没权力管我们!”图们×××勒说。

我家现在养着300多不到400只羊，羊发展最多的时候也就是600只。当初分牲畜的时候一个人分25只羊，我兄弟姐妹9个，7个男孩2个女孩，分牲畜的时候有一个男孩一个女孩工作了，其他人都在放牧。分草场大家庭一共分了4万多亩，现在我家是14000多亩。2005年我们这儿开始划入生态公益林禁牧区，很严格，我们嘎查有三四家，整个苏木有十几家没有禁牧的，我家就是其中一户，别的牧户们都禁了，很多都搬到了城里。刚开始的时候上面也下来人抓羊，我们挡着不让抓，后来就没有再抓了。去年（2011年）开始回来的牧民多了，回到草场放个五六十只羊。

生态公益林的时候一家一年补偿18000元，不管你家里多少人。分支户也就是后成家的没有分到草场的新家庭是一个人给3000元。去年开始生态补奖，补贴提高了，19~29岁一年一个人给1万元，29岁以上给15000元，18岁以下孩子给5000元。养老保险每年每人大概交1000多元。阿拉善盟的左旗、右旗和额济纳旗的补奖标准都不一样的。

我们的收入还是比禁牧的人高多了。如果我们禁牧，一年只有35000元，我们自己放牧，吃肉不掏钱，一年一个人交60元的新农合，合作医疗。我们还没有交养老保险。有300多只大羊能保持一年至少五六万元的纯收入。像今年雨水好草场好的话一年只要买个五六千元的草料就够了。我们这儿有可以打草的地方，嘎查的公共打草场上长的芦草，一家一年交个10~20元就可以去，自己打草，想打多少打多少。玉米秆子买一些喂羊羔子好些。拉草也不太远，就是镇附近，离这儿10公里左右，今年（2012年）玉米秆子200元一亩地，最高的时候也就是去年，300元一亩。

没禁牧的那几户都差不多。这边拉围栏的户少，禁牧以后，我们就可以在周边走着放牧，挺好的，那些禁牧的草场也能用上，但是不能吃得太狠。草场旱的话就多处理一些羊，雨水好的话就少卖点。今年还没有卖羊呢，就打算明年把绒毛收掉以后，明年冬天再卖出去。如果明年干旱了就多卖一些。骆驼没怎么发展，我兄弟那边有。现在羊比禁牧之前少得多了。

今年雨水好，地也是潮湿的，现在看就算明年不下雨也能出来青草。我们这儿有个特点，一年下一场好雨就能熬过去两三个旱年。羊只要春天吃一季好草，一年膘情都不错。我们草场太小了，没办法分季节草场，这么一放出去，羊一天就转一圈回来了。

我兄弟家骆驼多，100 多峰，现在就是放骆驼。以前右旗说骆驼也要禁牧的，后来放开了。最近这两年政府的人也不来找我了，前几年找，问我为啥不禁牧，我说我不禁牧我以草定畜。草场不好了我自己也会减畜的，因为牲畜太多草场又不好就得多买饲草料，成本太高嘛。

我记得是 2005 年 12 月 20 日吧，来了 30 多人到我家给我们做思想工作，让禁牧，我签字了，也交了草场本子，他们就给了我一年的钱，第二年我没处理羊，到 10 月他们就把公益林的钱停掉了，说因为我还在放羊，我家就这样没禁牧。但是草场本子还在林业局手里，我现在就是想怎么能把草场本拿回来。

我们嘎查一共 48 户，禁掉了 44 户。那些分草场以后才成家的人家，都是几家人只有一个草场本，如果兄弟几个里面有的想禁牧有的不想禁，上面就说，如果你家不禁牧，你的兄弟们都拿不到补偿，结果只好都禁了。还有那些亲戚里在旗里有公职的，就带着亲戚过来给你做工作，说如果你还不禁牧就要把他的公职免掉。

以草定畜是 2008 年开始的。像我家如果以草定畜的话就只能放牧 150 只羊，可实际上我的草场过去放五六百只羊也是可以的，现在只有三四百只羊也可以。

2006 年禁牧以后我们苏木离婚了 46 户，这之前很少有离婚的。除了禁牧搬到城里离婚的，还有就是因为陪娃娃上学离婚的。这儿镇上没有小学，女人就到巴彦浩特伺候娃娃，过去了没别的事，就是打麻将赌博，打着牌就跟别的男人跑了。禁牧以后，男人说的是出去打工，结果跑去赌博，自己钱输完了，女人就跟着有钱人跑了。还有的是酗酒。比如四家子都认识，今天大家一起没事干，就喝酒，醉了以后就打架闹事。禁牧的人到了巴彦浩特，刚开始的时候因为羊都处理了，手里还有点钱，这几年已经基本上都花光了。这一类的事情越来越多啦，不过去年开始回来放牧的人家也多起来了。

图们×××勒的邻居在2001年时拉了围栏把自己的草场围了起来，2005年禁牧离开了。围栏里面的草场虽然远看起来跟外面没什么区别，但是红沙却明显是灰色的，围栏里面的红沙枝杈多，红色部分非常少；围栏外的则都是很长的新生枝条，珍珠也是这样。围栏内外的区别就在，围栏内禁牧了的草场底草好，红沙老化严重，外面的则是红沙好，底草几乎被采食光了。

9.2 为了禁牧打官司

在阿拉善盟为了禁牧把林业局告上法庭的，孟和×××是第一人，而最终官司胜诉，他成功拿回了自己的草场证。虽然过程很艰难，前后花了三年的时间，但他仍然成功使用法律工具保护了自己的合法权益。

我家2万多亩草场，400多只羊。现在我的羊最多，将近800只了，从来没这么多过，因为邻居都禁牧了，不用把羊赶到别人草场，它们自己就跑过去了。而且我家能放牧是通过法律手段得到的权利，所以要充分利用。

我们这儿是2006年开始禁牧的，生态公益林项目。当时说要禁牧的时候说的是全凭自愿，补贴按户发，不管家里多少人就是一户一年18000元。我家七口人，一年只有18000元的话，过不了生活，我就不想禁牧。但是嘎查书记说胳膊拧不过大腿，你还是禁牧吧。我就到旗里林业局反映，说这个事儿不行，我一共七口人呢，一年只有1

万多元根本没法生活。回复说，对你们这种特殊户我们会照顾的，我当时就有点犹豫了，回来就把200只羊包给了人家，我自己赶着剩下的200只羊去了隔壁苏木的草场上，等于租草场放牧，这样我的草场上没有羊了，也签了禁牧的合同。可不知道为啥，林业局非得要把我的草场承包经营权证收走，我们这儿都是这样做的，你要禁牧拿补贴，就必须把草场证交上去。

我赶着200只羊到了隔壁苏木，羔子和绒毛都是人家的，当作草场租金，结果那边羔子接完了绒毛卖掉之后，不让我待了，因为那边也要禁牧了。而且这时候我发现原来说要考虑我家这样的特殊情况的，结果没有，发的还是一年18000元，而且这笔钱还不是一次给你，是一个月给你1200元，这样七口人怎么生活？我就去找林业局，林业局还是那个人接待我，却不承认有那回事儿，说不存在什么特殊待遇，如果真的有你就拿个证据出来，我如果答应了肯定给你有字据的吧？我们牧民怎么懂这些呢？我没办法就把羊全部赶回来了。

我赶着羊一回来，上面就下来人啦，说我两年半每年拿18000元，包括合作医疗和医保，全部8万元都要退给他们。我不服啊，我拿着补偿的时候，我的羊并没在我的草场上，我的草场是确实禁牧了的，这些补偿我理所应该得到。于是我告到二级法院，法院判我败诉，我继续上诉，一直告到了自治区法院。盟里来人说他们要给我解决问题，不让我继续告了，我没接受，我在呼和浩特市请了两个律师，花了2万多元钱，从2008年9月16日到2010年12月9日整整打了3年官司，开庭3次，最后打赢了。林业局开始还不肯把我的草场本还给我，最后是法院派人过去把草场本拿回来的。

我把从羊赶进来的那天开始发的补偿钱退给他们了，一共退了1万多元钱。

其实我觉得，应该先把一些比较差的退化厉害的地方禁牧实验一下再推开，而不是一下就全部禁牧了。退化比较厉害的主要是沙地，我们这儿属于山区，都是石头山，禁牧不禁牧都没什么影响的。而且牧民都禁牧让政府养起来，我就成了国家的负担了，一斤肉一斤毛的贡献都没有了，还不如让一部分人出去，减少牧业上的人，这样每家的草场就能大一些，能放牧养活自己，草场还不会坏。

现在全部禁牧，年轻人都学坏了，拿着补贴，饿也饿不死，富又富不了，结果都成了二流子了。这个让我心里难受呢。我们这儿开加气站，一天200元在本地招人，没人干，都怕辛苦，觉得只要饿不死就行了。而且年轻人们现在赌博厉害，你让他们干活他们觉得还不如赌博，运气好的话一天就赢几千元。

国家补的这个钱没有一点好处，都给养懒了。

撤乡并镇集中办学也是，家里都得分出人进城陪娃娃念书，小两口经常是女人进城男人在草场上，这样离婚的也多了。牧民现在都禁牧出去打工了，老觉得打工好像比在家放牧挣钱多。家里这边放牧人手不够还要雇人。有时候我想雇那些禁牧的年轻人，他们还不干呢，说为啥我不能放牧还非得给你打工啊。

是不是能把牧户限制一下，比如你两个儿子，规定只能有一个留下来放牧，其他的培训了出去找工作。以前大集体的时候都至少有两个季节的草场，多的有四季草场呢。现在是家里孩子成家都要草场，草场越来越小，牲畜越来越多，肯定就不行了。

我们牧区主要就是人口的问题。现在有些禁牧出去的，自己家的人都不知道家里户口上就突然多出了人。问领导，说这是上面安排的，也不知道怎么回事。牧区的人口是一定要限制的，人口能增长地皮可长不了呀。以后不可能一直禁牧发补贴，到解禁放牧的时候这些人也会要求要草场要安置的。我们嘎查这样安插进来的就有三户，叫挂名户。

要我看，我们嘎查真正退化到需要禁牧的草场是没有的，没到这个地步。草场不好了就是承包搞的，最坏的就是草场承包，如果能减少一些牧户重新游牧就可以了。当然草畜平衡也是需要的，养多少必须有个限度，可不能是现在这样每家在自己的小围栏里限制。

我们牧区的领导都是外来的，尤其是少数民族地区都不让本地人在本地当官，就怕你闹事，结果外来的领导又完全不懂当地情况。用农田思想指导放牧绝对不行。比如民勤县来的人就说山羊会上树破坏生态，就这么把山羊禁了。还有人觉得山羊是公的，绵羊是母的。有些农牧学院毕业的学生想不通骆驼是怎么交配的。这些人来当领导怎么能把牧区管好呢？

禁牧之前牲畜确实是过多了，禁牧也是迫不得已的。政府应该反复看看，以前大集体多少户放牧多少牲畜，那时候的草场是什么样的，就完全能判断这里能有多少人能放多少羊。大集体和之前来的汉人可以留下来，但是后来的人就不应该再来分草场了。

9.3“想禁牧都禁不成了”

齐那××家比较尴尬，老人已经72岁（2012年），说没有禁牧吧，草场本却上交了，而且也处理过牲畜，说禁牧了呢，却没拿到禁牧补偿，还住在草场上，牲畜也慢慢发展回来了。用老人自己的话说“我们现在是想禁牧都没人搭理”。

我72岁，我家现在是想禁牧都没人搭理。

我家人也多牲畜也多，禁牧之前，家里孩子们的牲畜还有我们老户的牲畜加在一起，有800只羊，一年纯收入差不多10万元左右。那时候家里的羊也没分群，我和老伴加上两个成家的孩子还有3个没成家的儿子一共9口人，都在一起。

2005年冬天，我们这儿划了生态公益林区，政府开始让禁牧的时候，我不禁，因为家里人多开销也大，这要是禁牧了，一家只给18000元，9口人可怎么生活呢？结果上面下来人给我们做工作，说只要我家答应禁牧，就给一个分支户的补偿。分支户就是新成家的年轻人。当时政策是一个老户一年18000元，一个分支户一年2000元（2008年分支户补偿又长了1000元，变成3000元）。我没答应，政府说我给你两个分支户的补偿，我还是不禁，后来说要给我三个分支户的补偿，我动心了，交了草场证，开始处理牲畜。

当时家里800只羊呢，因为一下卖不出去，就十个二十个地分批卖，有的100元或者150元一只就卖出去了，本来一只能卖300元以上的。禁牧那边的人还一直催，说如果不能按期处理完羊就把你的补贴停了。

2008年4月，补偿还没发，我去苏木打听，说必须要减少到羊圈里只有40～50只羊（肉食羊）才行。没办法，只能立刻把100只大羊20个羊羔子运到巴彦淖尔公苏木的草场去租草场放牧。5月份领导来检查，说的话又变了，说补贴要到10月份才能发。但是我那120只代放到巴彦淖尔公苏木的羊一只羊一个月要交7元草场费，到了6月，涨到了8元。在那边又放了4个月以后就扛不住了，我们跟镇上说，如果再不给钱我就只能把羊赶回来了，他们说你赶回来就赶回来吧。赶回来以后又说我家羊超标，没禁牧，再也不发补贴了。到现在，一直就这样了，再也没人提发补偿和禁牧的事儿。

结果我家把800只羊处理到120只，还为了彻底禁牧，花钱租草场放了四个月，一共领了1年零六个月的钱（一家18000元，三个分支户6000元，共发放24000元，但又扣除了两个老人一共1万多元的养老保险，还有年轻儿子们的养老保险，最终到手只有不足1万元）之后，钱停了，连我和老伴每个月500元和600元的养老金也不发了。我当时还是公社的人大代表，参加了好多次会，都反映过这个事儿的。我请了领导过来，领导也不来。

结果我家又发展到300多只羊100多峰骆驼。

现在禁牧的标准提起来了，而且是按照人头给钱的，儿女的意思还是希望禁牧，可是连找管禁牧的人都找不到了。草场证在林业局那儿，也要不回来。找到政府去，政府说回头给你解决，就没下文了。现在家里情况更难，干活的人更少了。丫头在阿拉腾敖包苏木看孩子，媳妇在巴彦浩特坐月子，老伴也在城里伺候学生，但是大家还都得吃肉，因为这是一大家嘛。干活现在也就是两个儿子，今天儿媳妇打电话说在巴彦浩特身体不舒服，结果儿子又跑去巴彦浩特了，劳动力不够啊。

儿媳妇马上要生娃娃，这就10口人了，又多了一口人多了一张嘴。我也跟儿子说了，放牧才是好事，你不放牧拿个18000元就得天天看着人家脸色过日子，今天给你明天可能就不给你了。自己放牧挣的是自己的劳动钱，只要年景好生活就好过。如果大家能想通了，发展牧业是最能有保障的，国家这边没有保障靠不住，你看给钱给了一年六个月，说不给你就没了。禁牧以后只能放五六十只羊，你10口人连吃都不够。我已经不行了，身体劳动力都不行了。我是不想禁牧的，可我现在年老体弱，如果我还年轻的话就绝对不禁牧，孩子们还是巴望着能拿补贴。

我们这儿有规定，要禁牧的话，老户人家必须要禁牧，不禁牧的话分支户也拿不到钱。当时签同意禁牧合同的时候，就连草场本都交上去了。现在是补偿也没有，草场本也没有。

9.4 离婚的小伙子

我们一直听说禁牧以后离婚率大幅度提高，但是很少有离了婚的人愿意接受我们的访谈的。这个小伙子禁牧后进了城，几年后又从城里搬回到牧区，我们上午10点半敲响他的房门时，他还在睡觉，迷迷糊糊开了门，就在门口聊了几句。

我家2006年禁牧，冬天12月左右把羊处理了，600多只羊处理到剩50多只，当时老妈和我们一家三口，共四个人。政策要求一家不管多少人只能留35只肉食羊。禁牧开始那阵子收羊的人很多，巴盟来的人，整群买，平均400元一只，算是那时候的最高价，还可以，我的羊卖了十来万元。之后就把剩的羊包给别人，全家搬去左旗了，娃娃正好要上学，我就去打工跑运输，跑了三年。工作不好找，吃住全包，一个月才2000多元死工资，万一弄坏了啥还要赔，一个月的工资连抽烟都不够。我们在巴音（巴彦浩特）买了套平房，花了7.5万元。后来给人家打工干了两年摩托修理工，一个月工资1000多元。

刚开始补偿标准是一年一户18000元，扣掉养老保险，每个月只发1200元。禁牧搬到城里没多长时间我就离婚了，这样1200元还要两家分。去年（2011年）好一点了，开始按人给钱，我就想着在外面打工还不如回牧区，就搬回来了。我就一个孩子，归我前妻，跟我已经没关系了。后来我又结了婚，媳妇是另一个嘎查的。我母亲80岁，住在左旗，一个月1100元养老金。

现在回来放牧也就是把原来包给人家的羊要回来，六七十只羊这么养着。现在牧民有内部矛盾，我多放了别的邻居就会告状，让人来罚我。不过就算这么点羊，也比出去打工没几块工资还得自己花钱买肉吃的强。禁牧走了五年，回来觉得草场没什么变化。草场还是要看下雨多少，禁牧没什么效果的。

我是今年六月份才回来的。走了几年，家里草场房子都没人管，结果家里的东西能拿的都让人拿走了，门也被撬了。今年回来都是重新收拾的，东西也得重新买。前几年只是偶尔回来看看修修房子，家里的发电机、挂毯什么的，有的被偷了，还有一些是亲戚拿走的，引起了不少家庭纠纷，别的人家也都有这些事儿，还有的都报警了，让警察来调节解决 。以后如果不给补贴钱了我就在家放羊，多放点，给钱的话就少放点，怎么也比出去干活强。

我离婚跟禁牧也有关，两口人以前牧业上的活儿干着，一天到晚都不闲，禁牧进城以后她在家里看着孩子，没找工作，我出去打工，我女人就跟上别人跑掉了。现在她已经又结了好几次婚了，嫁的也都是禁牧的牧民，不好好过日子，女儿住校，前妻都不让我靠近。现在离婚的多了，都差不多跟禁牧有关。

10. 十三道梁调查——过度禁牧后草场植被老化严重

我们从2007年就开始了对阿拉善盟的禁牧状况的调查，进入我们视野的除了搬迁移民的牧民的生计状况，还有草场生态状况。随着时间推移，我们开始从牧民那里听到一些诸如“草不吃就坏”的说法。那么，禁牧后的草场植被恢复得到底如何？因为如今这种大面积大规模的禁牧是史上从未有过的，对于一直以来与牲畜建立了采食与被采食关系的荒漠植被来说，突然撤掉采食环节，植被会怎样将是个全新的题目，也成了我们不断关注的问题。

阿拉善左旗的十三道梁，2002 年就开始禁牧，是最早开始禁牧的草场，只隔了一条公路，另一边是一直进行正常放牧的草场，这给我们提供了可以进行对比的样地，2008、2010 年我们都到这里做过植被调查，并得到了“草场确实不吃就坏”的结论，而且植被老化与禁牧时间的长短有关。2013 年我们再到此地时，公路两边都禁牧了，但禁牧时间长短不一样。我们对居住在十三道梁公路两边的一些牧户进行了走访，并对禁牧时间不同的草场进行了对比调查。下面是 2013 年 5 月我们对居住在这里的几户牧民的访谈记录。

10.1 禁牧 8 年后又回来放牧

黄××，40 多岁，他家的草场在十三道梁公路的北边，是 2003 年开始禁牧的，如今已经 10 年了。红沙植株比其他地方长得高大，但是老化得很厉害。其他地方的红沙已经返青，远看是一丛丛的绿色，而这里的红沙呈现的是一片灰色。黄××说 2003 年 7 月政府要求禁牧，当时听说要发补贴很高兴，就把将近 200 只羊都卖掉了，共卖了 4 万多元。要是秋天卖的话每只羊可以多卖80 ~ 100 元。禁牧的第一二年补贴的是陈化粮，1 亩草场补给 11 斤，折合成新玉米 7.4 斤，再以每斤玉米 0.5 元的价格把玉米卖给没有禁牧的牧户或者粮店。

> 你们看到的十三道梁上铁丝网围着禁牧的草场（一大片老化枯萎的红沙）就是我家的，那边羊是不去的，以前是附近的马和骆驼偶尔会过来，现在很少了。
>
> 我家兄弟五个，四个男孩一个女孩，姐姐嫁到宁夏去了，户口也走了，但是还能从这儿领禁牧补偿，几个兄弟的草场现在都是我用，不交租金，但是帮着代放几只羊。1990 年分家的，现在我家就是我、媳妇和孩子三口人。
>
> 我们这儿 1995、1996 年雨水好，1997 年大旱。本来那时候就是

牲畜最多的时候，矛盾也就最厉害。我们都是从宁夏拉稻草过来喂，玉米秆子羊糟蹋得太厉害，不如稻草吃着好。结果喂着喂着羊越来越乏，就开始喂玉米，还是不行，眼看着羊越来越弱，羊羔子趴在大羊身上都能把大羊压死。我家不到6月就损失了60多只羊。本来找了我在宁夏的姐夫拉一车稻草过来救命，结果刚过边界就被人抢着买走了。那年干牧业没有不赔本的，羊太瘦，90元一只都卖不出去，草场就是白白的什么都没有。

我们这样的草场红沙长得多，都是小灌木，只要下点雨，牲畜多点影响不太大。我一大家子12900亩草场，也就养个300只羊左右，超过300只肯定就该有影响了。如果不超过200只羊，就算旱也不怕，只要春天下点雨，红沙活了就保底了。就算6月不下雨，羊啃几嘴红沙就不会死。如果红沙都不活没返青，就算玉米喂着，羊还是会死。因为玉米吃太多肚子还是空的。就像天天只给你一小块肉没有三顿饭，你还是难受的。

经过那场大旱，我们这儿的红沙整个被吃秃了，只剩了根根和棒棒，枝子全都被啃光了，后来过了好几年也没恢复起来，然后2003年开始禁牧。那时候牲畜多，红沙（一种灌木）都很小，离开家很远很远还都是小小矮矮的，短脚锦鸡儿（一种灌木）因为牲畜不爱吃，就长得比较大，羊毛经常会挂在上面。一禁牧就拉了围栏，有了围栏之后就再没有骆驼过来了。我家没有骆驼，以前都是外面来的骆驼过来啃红沙，羊吃红沙吃得少，还是喜欢吃热草（一年生草）、冠芒草之类的。禁牧围栏拉起来，别家的骆驼来不了，两三年红沙就长起来了。

我们这儿禁牧，2003年7月说让处理牲畜，我家把将近200只羊，300元一只就给卖了。当时高兴得，给发钱嘛。现在再看看，羊价多高啊。当时就是太着急了，如果能到秋天再卖的话，可能每只羊能多卖80~100元。

禁牧的第一和第二年都给的陈化粮，一亩11斤，拿了可以自己卖或者让粮店给直接折价。我家整个草场12900亩，我的小家分了

3600 亩，三口人，实际上现在弟兄们的草场都我一个小家用的，他们都不放牧了。

陈化粮一亩 11 斤折合 7 斤 4 两新玉米，这儿实际上没有陈化粮，我家就都要的玉米，然后卖给没禁牧的牧民。当时房子就跟仓库一样，堆的都是玉米。那时候玉米 0.55 元一斤，我 3600 亩，2.5 万斤，差不多得了 1.25 万元吧。那时候确实好着呢，人家干部一年工资 1 万多元的都少，所以刚禁牧的时候我们还是高兴的。当时放 400 多只羊一年才赚个 1 万多元，能不干活还拿 1.25 万元，很高兴了。

第三年开始按一亩地 4.95 元来补偿了，比给玉米还多了一点。可没几年，人家玉米价格都翻倍了，我们觉得还是粮食合适，因为粮食还能涨价呢，可政府不再给玉米了。这个标准一直到 2011 年生态补奖。

我禁牧以后就开始出去打工，一开始老板说一天给 23 元，结果干了一个多月最后一天只给了 13 元还要扣伙食费，有 400 元都三年了还没要回来呢。后来又在农田上帮人家干活挣点零钱，好年景我和媳妇两个人一人 5000 元工资，加上草场补偿，一年也就是 2 万多元收入。头两年刚禁牧的时候还可以，至少不用买草料不用拉水，养着十几只羊，学生也不怎么花钱，我们三口人生活一年 3000 元就够了。帮人干点活人家给点菜，一年手里还能剩 1 万元。后来物价涨了就不行了，我算了，光我一个人一年开销 15000 元都不够，一出门就觉得没钱，物价太高了。学生花钱也越来越多，还好我就一个孩子，他今年 2 月底走的，到 5 月底就花了 6000 多元了。

孩子 16 周岁，在职中上学，今天还为这个事着急呢。上次学校要了 1000 元中介费说给介绍工作，结果也没找到工作，这几天又说结业证要 1800 元。儿子给我打电话，说不行就不要了，可不能不要吧！学费都交了那么多了。今年各种初级、中级、高级证书什么的就已经交了 8000 多元了，办了那么多证还不见得能找到工作，老师说这个还是学校给你们贴钱便宜的了。孩子将来回来放牧是肯定不行的，顶不下来，干不了啊，所以现在就想着怎么给他在城里找个工作。

大概从2007年开始，政府又让交社保，直接从补贴里扣，每年一个人扣2300元，后来2500元，2700元。就有人提出你们这不能没底线涨啊，管社保的人说最多3000元，现在大概是3200元。本来一年有1.78万元的补贴，扣完了社保到手里就剩了不到1万元了。到了前年（2010年）还是回来放牧了。

那几年我们家搬走了，出去打工。这边也有没搬走的，他们留下的人过得就好了，别人的草场也能偷偷用着，放牧还比打工的收入高。我们这儿进城真能落脚待下来的还是少，也就是一些开车的、有本事的人。进城打工以后又回来的比较多，离婚的也多，尤其是一些宁夏来的媳妇，她们觉得还是打工好，结果出去以后就跟人跑了。我这个人吧比较懒散，不喜欢放羊，但是我媳妇是牧区出生的，想放牧。最后我迫不得已才回来，但是现在看还是回来好。

2009年左右，牧民里陆陆续续就开始有人回来放牧了，胆大的人回来早，胆小的我们这样的就回来晚。可我们一回来，就一天到晚来人劝我们回去打工，已经前后来了七回了，我跟他们吵了一架，还罚了我500元。

前些年我们这儿雨水多又禁牧了，好多人进了城没人看着草场，旁边没禁牧的苏木干旱了就把大群的羊和骆驼放过来，政府也来劝，没用。那时候我们回来看，房子屋门都被撬开了。所以草场没人看着还是不行，都禁牧进城了，草场怎么办？房子怎么办？

我家因为离得近，在孪井滩打工也经常回来修修房子，如果不是这样房子可能早就倒了。但是真要彻底回来放牧还得重新修房子，都要自己干的，如果雇人，光刷墙就要5000元，一个工人一天150元。我们搬进城打工得花钱买房子租房子，回来放牧又要花钱修房子，两边都得花钱。

2011年开始生态补奖，补偿标准高了，我们是大人一个人一年10500元，儿子一年发3000元，到18岁开始扣保险。

刚回来放牧的时候（2010年）只有47只羊，现在发展到170多只山羊。镇上本来是不让养的，上面要求一家不能超过100只羊，森林公安要查，会罚款，我是赖着养的。准备就这些就差不多了。森林公安让我们尽量离路远一点，别让人看见了。今年（2012年）说还要限制数量，到6月30日要减少到每家不能超过30只羊。我现在大羊103只，羔子70多只，到明年就能接200只羊羔。去年这个季节，好羊羔1000元一只，除去草料费2万多元，能赚十几万元呢，可比打工比发补贴强多了。

对于他草场上的红沙老化的现象，黄××似乎不太在意，只是说自从2002年拉起了围栏以后，基本上就没有骆驼了，羊也少多了，而且羊不太吃红沙，所以红沙比以前长得大了，风沙比原来小了。但是他发现原来草场上很多马蔺都死了，禁牧之前马蔺长得很好，每年秋天都要割下来冬天喂羊。他带我们在他家草场上专门去看马蔺，的确几乎所有的马蔺植株都只剩下一团干枯的根须，看上去已经干了多年没有发芽。同行的一位牧民出身的老乡镇干部，看到黄××家草场上的大片老化后干枯状的红沙提出了一个问题："连牲畜也不吃，如何清除这些干枯的灌丛呢？"

10.2 禁牧5年但一直在放羊

这几年植被好了，可是长得老了，十三道梁的红沙好像死了一样，因为那个是大牲畜（骆驼）吃的东西，现在大牲畜都没了，就剩了点羊，不怎么吃，红沙就都老了。

我是在这儿出生的，父母亲20世纪60年代从宁夏过来，过去是姊妹六个，八口人，现在分户了，家里就是我和媳妇孩子四口人。1994年分家，分到100只羊，最多发展到200只羊。2008年禁牧，我们可能是最迟一批禁牧的了，那时候就是每亩补贴4.95元。我家草场3700多亩。原来的一大家分了四户，有两户在草场上，两户搬进城了，但是草场还是只能用自己的。

2008年10月禁牧，上面让我们把牲畜完全处理了，当时家里200多只羊处理了100多只剩了60只，价格还可以，损失不大。不过我家一直没搬走，就在这儿住着，老有人查偷牧，逮到了好像是一只罚款10元，我没有被罚过，因为我家草场离路边远，不容易发现，我家现在大小羊有200来只。

刚禁牧的时候还可以，发的补贴比放牧的收入还好一点，之前一年除了生产成本也就能有1万多元的收入，而且还得贷款。禁牧以后羊少了但是肉食不发愁，一年还有1万多元的现金收入，还可以。植被也是禁牧了好，底草都长起来了。

2011年开始生态补奖，我家两个大人每人10500元，一年还要交3200元的社保。两个孩子一个在呼和浩特市上大专，一个读初中。初中孩子一年发补奖3000元，大的4000元。这样一年能拿到2.5万元左右，比以前高。但是现在物价都涨了，要是真的把牲畜全部都弄掉，我们这些人劳动力不行又没技术，打不了工就没法生活了。

现在羊上的收入还可以，每年卖羔子，好的一只能卖到850元，差的500元，一年卖70只，就是4万多元的收入。刨去每年草料开支料1万元（1万斤料，4000斤草），纯收入将近3万元。大孩子在呼和浩特市上学，一年得2万元，剩下就是我们三口人的日常开销，还可以，这两年不用借款，存款多少有一点，几万元吧。这还要看是什么人，会不会计划生活。

草场上的灌木以前牲畜吃了枝条就长得特别长，现在禁牧了年年就是那么干枯的，啥时候也不见长，尤其是红沙那些。这种事怎么办我也不知道，羊肯定不吃啊。骆驼可能可以吃，但是老枝子、干的肯定不行。而且现在都有围栏了，不好放骆驼，老闹矛盾嘛。

我家草场也是老化，但是确实底草比以前多了。以前牲畜真的多，草场不行，我记得90年代最厉害的时候，还没分的大家13000亩草场，加上羔子差不多放养了900多只羊，大面积的红沙都被吃得只剩下一根根的棒棒了。2008年禁牧前，我自己3000多亩也观察了，羊一上200只就不行，要是控制到100多只大羊还是比较好的。

10.3 禁牧5年仍然坚持放骆驼和羊

青格××家草场在公路的南边，他说禁牧是在2008年开始的，一些牧户已经把牲畜处理掉离开了。但是他家没走，只是把牲畜数量从400只羊减到了200只羊，另外还有100多峰骆驼处理后只剩下了50峰，还有10匹马和10头牛。青格××49岁了，家有四口人，两个大人和两个18岁以下的孩子（都在念中学），按照2011年新的禁牧政策，18岁以上的牧民每人每年得到禁牧补奖12000元，扣掉4000元养老金后实际每年拿到手的是8000元，两个孩子每年各得到2000元补奖。另外禁牧后每家养的牲畜不能超过100只羊。但是青格××说：

> 100只羊加上政府的禁牧补奖，钱不够花，两个孩子还得上学。禁牧补奖的钱半年才发一次钱，就是几千块钱。我家草场上没水，拉一次水要走10公里，1吨水还要付5.8元，每年拉水烧的油费就1万多元。每年还得买草料，多的时候1年要买玉米粒2万斤，还要买几车玉米秆子，按亩买付钱，一共要花一两万元。不多养些牲畜的话钱怎么够呢？我这个年龄到哪里打工都不要，不让放牧就没法生活的。只能偷偷摸摸放牧。超过标准的话，要是一年罚一次少罚点儿还可以。我现在用的草场大半是家里老人的草场，禁牧后老人一个月可以拿到700元的养老金，生活还可以。

青格××家承包的草场有5600亩，1983年承包时全家100多只羊，2004年发展最多的时候有500多只羊。

> 为了生活牧民们也开始挖苁蓉卖钱了，过去挖苁蓉的都是从外边来的人，1公斤可以卖到27元。我家每年靠挖苁蓉能挣1万多元。这两年挖的人太多了，快挖光了，嘎查开始管了，成立了联防队，不让外人挖了。

青格××家草场上的红沙与其他草场相比长势要好得多，我们专门选做了样方，与平时在典型草原上做的方法不同，因为荒漠草场比较稀疏，所以我们按10平方米的标准来做的，尽可能选择有代表性的样地。

> 按照国家的说法禁牧了草就应该长好了，牲畜不吃就能保护生态了，但是我们看的是反的呢，牲畜不吃就不长，吃了才能长好呢。而且红沙是碱性草，羊不大喜欢吃，所以红沙长得多的草场对骆驼最合适。

他家就放养着一群骆驼，草场上红沙的确长得好，基本上都是当年的新枝条，已经有10~20厘米长了，老茎干很少，一丛一丛的青绿色布满了草场。但是草场承包后拉了围栏，许多人家已经不再养骆驼，这是红沙老化的一个重要原因。他也见到周边禁牧三年后的草场红沙都老化了，但是只要放点儿骆驼进去就会变好些。

10.4 禁牧5年保留了马群

额尔敦××家的草场有6500亩，与青格××家的草场相邻，也在禁牧区内并享受着与青格××同样的禁牧补奖。额尔敦××家的牲畜数量同样在2005年大旱之前有过高峰期，那时他家的羊达到了500只，还有70峰骆驼。2005年大旱时牲畜数量才减下来。现在放养着200只羊和50多匹马。因为马群需要的草场面积大，额尔敦××不得不租了别人家的2800亩草场。额尔敦××家草场上的红沙灌丛也没有出现明显老化的现象。

额尔敦××说2005年和2006年因为干旱和牲畜太多，红沙的所有枝子都被牲畜啃光了，草场上80%的红沙都只剩下了短短的棒棒，据他观察他家草场上的红沙有三分之一死掉了，后来下雨又活过来了。

> 一般情况下红沙都能发芽，特别耐旱。前几年最旱的时候草场上几乎什么草都没有了，只剩了红沙，救了一部分牧民的命。如果没有

红沙估计现在还在放养牲畜的牧民不多了。草场承包以前牲畜可以随便走，天旱了可以走到其他草场去，现在不行了。天旱的时候需要大量买饲草料，有点积蓄的人家还好，没有积蓄的人家就只能卖羊了。因为那些年牲畜把红沙吃得太厉害了就不长了。禁牧以来因为牲畜少了，红沙长起来了，生态还是好多了。但是禁牧时间过长红沙也会死掉，而且虫子都出来了。就算虫子不吃，禁牧时间长了还是要死的（老化）。除了红沙，柠条也是这样，必须要放牧，不放牧就会死掉（老化）。

额尔敦××家有5口人，两个女儿在上大学，一个在内蒙古师大，一个在内蒙古财经学院。一个要念5年，一个要念4年。每年两个学生的开销就得4万多元，总共下来近20万元，都靠牧业供养着。

2008年开始禁牧，当时嘎查召开了社员大会，多数人愿意禁牧，因为那几年天旱，牧民的收入普遍下降了。虽然禁牧了，嘎查的60%~70%的人家还在放牧。离公路远的人家养的牲畜多。我们这些离公路近的人家养多了的话，不安全（容易被发现和被罚款），多养的话就要租草场，草场租价已经涨到1亩3元了（2013年）。如果没有禁牧和补偿，一个人100只羊比较合适，我家五口人，就需要养500只羊，每年纯收入能有10万元左右，生活就没问题了。

额尔敦××有过外出打工经历，只在外边待了100多天就回来了。他说：“在外边打工不自由受不了，汉话说得也不好，还是放牧自由，自己说了算。嘎查里出去打工的蒙古族牧民有90%的人都回来了。”

11. 阿拉善W嘎查禁牧调查

我们从2007年开始对阿拉善盟禁牧效果进行调查，尤其关注了荒漠植被在长期禁牧下的老化状况。2013 年，经过了两年丰雨年后，那些老化植被又会有什么样的变化？腾格里沙漠里的 W 嘎查成了我们主要调查的一个点。

W 嘎查位于阿拉善左旗南部，曾是 JD 镇最富裕的嘎查。1982 年实行了牲畜承包到户，2000 年实行了草场承包到户，2006 年开始实施生态公益林项目（禁牧），由于绝大部分草场都生长着霸王、沙冬青等国家保护灌木，嘎查 80% 面积都被纳入生态公益林，2011 年整体纳入草原生态补奖政策范围。实施生态公益林项目时每人每年扣掉 2000 多元养老金，实际发放补贴 5000 元，2011 年实施生态补奖，每个人补贴增加到 10500 元。

2013 年 5 月在我们调查时，嘎查 95 户人家只剩了 33 户还在放牧，其中蒙古族 19 户，其他的则是汉族。大部分草场上的灌木都呈现老化状态，沙冬青、霸王等植株高大的灌木严重老化。我们做了一些有针对性的草场植被调查，在这个嘎查的范围内，我们分别找到了禁牧 3 年、5 年、8 年的草场。虽然草场之间存在一些具体的地形地貌差异，但总体来说自然条件近似，具有可比性。我们在不同草场上选取有代表性的样地段，做了一系列 10 米 ×10 米的样方的调查，并把样方内的灌木取标准株整体剪下，分别测量枯枝（老枝）与嫩枝的长度，并取嫩枝称重得到灌木枝条的干鲜比，再进行对比，一条相对清晰的、植被与牲畜采食强度之间的关系线索就清晰地呈现在了我们面前。一方面印证了牧民们讲述的“禁牧三年植被恢复最好，三年以上灌木就开始老化”，一方面也提示了我们现有草场评价体系的缺陷，即只关注草场植被的高度、盖度，而缺少对灌木老化的评价指标。同行的草原生态专家刘书润说：“草场评价标准应该重新审视！至少在荒漠植被的草场上要加上这一条才行！”

我们尽可能对留在草场上放牧的所有牧户进行了调查，这里选用一些有代表性的牧户访谈记录。

11.1 “不要禁牧补贴，允许放牧就好”

布 × 是我们接触的 W 嘎查的第一位牧民，起因是他们附近名叫头道湖的地方正在进行种树项目，一个外来老板投资，从政府手里以绿化的名义征到了一片草场，雇佣当地牧民种树浇水，希望借此拿到国家资助。结果项目进行到一半，资金链断裂，工人的工资发不出来不说，原先的草场也被破坏了。布×跟几个牧民正在向上面反映这个问题，我们成了他反映问题的对象，他也成了我们进入 W 嘎查的向导。

现在马上就要6 月份了，今年（2013 年）的禁牧补贴还没发，听说凡是养畜的今年就都不给禁牧补贴了，不知道是不是真的。其实只要不让我们禁牧，不发补贴也没关系，我们靠养牧就能生活了。

去年（2012 年）我家山羊卖了 30 多只大羯羊，一只 1570 元，10 峰骆驼一共 9 万元，羊绒还能有差不多 2 万元收入，一共 16 万元。补奖补贴 2 万元。开销上，买料 5000 元，油费主要是开农用车拉水，五天一车水，20 升油拉两次，一年 4000 元。兽医药一年 1000 元。两个学生一年要花 5 万元，上礼 1 万元。最后我们两口子手里应该还能有 8 万元的余钱。

如果没有补贴，允许多养骆驼就行。比如我家，自己有 4600 亩草场，我弟弟他家禁牧进城，他的草场也给我用，一年给他一只羊就行，一共 9000 多亩，养着 100 多只大羊 60 峰骆驼，草场也可以，生活也能过得去。羊每年能有 8 万元收入，再有点骆驼收入就行啦。如果牲畜太多，草场会坏不说，买草料还要多花钱，装卸也要雇人，那就不合算了。

要是彻底禁牧，像我们这样出去也找不到啥工作，就靠 2 万元补贴生活的话，光两个学生的开销都不够，更别说别的了。

我家周边的牧户都是从 2005 年开始禁牧的，那时是公益林项目。我家草场 4600 多亩，纳入公益林项目发了林权证的有 218 亩。之前我们这儿牲畜多，每家都有骆驼，羊也多。1983 年刚承包牲畜的时候，我家只有几十只羊，慢慢发展，到了 1998 年分草场的时候已经发展到 400 多只，禁牧的时候已经到 500 多只大羊了，牲畜确实是多了，灌木都让吃得小小的。后来很快就禁牧了。

其实没分草场之前还是可以的，牲畜能到处走，草场分了之后，一家就三四千亩草场，小小的，每家都走不开，牲畜再一多，很快就坏了。比较的话，现在的草场确实比那时候好了，那时候牲畜真是太多了。

禁牧前，我们嘎查有70多户，包括新成家的“分支户”的话，有95户，现在只有20多户还在放牧。其中80%的人觉得禁牧还行吧，拿着补贴，只有我们这样的养畜户才不乐意禁牧。

我们嘎查前后自己就出去过几批人。最早的时候，刚分了牲畜还没分草场，1995年吧，因为干旱，有一批人自己就离开了，进城或者去了别的苏木。后来2005、2006年干旱，加上实施生态公益林项目，稍微放牧不太行的人家基本都走了。2011年生态补奖禁牧又有一些人走了。现在还留下来放牧的也就20多家，都是以前特别能干、特别会放牧的人家。

禁牧走了的人家去哪儿的都有，巴音（巴彦浩特）的，呼和浩特市的，还有去包头那边的，也有过得不错的。我弟弟就是，他之前也在这儿放牧，但是太年轻，耐心不够，一开始禁牧他就出去挖石头了（阿拉善奇石）。当时他牲畜少，就两口子轮着看牲畜和挖石头。听说现在连石头和存款资产都超过100万元了。也没买房子，就在巴音租的楼房住着，摆摊子。我们嘎查还有个人，禁牧之前就出去倒石头了。他之前给人开车修车，种点地，喂点牲畜。现在已经买了两套房子，左旗右旗都有他的奇石馆。但是这种靠倒石头过得好的还是少数人，出去的好的就特别好，不好的特别惨。大部分人禁牧出去找不到工作，就是坐着等吃，最后生活过不下去只好回来放牧了。

按道理说，那些早就出去的人就不应该拿补贴了吧？他们又不放牧，也不靠放牧生活了。可后来补奖了，那些早就迁出去不放牧的也都跑回来要草场补贴了。除了这些回来要补贴的，最近两年从城里迁回来放牧的也有五六户，他们都是出去打工又回来的，四五十岁。他们出去不好找工作，拿着点补贴也不够在城里生活的，想着回来放牧再差也能养活自己吧。但是回来听说上头要强制我们处理牲畜呢，每家只能留30只肉食羊。真要执行了，那还怎么放呢？又不是农区放在圈里养的羊，30只都不成群，赶都赶不出去，放都没法放，生活就更别提了。所以如果政策上能允许牧民们继续放牧的话，哪怕就是允许多放些骆驼的话，生活也能支撑下去，年轻孩子们回来的可能还更多一些。

现在看，那些一直没有纳入公益林也没有禁牧的人家最好了，比如我连襟马××道家，他们那片儿有四家没进公益林项目的，一直到前两年生态补奖才开始禁牧。光他家一年收入都是四五十万元呢，就算早年收入也没有低于过20万元的。

我家两个孩子，都上大学了，一个在呼和浩特市读书，一个去了天津实习。一个大学生一个月2000元生活费，一个学期学费4000元，差不多两个孩子一年要5万元。在天津实习的那个还有点工资，能自己管着吃喝，呼和浩特市的开销最大。现在上大学的孩子多啦，很多都是只要交钱就能上，但是花钱特别多。牧民们最大的开销就是学生上学和买房子，最大的问题是孩子们毕业后找不到工作。以前拿钱还能买到工作，现在有钱都买不到了。

我家还没给孩子买房。他们肯定不会回来放牧，连我们还能不能继续放牧都不知道，怎么能让他们回来呢？我丫头在天津实习，最后去哪儿不知道，儿子还上学呢，看他将来在哪儿工作吧，要不买房子都不知道买哪儿的。在左旗买的话得有30万元才行，不是每家都买得起的。

布×带我们来到了草场上，W嘎查有个公共水井一直没分，大部分人家都要用农用车到那个井上去拉水，牲畜饮水也要从饮水道走。整个饮水道应该是W嘎查被牲畜采食同时也是踩踏最厉害的区域。我们调查时正是5月底6月初，因为来往拉水车辆的碾压及牲畜踩踏，饮水道上明沙较多，很难见到牧民说的“底草”，即一年生草本，牲畜偏爱采食底草，所以底草几乎一冒头就都被啃掉了，余下的红沙和霸王的植株大概只有两边围栏里的一半高，但新枝条的长度却是那些禁牧草场上灌木的两到三倍，甚至更多。一眼看去，饮水道上的灌木一片深绿发黑，而两旁凡是禁牧的草场则是植株高大却大多灰白中透出点绿而已。

布×告诉我们，牧民们也都说，草场禁牧三年效果确实好，但是超过三年就肯定要出问题，尤其是没有骆驼采食灌木就会老化。布×家的草场因为主要放养骆驼保持得较好，没有植被老化现象，也没有明显退化现象。禁牧草场上的灌木老化确实有问题，而公共水道上的灌木绿意盎然没有老化，下面的底草却一点不剩，都是明沙，灌木生长茂盛说明比没有牲畜采食的要好，但底草没有了，这显然也不是“最适宜”的状态。适当采食，对牲畜和草场都好。这个“适当”，又该怎么判断，是否存在量化标准呢？在后续调查中，我们开始思考这个问题。

11.2 植被老化最严重的一小片草场

这是我们在W嘎查草场看到的老化最严重的一片草场了。这一片将近100亩的小围栏里，灌木长得格外高大，却都是一片灰白色，枝干上的绿色新枝条只有短短的一个尖儿，与公共饮水道路上经常放牧草场上的灌木形成了鲜明对比。经过我们的样方测量，以灌木霸王为例，公共饮水道上的霸王平均植株高40厘米，活枝率（指一株植物上新绿枝条占整株的体积比）80%以上，而布××鲁家的100亩围栏里霸王平均高75厘米，活枝率只有不到30%，一些植株已经完全干枯。

主人布××鲁告诉我们，这个小围栏已经围了十几年了，从2002年开始，每年接羔的时候只放怀孕的七八十只羊进来一个月。“围起来的第一年，柴（灌木）长得可厉害了，但是三年就不行了，就剩下白色枝子了（枯萎了），后来老鼠也多了。羊放进来也就是啃啃底草不吃柴。”这个围栏虽然不大，却给我们提供了极好的植被对照研究的范本，这个围栏一方面是牲畜数量少的缺牧，一方面是缺少大畜采食，才有了这种极度老化的状况。

> 我今年（2013年）51岁，家里四口人，两个学生都毕业三四年了，丫头在腾格里镇上上班，儿子在修路的工地上打工。最困难的时候就是丫头在呼和浩特市念财经大专时，开销大，当时又禁牧了，牲畜少。

禁牧之前我家有差不多500只羊，但是当时羊绒和羊的价格都不太好，要是搁在现在能有500只羊收入就厉害了！不过就算这样，年景不太好也能一年好几万元，好的时候十几万元。一般都是好年景还账，坏年景借钱。花钱最多的方面就是供学生和买草料，有贷款，也有私人借款。这边贷款最多不能超过5万元的，一般也就是贷个一两万元，卖了绒毛卖了羊马上还。

2006年我们这儿实行公益林禁牧了，一个人一年给8000元，还要扣养老保险，还得供学生，一下就困难起来了。2011年又开始生态补奖，一个人一年12000元，扣掉保险剩8000多元，我和媳妇、儿子拿补偿，女儿公务员不能领，不过好在现在学生都毕业了，就能好一些。不过禁牧对老人来说还是可以的，老年人一个月600元养老金。

我6400亩草场，养180多只大小羊，其中有70多只羔子，十几头牛，没有骆驼。骆驼要走得远，现在到处都是围栏，太麻烦，还是牛合适。去年买了5000斤料，300包草，8000多元的成本。我觉得100多只羊还可以，太多的话稍微旱一点草场就不行了。当时养500只的时候草场还都没有围栏，可以到处走，就能多养一些，现在不行了。

以前牲畜最多的时候是80年代，我们大家庭养1000多只羊，1988年我分家的时候分了100只羊，慢慢发展到1992年最多，600只羊。我弟兄姊妹9个，我老二，三个妹妹嫁出去了，老大在额旗有工作，老三、老四过继出去了，老五、老六和我在草场上。现在三家加起来才500只多羊。

与我们在其他地方调查的情况十分一致，草畜承包后各家牲畜数量都曾经历过快速增长阶段，几倍十几倍地增长，草场退化并受到灾害打击之后牲畜数量又剧烈下跌。承包制度刺激了牧户生产积极性和小家庭的发展需求，同时又导致了草场退化及生产成本上升，最终造成牧民生计与草场生态双输的结果。

听说现在还让继续减少羊呢，要控制到一家只有30只肉食羊，真那样我们生活的困难就大了，肯定不行。如果不给补贴允许自由放牧的话也可以。很多人家搬走之后草场用围栏围了就闲下来了，要是都能用就更好了。

彻底搬走进城是不太可能的，1992 年我去孪井滩的预置板厂干过两年，但是他们每年就只有几个月开工，一个月工资 1000 多元。后来也跟别人去北部挖过两次石头（奇石），也不行，一个人干不了，不过那都是禁牧以前的事了，禁牧以后我没出去干过，50 多岁了去哪儿找活儿干呢？

而且待在牧区，生活费开销不大，现在是车比人吃得多，摩托比我跟媳妇两个人吃得（消费）还多呢。我俩一年就是米面 6 袋，600 元，井边自己种了一点菜，基本上就够了，冬天自己买菜。平时我们自己都不怎么花钱的。要是进城开销就太大了，什么都要钱。现在给儿子的房子已经买了，20 多万元，还要装修估计还得需要十几万元吧。

禁牧区留下放牧的牧户们除了没有别的就业出路外，许多都是为了供孩子上学或给孩子成家买房买车而辛劳的，他们自己吃住都再简单不过，一些人家还是住在简陋的泥土房里，比起其他地方的新牧区建设，甚至用破败来形容也不为过。他们也在普遍地提出要求，“如果我们可以不要禁牧补贴，是不是可以自由放牧？”

11.3 退化最严重的草场

马××道家是我们调查的 W 嘎查仍然放牧的牧民中羊最多的一家。他家草场格外偏远，去到他家必须进入沙地深处，一路上车子抛锚两次。他家也是我们在 W 嘎查调查中草场放牧压力最大的，尤其是靠近居民点方圆 1 公里内，草场几乎成了光板地，没有其他灌木，只有稀稀拉拉的骆驼蓬、牛心朴子等退化指示植物，冬青霸王这些常见灌木都只剩了一些小棒棒露出地表，甚至难以辨认种类。

我家现在有 300 多只大羊，其中 50 只是绵羊，其他都是山羊，正在抓绒呢，羔子只有70多只，今年羊少，没有骆驼。草场1万多亩，自己围栏了。我们旁边还有一家在九几年就去了右旗，草场就让我家用了。

我们这儿之前都没有禁牧，也没划进公益林，2011年才开始生态补奖要求禁牧，所以我家的羊一直都挺多的，最多的时候光大羊就800多只，加上羔子1000多只。2011年开始禁牧，让我们一年处理30%，三年处理到位，每年每个人给1万元的补偿。前两年我家一直扛着没处理，去年我家还有700多只大羊呢，结果说上面会来人查，还是卖了300多只，今年倒是还没来人数羊呢。

我们这1万亩，要是只养200多只大羊的话就连草料都不用买。2007年我家羊最多的时候，800多只大羊，买料最多也就12000斤。去年我们没买草，自己打了点草，有5皮卡车的猪毛菜用来喂羔子。我们这儿都是灌木，没法用打草机，就是靠工人打，打点禾草和猪毛菜。

去年（2012年）卖了300只大羊，没卖羊羔，大母羊平均1200元一只，羯羊1500元一只。没有贷过款。牲畜多，收入就好一些。我们这里羊价高起来就是从2006年大旱以后开始的。那年旱得厉害，最好的羯羊才能卖300多元，之后羊价就开始往上走，越来越高。去年广东人来我们这儿买山羊，活重一斤13元，把价格一下顶上去了。山羯羊大的一只150多斤，再饮上水，一只羯羊就能卖2000元了。

但是禁牧以后草场都围栏了，多养就不行了，成本高，羊也乏，我不可能使劲多养呢。以前多养的时候，没有围栏。好在现在羊价格好，可以养的数量少些，我觉得如果可以不要补奖自由放牧就好了。听说那些没羊了的人出去打工，好容易前段时间找个种树浇水的活儿，一天150元，听着好，10天就干不下去了，工资也一直没发，多麻烦。还是自己放羊放心，还不用看人脸色。

我家里四口人，两个孩子，丫头毕业了，在锡盟学的水土保持，3年大专，现在找不上工作。学费生活费什么的，一年2万元。小子在呼和浩特市的蒙专，还上学呢，今年就该毕业了。

我已经在旗镇买了房子了，就在巴音的车站对面，是给儿子买的房，楼房，110 平方米，30 多万元，还有一个车库，简单装修，丫头在那儿先住着，她想在城里找工作。他们俩都不愿意回来放牧了，大专文凭不高，倒是心高了，怎么都不想回来了，一说放牧都摇头呢。我是给他们找不上工作了，丫头已经毕业两年了，现在也就是给人家打打工。只要他们都能找到工作我们老两口就放心了，养上几十只羊也就够啦，一人 100 只羊就够了。

我们这儿比别的地方好，雨下好了的时候，底草长出来，牲畜就吃底草，要是天旱的话还可以吃灌木，怎么都能放牧。而且牲畜多的时候，什么草都有，现在牲畜少了，禁牧了，草场干脆就是只有柠条和白刺，没有别的植物了，灌木还都是干干的。我家草场一直放牧，倒是什么种类都有，霸王，沙蒿，短脚锦鸡儿，藏锦鸡儿，蒙古扁桃。虽然羊吃得多一些，但是长得也好。雨水好的时候，我家草场一个月不放羊霸王就能长一尺多新芽，禁牧的草场，霸王只有一点点叶子。

我旁边有一家 2004 年拉围栏，2006 年禁牧的。禁牧第一年他家草场特别好，当时苏木和旗里的还有人专门过来参观过，结果两三年就不行了。

这是我们从 2008 年开始在阿拉善盟调查以来第一次见到真正意义上的过牧和退化。虽然一直以来从牧民的描述中总有“以前牲畜确实太多了，灌木都被吃成了棒棒了”的描述，却未能亲眼见到。由此可见，过牧确实是存在的，与布××鲁家的由于缺牧造成的灌木老化形成鲜明对比。如此过牧和如此缺牧之间，那道“适宜”的线或范围肯定存在，下一步就该是探索如何量化和界定这条标准并将其应用在政策制定上了。

11.4 老嘎查长谈草场承包和禁牧

布仁××当过嘎查长，牲畜承包就是他在任时候实行的，想起过去他满是感慨，如果当初没有承包，现在又会是什么样的光景？

我今年（2013年）68岁，我们这儿2006年开始实行公益林禁牧的。禁牧之前我家草场上有自己的700多只羊，再加上亲戚的一共1000多只羊，现在只有100来只羊了。牲畜最多的时候就是90年代吧，不光是我家，全嘎查普遍都多。1983年刚承包的时候我家才100只羊，都是慢慢发展起来的。那些年草好，羔子好，喂得也少，牲畜就发展得快。2000年前后牲畜太多草场不行了，开始喂草料了，每年从12月开始喂到3月，一年最多喂四五个月，现在牲畜少了也不行，眼看现在都进6月了料还不能停呢，天旱的年头一年要喂11个月。

我家六个孩子，三个儿子三个女儿，除了最小的女儿没成家，其他都成家了。到现在他们也都出去了，工作的，打工的，牧区就剩了我们老两口，3940亩草场，养着100多只羊，没有什么存款。我们嘎查分草场是按户不是按人的，而且是按一个小组多少亩来分的。小组里户数少的每家就能多分点，户数多的就不行了，像我们小组就是户数多，不管你家是三口人还是十口人，每家都是3940亩草场。

以前没有围栏的时候，草场虽然承包了，牲畜还是能来回走的，所以我家才能养1000多只羊。那时候不拉围栏主要就是因为我们这儿适合骆驼，而骆驼腿长，一天就跑几十公里，不是圈起来养的东西，必须远远地走。过去嘎查有1500峰骆驼，现在少多了。要是跟现在这样每家都围栏，只能在自己草场上的话，这3000多亩养上200只羊就不行啦。那时候草场也好。草场也不是天生圈起来不让进牲畜的东西，必须牲畜吃它才能长，牲畜吃着草才能长得好。

现在骆驼和山羊都处理了，山羊是因为钻围栏钻得不行，容易有矛盾，而骆驼是上头不让养，也没那么多草场让骆驼走了，去年我就把家里的50多峰骆驼都给卖了。我们一个月638元养老金，还可以。年轻人就不行了，一年才发几千元，没有牲畜牧民怎么过日子呢？

我1975年到1986年当过嘎查长，承包牲畜是我在任时候做的，还没到承包草场时我就不干了。当时社员也都不懂，说承包就承包了，没人反对，现在尝出味道，也回不去了。

我们阿拉善盟四五百年的历史里，从来没有饿死牲畜或者饿死人的事，过去我们有四季草场，用蒙古包，从来不会留痕迹，不用围栏，不压草场，不留垃圾的。

网围栏很不好，围了围栏以后有些地方的植物，没有牲口吃都干死了。网围栏是我们牧区不必要的东西。你要是种果树可以围起来，可是现在到处拉围栏，连路都堵住了。

打机井也是非常不好的，嘎查有31眼机井，我当嘎查长的时候只有四五眼。现在那么多机井真正为了牧业的不多，很多都是为了开荒，好好的草场就推掉，种上两三年就撂荒了。都是外面来的人种，用的都是嘎查的机动草场。这样地下水肯定下降的。我前面有个院子是大集体时候的饲料地，大概有5亩，配了一眼38米的机井，我花钱承包了种玉米。可我一浇地旁边的大口井（4米）就没水了，可见那30多口机井要是都用起来地下水下降得有多厉害。

我包了5亩饲料地自己种点草料，还能省点钱。现在娃娃都成家了，平时肯定要给他们点肉啊什么的。三个儿子娶媳妇买房子都是我给出的钱，在左旗买的房子，那时候便宜，平房、楼房都10万元多点，还可以。1997年我给小儿子买的90平方米的楼房才十几万元，装修又花了10万多元，要是现在买没有30万元下不来，平房20万元都买不下了。姑娘出嫁就是给30只羊当陪嫁，还有穿戴什么的。好在任务都完成了，没牲畜了，也买不起房子了，自己吃好喝好就行。

现在草场好点了，还要看下雨不下雨。2007年和去年（2012年）雨水都好。不过现在草场一年不如一年，冬天暖和，春天冷，又有大风，草长不起来。过去清明节小畜就吃饱了，现在是清明节才能看到返青。下霜早，春天短了，没几天一下就热起来了，周围污染的厂子也多了。过去下过雨从这儿就能看到贺兰山，现在都是雾蒙蒙的，再也看不到了。

11.5 老书记特别讲到嘎查人口变迁

我今年72岁，当了20多年书记，1996年退休的。我家五口人，分了5000亩草场，现在养着100多只羊，没有大畜。家里三个孩子，都是丫头，有的工作了，有的嫁到城里了，现在牧区就剩了我跟老伴两个人。

我们嘎查是1982—1985年分的牲畜，当时全嘎查有1.3万~1.4万头只，90年代的时候是发展高峰，全嘎查达到1.8万头只，现在只剩几千头（只）了。我家人口少，分了45只羊13峰骆驼，没有马，当时分到最多的户大概有500多只羊，50多峰骆驼。

承包之前，草场就是集体的，没有明确界线，一个牧业小组最多20户，最少9户。到草场承包的时候就是按小组分的草场，一组给多少亩，小组里面再按户分，各组都不一样。我们嘎查一共五个组，组下面就是户，每户都有一群牲畜，羊或者骆驼，就等于是现在的专业户，每个组还都有自己的四季草场，按季节用，不像现在只能死死待在一个地方。

还是承包以前比较好，草场集体用，可以游动。

我家是2000年分到草场，2001年拉的围栏，放了500只羊，很快就退化了。现在家里养着100多只羊，没有大畜。说是按照规定养的，其实咱们超了，虽然比以前少得多了，但仍然是超的。如果不限制的话，5000亩顶多养200只羊吧，再多了草场顶不下来。如果游动的话还可以多养，固定了就不行了。

不过牲畜也不能太少，牲畜太少，灌木不吃，芽把子多（指灌木树枝长，消耗水分大），底下的底草（指灌木下的一年生及多年生草本）长得也多，水就供不起了。要是让牲畜吃了，就能少点芽把子，底草什么的也能长好。有人说柴（红沙）吃了不行，我觉得不对，牲畜那是修剪，而且牲畜的唾液也能促使它生长。

不过我家现在劳力不行了，想养多一些也养不起，结果草场上的红柴（红沙等灌木）都长老了。

禁牧嘛，各家情况都不一样，像我家，就我们老两口，孩子都在外面工作，也不用我给买楼买房子。牧区劳动力不足，我们俩干什么都干不动了，给点补贴少养点羊也行，可年轻人绝对不够。减畜，生态也不行生计也不行，我们老人还行，年轻人怎么办？年轻人要供娃娃上学呢，一年5000多元扣掉3000元养老金就只有2000元，能干什么？

我家没有贷款。孩子大了，就是我们老两口看着牲畜。牲畜多了不行，压力大，转不过来，太少了也不行。一方面草不行，一方面人生活也不行。可是现在政策不让租草场，只能用自家的。多养牲畜又不让养。

我家100只大羊每年少量买草料，最多3000斤料，一年就够了。主要是给羔子的，大牲畜就基本不喂了。2006年羊养得多，以前最多时候得买17000斤料，6大车草。2006年开始禁牧，先是生态公益林项目，后来是生态补奖，每年每个人给发8000元。

以后等我们走不动了草场就捐给国家了。

我觉得草场承包不太合适牧区，草场要保护还要利用。以前确实养太多，过度了。

我们这儿以前蒙古扁桃多得好像树林子，人都不敢进去，现在都没了。以前光柠条就有20多里地，密密的，结果民勤人来了没房子就用柠条盖房子。我当时是嘎查的管理员，柠条长得都两丈高，霸王都是半人高，骆驼都能在下面卧着休息的。六几年，马××道家那边的草场都没法走，冬青什么的都长满了，黑乎乎的。你们看看现在呢，都成了沙子了。2000年分草场的时候山头都已经是光的了，后面一年比一年坏。

我觉得最大的问题是人，现在人太多了。我们这个地方来的外来人就好多。我们嘎查1958年有55~58户左右，其中10户外来户，是民勤县来的，早早就来了，可能是打工进来的，后来就留了下来。1960—1963年的时候，农区比牧区艰难，外面情况还复杂，从民勤县又过来了一大批人，各个大队有任务，必须分配，那时候嘎查安置了大概38户。到1964—1965年的时候又有12户加进来，也是上面分下来的。就这样到1966年，大队已经110多户了。外来人到这儿，生活不习惯，一来就砍柴，有的柴连根都挖出来了。我们草场大部分都是柴，冬青霸王那些是可以活几千年的，到能烧的时候都是已经活了几百年的。人多了为了生活，又没有电，全靠柴，不管死的活的都砍下来烧。人多了以后牲畜也多了，草场就不行了，越来越沙化。

1965—1968年，政府安排民勤人回民勤县去，走了两批，剩下90多户。没想到第二年第三年他们在家乡过得不好又都回来了。90年代我们这附近开矿，来招工，想走的可以自愿带上全家，这一次走了一些人，但是因为他们都已经参与了1985年的承包，牲畜草场都拿到了，所以大部分人都没有把户口迁走，承包时有83户。不过这些人后来再没参与过牧业生产，都在矿上或者城里安了家。可到了禁牧，能拿补贴的时候，这些人就都回来了，要分补贴的钱。所以禁牧补贴一共有92户在领，真正放牧的只有二三十户。

老书记白××对嘎查里的户数变化和外来人记得非常清楚。我们在阿拉善盟调查时总能听到老牧民讲到60年代有外来人从民勤县过来的故事，有人甚至讲，那几年饥荒，农区不断有人往牧区跑，路上走着走着倒下了就再也站不起来，甚至有一家人从农区逃荒走到腾格里沙漠，饿得不行，来到当地政府食堂急不可耐地找到一块洗锅抹布，就靠着煮那块抹布，挤出里面的油水来充饥。这些人在牧区找到收留他们的牧民才存活下来。很多人到了牧区就扎下根来，融入了当地生活。到草场承包时，一些嘎查的外来户甚至达到全嘎查户数的60%以上，他们也都参与了牲畜和草场承包。再加上当地人自己的人口增长，人口压力是真实存在的，草场过牧和退化也是真实存在的，问题就在于，这些人中的许多人早已离开牧区，他们承包的草场在禁牧恢复后如何利用才合理成了一个问题：总不能看着他们的草场植被在老化，而留下来的牧民却因草场不够生活很困难的状况就这么延续下去。采用什么样的草场政策才能既保护草场又能最大程度发挥草场的放牧价值？

11.6 放牧是为了给儿子买楼

我69岁了，家里3000多亩草场，禁牧之前有400多只羊呢，现在只剩了几十只肉食羊啦。我是1983年从隔壁苏木来到这儿的，带着承包时分到的80只羊过来，在这边分的草场。2005年前后相当旱，嘎查走了一批人，养牧的也都只能出去租草场，跟对方商量。我家走场走了两个月，将近300只羊，给了人家300元草场费，回来就把羊都处理了，只剩了50来只，处理的价钱也不行，因为膘不好，卖不上价钱。好在正好赶上2006年实行公益林禁牧，发了补贴，到2011年生态补奖又开始禁牧。

现在我大羊加上羔子有100来只吧。我觉得我的3000亩草场里不能超过200只羊，要不就不行了。我们草场是个长条，只有280米宽，超过200只羊的话，光是这么走一趟就踩得差不多了，羊根本吃不上草。

羊不能太多但也不能太少，羊太多踩得厉害，羊太少灌木叶子吃不掉就都黄了。我现在就是控制着，150只羊就到头了，3340亩草场，平均30亩一只羊就可以。以前草场没分的时候就没这些事，想放多少都可以，草场不行了就走场走出去，走到哪儿都行，也没有租草场的事儿。

草场分了以后，慢慢都拉了围栏。围栏好就是省事，放进去不用管了，以前是天亮就要跟着羊走，现在不受罪了，不用晒太阳，而且天不冷都不让羊回去圈里，就在地里野着，人只要想着给饮水就行。以前是轮换赶着羊去井上饮水，现在不行，都得拉水了。我们这儿是十来户共用一口井。草场分了以后就都开始把水拉回自己草场上饮羊。我以前干得动的时候，就用手扶拖拉机拉水，一趟拉8吨，现在老了干不动了，请人拉水，20天一次，一次200元。

我家两个娃子，大娃子在别的嘎查已经成家了，小儿子上的内蒙古工业学校，1997年毕业到现在一直在外头打工，不靠家里。我放这点羊就是想给他准备钱娶媳妇，能在巴音（巴彦浩特，阿拉善盟首府）买房子。现在都要条件，没房子就娶不上媳妇。他打工就是混个肚子（吃饭），攒不下钱的，我们老人一个月有600元养老，能吃饱，现在放羊就是给孩子攒钱。赶紧攒够钱给小儿子买房子结婚，我们老两口就可以休息了。我问过小儿子，他说打工十几年对放牧没兴趣，不会回来了。

像恩×这样，养羊是为了给孩子在城里买房子，买了房子就不再回来放牧的老牧民不在少数。近些年在牧区渐渐形成了一种新风气，年轻人结婚男方得在城里买楼房，女方陪嫁至少有辆车，如果小伙子不能在城里买上房子的话甚至很难讨到媳妇。而牧民们“挣一把就走”的想法也愈加强烈，长远考虑和可持续发展之类的问题已经不在考虑范围内了。

11.7 合用草场放牧的三户人家

与我们调查过的锡盟大部分嘎查相比，W 嘎查的草场拉围栏的时间要晚得多，除了个别人家，绝大部分都是从 2006 年生态公益林项目开始才拉围栏，这与腾格里地区更适合骆驼这样能够大范围游走的牲畜有着很大关系。然而到我们调查的 2013 年，整个嘎查已经基本都有了各户的围栏，有自己出资修的，更多的则是来自于各种项目。在 90 多户牧户仅余 30 多户放牧的情况下，通常被牧民们默认的做法是，利用邻居搬迁进城空闲出的草场放牧。不过当一些离开的人家直接或间接得知这种情况的时候，往往会发生各种矛盾甚至纠纷，还有人会到政府去告状。

老马倌家的老四和他邻居的做法却是一个特例。老四和他家附近的两家一直没拉围栏，三家为了省钱只拉了一个大围栏，几家的羊也都在一起，每隔几天一起赶到井边饮水。羊都在一起放着，各家在羊身上做了记号。他们周围还有三家人的草场，跟他们都有点亲戚关系，因为已经搬迁进城，他们也就顺便把那些草场纳入了自己的使用范围，等于三家人一起合用六户的草场。2 万多亩草场放着将近 1200 只羊，差不多 18 亩一只羊，载畜量远远高于政府规定的 35 亩一只羊的水平。没想到的是，我们一直追寻的“适度”，在这里却得到了体现。

合用草场的老马倌家的老四对我们说：

我 1998 年成家，兄弟四个，我和老三在家放牧，老大老二出去打工了。2000 年分草场时，我的小家庭已经发展到将近 400 只大羊，还有几十峰骆驼和牛。承包分到 4600 亩草场，后来因为禁牧减下去了一些牲畜，现在是 350 多只羊，60 峰骆驼，十几头牛，按要求是只能养100只大羊的。

去年我买草料花了2.5万元，其中2万元的料，5000元的草，去年下羔子的羊多，所以要多备草料。卖了50只羊，平均一只900元左右，今年估计能卖150只。补偿是两个大人的，每人7000多元，孩子一个1000多元补贴。一年刨去成本差不多收入3.5万元。

其他大的开销方面主要就是燃料了，家里一辆小车，一年汽油费1.5万元，摩托十来天加一次油，一年至少2桶油，3200元左右。拉水用四轮，一年一桶油，1600元。孩子在左旗镇上住校，上初中，每个月500元生活费。

我家有2万元的贷款，基本年年贷款，不贷款周转不开。要是按要求只养100只羊肯定不够，更别说一家只能让养30只羊了。

我和另外两户现在一起合群放牧，我家的羊是最多的，350多只，他们两家各有200来只羊，也想着今年多处理一些。

干了几年修车行当后又回来放牧

陈××是三户合用草场中的一户。他曾外出经营修车行当，后来又回到草原上放牧。

除了挖奇石的挣了钱，各种出去打工的青年和中年牧民们陆续回到草场上放牧，用他们的话说，“在外奔波挣的钱刚够自己吃，过得还不舒心，还不如回家”，而且正赶上羊价不断上涨，比起来还是放牧收益更好些。经历过一次牧民外迁，刚恢复些的草场又要迎来新一轮的人口回迁吗?

我在禁牧以后就去孪井滩（附近的一个农业开发区）开了个修车铺，专修四轮车，全家都去了，铺面租金2400元一年。那是2007年的时候，当时羊的价格不好，而且放牧也比较辛苦，我就想羊价不行，草场不行，还不如出去。当时来修车还是不错的，好的话一年能赚个两三万元，比放牧轻松。但是修车有季节性，每年春耕秋收的时候生意就都来了，其他季节没活儿。

其实我早就想出去了，因为觉得放牧没什么发展前途。但是到后面，羊的价格越来越好了，再看看就不如回来放牧了。我走的时候一只绵羊母羊才卖200元，现在都能卖1000多元了。

我走的时候羊全部处理了，300多只羊卖了5万元，在李井滩镇上买了平房，1.1万元，现在我老妈住呢。2010年的时候回来放牧只能重新买羊，没钱，只买了14只母羊，又包了一家的羊，一只羊一年给人家40元，羔子都是我的，包了100多只。到现在已经3年了，我自己的羊发展到了200多只。

去年卖了130多只羔子，平均500元一只，收入将近7万元。前年卖了60只山羊羔子，平均600元，还有30只绵羊平均1000元，收入6.6万元。怎么算都比出去打工合算了。而且我在这儿有30亩地，走的时候一亩60元一年租出去了，回来就自己种，也不用买草料，草料钱就省出来了。

我在外面干了三年多，差不多就算是没赚到啥钱，因为开铺子还得交房租吧，年年房租都涨。眼看房租涨到一年5000元，我就纯粹白干了，所以回来了。禁牧以前家里牲畜最多也就是300只羊，也不行，每年收入2万元就到头了。草场不行，羊又乏，价格也不好。现在放牧可以了主要就是因为羊价高了。而且禁牧以后，好多草场基本都是闲着，留下来的人的牲畜也少，加上这几年雨水可以，草场不错，所以回来还可以。

我跟老马倌家的老四我们都是一个组的，每家4000亩草场。禁牧之前最多时候也就是300多头（只）牲畜。

出去开了个手机店，做不下去又回来了

朝日××也是合用草场的三户之一，他也是在外面干了几年又回来放牧。我们也专门找到了他。

我是禁牧以后2008年去了李井滩开手机店。当时大小200多只羊，按市场价处理了一半，留了一半包给别人。当时一只山羊才卖140元，绵羊最大的才卖180元，羊价不行嘛，最后100多只羊就卖了2万元。

虽然实施了禁牧，实际上禁牧区的牧户大多会把一部分羊代放到其他不禁牧的地方，这样一旦解禁时就不用再花钱高价买牲畜了。但是这样做会给非禁牧区增加额外的草场压力，禁牧区恢复了，其他地方草场又退化了。

出去进货租房子卖手机，也不懂什么，就想着能做点生意。结果房子房租进货手机什么的花了3万多元，还跟亲戚借了1万元。一年房租2200元。光进货就花了将近2万元，从银川进货。卖了不到两年，生意也还好，但是赊账赊得不行，进货一个手机要六七百元呢，没钱就没法周转了。赊账的什么人都有，牧民啊，种地的啊，到现在赊的账还有没收回来的。最多的时候外面赊着6000多元。

出去的第一年还可以，赚了一两万元，虽然收入比放牧差一点，但是不累，比放牧要轻松。可后来竞争太多了，而且你卖手机的必须要会修才行呢，人家外面来的人开店都会修理，我这儿出毛病只能回原厂，太麻烦。结果第二年就没法做，收摊了。到现在还有3000多元的欠账收不回来，人也找不到了。都是我们本地人，去哪儿了也都不知道。

手机做不成，想做别的又没文化，做不了。当时我们是全家出去的，老婆孩子一起，那会儿住房便宜，一个月才100元租金。但是出去开销大多了，一家三口比放牧的时候开销至少多一倍，光吃喝上就不得了。家里没冰箱，夏天吃肉必须买新鲜的，穿的、花的也多。结果2008年出去，2009年就回来了，媳妇也说还是放羊好。

我的羊当时包给沙地里的人家我妹妹家，100只羊包给她，什么羊羔羊绒都是她的。我回来时把羊拿回来了，发展到现在也就是200只羊。

我们是三家拉了大围栏，合着用的，一共六家草场，那三家在禁牧之前就都走了。大概是2001年的时候。因为各家都要修围栏，为了节省围栏的钱，我们三家一商量就干脆拉了一个大的算了。本来各家也自己拉过小围栏的，可质量好的围栏太贵了，一般的围栏两三年就不行了。倒的、沙子埋的，没钱修理，就干脆合起来，一共24000

亩。这样一起用有差不多5年了。

我们组分的草场都是360米宽，最宽400米，几公里长，都是长条。如果各家自己围起来，200只羊一天要走多少个来回，草都给踏没了。所以草场还是我们这样合用的好，地方大，而且羊能跑开，散开走。春天开始到秋天，羊半年都在外面，除了去井上喝水，晚上都不回家里棚圈，到冬天才回，要不天天从家里到草场上这么来回走，就算合着用，草场也早就让踏坏了。

现在24000亩草场上放着1200多只大小羊，还有60峰骆驼（按载畜量规定，一峰骆驼等于7只羊），20头牛，合计将近1760个羊单位。草场还可以。但是已经开始有点矛盾了，老四家的牲畜多，又有骆驼又有牛，现在没有立规矩呢，各家应该放进去多少羊。一旦要争这个，就闹矛盾啦，可不说的话，草场就吃坏了，每家买的草料也都要多了，矛盾就更大了。所以我们几家也在商量呢，看有什么办法。

第一轮草场承包的时候就是分到小组，小组内合用的，但是因为各家牲畜多少不一出现了矛盾，才最终把草场分到户。这三家如今又遇到类似矛盾，不知能否有新的办法解决矛盾，继续合用草场。不过这三家共用的草场状况却相当好，灌木的活枝率都在80%左右，灌木下也仍有底草。这个案例让我们再次思考，追求“适宜”不光要考虑牲畜数量和草场面积，比如30亩养一只羊还是18亩养一只羊。因为游动的条件越充裕，草场的承载能力也越高，在5000亩固定草场上也许30亩以上一只羊仍然会造成过牧和退化，而在相对开放的游动环境中，或许二十几亩养一只羊或许成了更“适宜”的选择。当然这不该是一个不变的标准，随着年份不同应当不断调整。

牧区其他问题调查

12. 三种不同放牧方式下的沙地草场

白音××嘎查位于克什克腾旗，就在著名的内陆湖泊达里湖边上。达里湖作为内蒙古四大名湖之一，周边被草原、沙地包围。有趣的是，达里湖周边的几个嘎查草场类型相似，都是长条状的，一半是沙地，一半是硬地（塔拉）草场，却因为不同的利用方式而呈现出截然不同的景观。因为沙地相比典型草原更加脆弱，对放牧方式和牲畜践踏更加敏感，这也造就了这个非常具有代表性的对照案例。2013 年我们选择了并排的三个嘎查，分别为共同利用草场的白音××嘎查，冬场分包到户夏场共同利用的呼格××嘎查，以及将草场完全分包到户的乌兰××嘎查。

这三个嘎查并排相连，都是长条状的，一部分沙地，一部分硬地，不同之处在于：

- 白音××嘎查草场一直没分割使用，两类草场都共同利用，仍然保持冬天进沙窝子，夏天到硬地的夏草场上放牧的传统，搬迁移民的房子也都集中建在了夏草场上。
- 呼格××嘎查将沙窝子的冬场分了，各家都在冬场盖了房子，绝大部分人家一年四季都留在了冬场上，夏场仍然共同使用。
- 乌兰××嘎查则是因为硬地离得较远，每家分到的也少，绝大部分人家一年四季都在原先作为冬场使用的沙窝子里。

沙地在传统游牧中一直是被作为冬草场使用的，因为沙地里有连绵起伏的沙丘，比起硬地更加背风保暖，而且砂质土跟一般土壤比起来没有毛细作用，蒸发量大为减小，使得沙地的地下水资源远远优于同地区的硬地。但沙地的弱点也很明显，就是不耐践踏，尤其是夏秋季节的践踏，所以在游牧方式中往往都在 10 月以后，沙地上冻之后才允许牲畜进入。

12.1 草场分季共用的白音××嘎查

我们首先访问了共用草场的嘎查书记吉日××。

我们嘎查草场合用，比分着用的好多了

我去年（2012年）当上嘎查书记的。我们这儿没有禁牧，是草畜平衡区，补偿一亩4.03元补贴，当然嫁出去的姑娘就没有（补贴）了。

我们嘎查牧民新居是2003年建立在这儿（硬地草场）的，为了保护沙窝子。说是搬迁其实就是在我们的夏草场上给盖了房子，草场还是一起用的。这儿一直是我们的夏草场，没盖房子的时候夏天就住蒙古包，自己家盖的房子都在冬场的沙窝子那边。搬迁是国家给盖房子，自己不出钱。以前住蒙古包的时候不像现在的房子这样扎堆，每家都离得远远的，哪像现在，羊每天进进出出，草场都给踩成路了。（现在的房子是像农区的自然村一样，房子成排，一家一户挨在一起，一共五个组，分成两个自然村，相隔10公里）

全嘎查一共430人，27万亩草场，其中17万亩都是沙窝子，分草场的时候103户，平均一户2000多亩，草场太小没法分开用，虽然也承包了，但一直就是合着用的。

每年10月1日，地差不多冻上以后搬回沙窝子里。沙窝子是冬营盘，离这儿30公里，一共17万亩，在里面7个月，到来年4月1日出来到夏草场上。我们一直都是这样的，承包以前就是，夏天不能进沙窝子。不过以前是四个季节草场，现在是两个季节。每年10月搬到冬场沙窝子的时候，里面的草都能有半人多高。夏天搬出来的时候，还得有人在冬场看着，一个人看一片儿，要不那边还有房子有东西的，不能不留人。出来的人过段时间还得给他们送吃的用的进去。我们的打草场也在沙窝子里，每年10月正好打完草再搬进去。

全苏木一共九个嘎查，只有我们一个嘎查是每年来回搬家的。还是我们好，因为我们每年夏天出来，回去的时候冬场再旱也会有点草的，比他们（其他嘎查）强。别的嘎查的草场都分到户了，有的人家只有沙窝子草场，有的只有硬地草场，就算两种都有也没法来回搬家，草场太小走不开的。还是不分草场的好，有了围栏草场就不行了。网围栏拉上，牲畜从圈里出来，先把外面吃光了，进围栏吃得更快。要是没有围栏，草就是匀的，就不会坏。所以只要把围栏撤了就什么都好了。我们的冬场还是跟以前差不多，他们其他嘎查的就不行了，都是白白的沙子。不用我说，你们去看就能知道。

我们草场合着用，牛都是随便走，没人跟着放牧，羊是几家合伙，一个人看着。现在全嘎查牛就6000多头（其中大牛将近5000头），羊9000多只（其中大羊6000只），马700多匹。比刚承包的时候牲畜多，草场不太好了，但是比分了草场的那些好多了。

这边适合养牛，牛的价格也好，所以一般人家都是有100多只羊，还有点大畜。不过前两年大旱，牛的价格也不行了。所以家里应该什么牲畜都有一点，这样羊价低了还有牛，牛价低了还有马，这才保险。

去年只有个别牲畜多的人家买了草料，一般都不用买的，只有那种特别弱的牲畜喂点草，自己打的草就够用了。冬天也不喂料，光喂草就行。料要是开始喂了就年年都要喂了，牲畜一吃习惯就停不下来，所以我们这儿一直都没给料，旱年也没给。那些给料的羊我们就吃不了，肥得不行。喂饲料的猪也是，没法吃。我家就自己养猪，喂酸奶糠，好养，肉也特别好吃。

我当会计到2005年，去年（2012年）被选上当嘎查书记。承包以来现在是牲畜最多的时候。2007—2009年连续三年干旱，好多人家一下都不行了，嘎查里一半多都是要赊账贷款的，有些到现在都还没还上账，这两年雨水好刚缓过来点儿。

现在是五个组，每个组一个地方放牧，有个大概界线，不过不严格。羊多的两三家合群，少的更多家合着放，一般一群就是1000多只。牛和马到处走。冬天到沙窝子里，有合群的，也有单独放牧的。这几年有十来户拿到了国家给的拉网围栏的项目，就把沙窝子里自家的冬草场围起来了。国家白给的项目为啥不要呢？不过这样的人家要是越来越多的话，草场就都是围栏了，肯定要坏的。还有的就是把围栏拉起来后就把草场租出去了。我们这儿租草场有的按亩算，有的按羊算，一只羊一年200元。

我们最好的时候就是90年代，那时候不旱，人也少，才100来户300多人，现在已经400多人了，没成家的小年轻也多，一结婚就都得有自己的畜群。

嘎查书记一眼看上去就是个特别老实的牧民，他对草场不分到户的一个评价非常实在，“不分的草场草是匀的，不容易坏”。如今的草原再不是想象中的一眼望去的风吹草低，而是斑斑块块，因为承包到户后每家的利用方式、利用时间、牲畜数量和牲畜种类都不同，直接导致草场以围栏为界限出现巨大差异。尤其在秋季更加明显，站在高处一眼看去，金黄的条块是夏季未放牧的冬场，还有点绿的是夏季放牧了的夏场，几乎完全是裸地的是严重过牧的草场（很可能是出租流转的）。这些草场不仅在颜色上差异巨大，草的种类也各不相同。春季网围栏上总是挂着很多诸如猪毛菜、雾冰藜之类的风滚植物，隔年的呈现黑褐色，当年的呈现浅灰色，像一堵堵篱笆墙，分隔着不同颜色的草场，让牧区有了一种农区农田的错觉。很难想象，就算重新合作放牧，打开围栏了，这种人为造成的差异能够消弭吗？又需要多少时间？

有牧户开始在自家冬场拉围栏了

我（嘎查会计达××）家4口人，现在330只羊，50头牛。2009年大旱，家里牲畜也处理了，从30多头牛70多只羊降到冬天的20多头牛40多只羊，现在的牲畜都是那之后慢慢发展起来的。那时候价格也压得低，一头母牛一头小牛犊一共才4000元不到，现在都得上万了。

我家在沙窝子里的冬场用围栏围起来了，1400亩，像我这样的有十来户，都是2006年拉的围栏。这样好，要不大家的牲畜都来吃，而且有了围栏也能阻止牲畜夏天进来。不过这样草场也不够用。所以冬天就给人家钱让人家帮着放。现在嘎查里有18家都把冬场围起来了，有的是一家一户围的，有的挨着几户围在一起。

去年冬天我家买了2000多捆30斤的草，一捆15元差不多，玉米豆2000斤，1元一斤。我家草场不适合打草，可以放牧，所以每年就是能打点就打点，主要还是从外面买。去年花了5000元租了一家人的打草场。没有灾的时候就不用买料，到现在也就是2009年买过料。这边可以雇羊倌，也可以把羊包出去，夏天一个月一只羊6元，冬天8元。我家的羊是夏天自己放牧，冬天包给别人，牛就放在自己围栏里不用人跟着。我觉得还是这样的管理比较好，羊包给嘎查里没牲畜的人，草场是公用的，牛吃自己的草场就够了。

我觉得家里冬天母羊剩150只就差不多了，今年打算把羊羔子都卖了，因为要还贷款。嘎查里像我家这样没有存款还要贷款的占80%。信用社的利息是12.6%，一般都是从信用社拿贷款，农行利息低，5.6%，但是贷不出来。我家的水平一次可以贷5万元，那些贫困户只能贷1万元左右。还有一些人家更困难的，拿不到贷款只能借高利贷，30%的利息，嘎查里有20%的人都得借高利贷。

共用草场也有矛盾了

我（额尔登xx，55岁）2009年当选嘎查长。我们苏木老一代就是四季游牧，以前大队有规定，4月1日必须从沙窝子出来，到10月1日才能回去。

我们现在是合着用草场的，但是有人家（牲畜）养得多，有人家养得少，草牧场多了少了的还是有矛盾。那些有能力的就能用项目把围栏都拉起来，一边不让别人用自己的草场，一边还能吃着公共草场，贫困户没有能力，矛盾就更厉害了。不过现在土地矛盾是普遍的。

我家现在有1000多只大小羊，60多头牛，没什么马，包出去了700只羊，自己剩了300只羊。年年都得买草。去年买了500捆草，一捆12元，买得还不错，狼针几乎没有。2009年天旱那年，一冬天就买了5000捆草。

我有两个女儿和一个儿子，小女儿上高中，大丫头已经结婚生孩子了，男孩也在外面工作了。六年前，我给大姑娘和儿子每人20万元，还给他们都买了复式的房子，现在得考虑小姑娘了。去年我没卖羊，想发展牲畜存点钱，现在存款有十来万元。我现在55岁了，自己没买房，以后只要孩子有出息，我的任务就完成了。

我是1959年生人，三岁失去了父亲，1981年成家，分到了13头牛30只羊，一个土房子和蒙古包。后来就是慢慢发展牲畜到现在。2002年的时候羊绒最好了，220元一斤，我光卖羊绒就得了2.7万元。那时候根本不用买草料，草好天也不旱。

白音××嘎查坚持以小组为单位共同利用草场，在远近也算是小有名气的，从他们的草场状况也能看出，夏草场虽然利用压力很大，植被普遍非常低矮，几乎是贴着地皮的一层，明显退化，但基本没有裸地，冬草场的沙窝子里沙丘的植被覆盖率普遍在90%以上，少有明沙和裸露沙丘。但白音××嘎查仍然没能解决在共用草场条件下大户和小户之间的矛盾。怎样才能一方面兼顾公平一方面又能坚持共用草场，将是他们下一步必须面对的问题。

12.2 反季节利用草场的呼格××嘎查

呼格××嘎查从十来年前就开始夏天在沙窝子里，冬天出来到硬地草场上。这正与夏季利用硬地，冬季利用沙地的季节规律相反。据当地牧民介绍，这是由于一个暖棚项目造成的。由于沙窝子里容易陷车，拉建筑材料进去很困难，暖棚项目就选在了原先的夏草场，也就是硬地草场上盖。自打有了暖棚后，牧户们的居住房子也都盖在了暖棚边上。暖棚主要是冬季接羔使用的，这让牧户们逐渐改变了冬天进沙窝子夏天出来的习惯，转而将沙窝子当成了夏场。沙地本就不耐践踏，传统上牲畜只能在冬天上冻之后进入，在转变了习惯后迅速沙化了。嘎查草场都已经承包到户，各户都拉了围栏，有一部分牧户全年都在沙地放牧，沙丘裸露70%～80%。我们随机采访了该嘎查的几个牧民。

牧民 1

我们嘎查 100 多户，承包之前是冬天在沙窝子里，夏天出来，承包以后各家自己分季节草场拉围栏，我家 3000 来亩，沙窝子和塔拉（硬地草场）都有，各 1000 多亩，还有 300 来亩打草场在塔拉上，围栏也拉了 20 多年了。本来应该是冬天进沙窝子的，沙窝子里更暖和更适合过冬，但是沙窝子里面没有暖棚，暖棚都盖在塔拉上了，所以从盖了暖棚以后就开始冬天在塔拉夏天在沙窝子里，已经十来年了。现在大部分人家都是这样，房子和暖棚盖在外面，沙窝子就都成了夏草场了。

我们有打草场，去年雨水好，不用买草，光买料就够了。前年也没怎么买草，但是料每年都要买，每年就是 4000 ~ 5000 斤的。这几年草好，牛就不怎么用喂料，光草就行了。2009 年大旱买得最多，当时 100 多只羊，60 头牛，买草 4000 捆（30 斤一捆的），一捆十五六元，料一两万斤。有时候也跟信用社借点钱。

嘎查里的大户有 700 只羊，200 头牛。不过这样的少，只有四五户。中等户有五六十户，我就算中等户。出去打工的人少。租草场的有，不多，现在大概 3 元多一亩。载畜量规定的是十来亩一个羊单位。家里孩子上高中呢。

牧民 2

我们嘎查有 130 户，草场 23 万亩，其中沙地 15 万亩。一共有 300 多匹马，6000 头牛，2 万多只羊。一般人家的沙地和塔拉草场地加起来也就是一家 2000 来亩草场。

我家有 40 匹马、30 头牛、70 只羊，就是因为发展旅游才开始养马的，之前主要养牛为主。我们这边差不多都是大畜，小畜少。牲畜多的人家有 100 多头牛的，他们就要租草场。

我们草场都包到户了，塔拉和沙地都分了，这样很不好。现在沙地里铁丝网中间的路都成了沙胡同了。那些有钱人先把围栏拉了，没钱的人的草场就让有钱的占了，结果大家都开始拉围栏。到现在100多户里只有十几户还没拉围栏，拉不起。还有二十来户把草场租出去，出去打工了。

沙窝子里交通不方便，房子基本上都盖在了外面，大部分人都在外面夏场住了，也有的人家夏天也要把牲畜赶到沙窝子里。全嘎查冬天沙地里差不多2000多头牛10000多只羊在里面过冬。承包以前我们这儿都是只有冬天上冻后才能进沙窝子，每年6月之前必须出来，打完草之后才能再进去。分草场之前夏天是不允许牲畜进入沙窝子的，不过现在也没人管了。分草场就不对，太不好了。如果不拉围栏，我觉得我们这儿5万只羊也能养。结果现在一家一户分的，每家只有300亩塔拉，1000多亩沙地，养了1万多只羊，草就不行了。以前好，大家都一起用草场，现在邻居之间都打架，没有团结了，关系也不行了，各顾各的，嘎查开会都没人去了。

牲畜少的懒得出来的（全年在沙地里放牧）还是有。15年前塔拉草场都是羊草，骑马进去都看不到人，10年前还都没有网子呢，而且那时候牲畜比现在多，牛1万多头、羊2万多只、马1000多匹，全苏木11个嘎查里排不了第一也能排第二、第三的。现在整个的草场都不行了。

牧民3

我家1290亩草场，另外租了1500亩，6元一亩，一部分打草一部分放牧。我有160只羊、40头牛、2匹马。前年买了3万斤草，5角一斤，去年没买。料得年年买，每年1.5万元。去年卖了五六头牛，一头牛5000~8000元，羊卖了40多只，一只600元。贷款3万元，基本年年贷，在信用社，主要是零花钱和给老人看病。

外面塔拉上有300亩的放牧场，是好几家一起合着用的，羊现在在那儿，羊倌看着，一个羊倌放1000只羊，七八户合着，冬天羊群回来。牛是一年四季都在这儿了（沙窝子里）。人也基本上一年四季都住在沙窝子里。承包之前是只有冬天在这儿的，夏天就都出去了。

但是塔拉的草场不好，牛去了不行，所以牛就一直在这儿了。家家户户都自己拉了围栏。家家圈了以后，地方小了吃得快，要不就可以放更多的牛羊。

12.3 终年在沙窝子里放牧的乌兰××嘎查

乌兰××嘎查绝大部分是沙地草场，已经承包到户分户经营，每家都拉了网围栏，全年在沙地里放牧。2006年我们在此调查时草场严重退化，几乎只剩下明沙。在2010年实施飞播治理项目，完全封育后，两三年内植被有了明显恢复，但恢复放牧不到半年时间草场状况又整体恶化了，平均裸沙比例在50%~60%。我们在沙窝子里采访了碰到的两位牧民。

牧民1

我家现在有300只大羊，还有一些牛，有2000多亩草场，又租了差不多3000亩草场，基本全是沙窝子。大集体的时候哪儿都能走，人少牲畜也少，草场可松快了，4月从沙地出去，沙窝子里的牲畜都去了大海（达里湖）边的夏草场，9月打草，到10月以后才能回到沙地里过冬。草场分了以后就哪儿都不能去了，现在一年四季都在这儿。这两年雨水好了，草场恢复了一点。前几年干旱的时候，沙山上都是白白的，已经很长时间了。嘎查里90多户有70多户都是一年四季在沙子里出不来。一般每家两块草场，一个打草一个放牧，打草场是打完了放牧。

沙山变成白色以后，路也不好走了，都是沙子，摩托车都走不了。现在家家都有四驱车，出去买东西什么的。我们这儿没禁牧，一亩地给4.02元的草畜平衡补贴，规定了20亩一个羊单位的载畜量。要是禁牧了就没法生活了。

牧民2

我家只有1000多亩草场（全在沙窝子里），养了40头牛。以前有羊，最近五六年没有羊了，因为羊破坏草场太厉害，而且1000多亩实在养不下，牛还好，不那么费草场。大集体的时候，我们每年夏天都要出去到东边的贡格尔河边的夏草场。

我们嘎查的人多草场少，我家没有打草场，进来牲畜之后就打不下草了。这两年雨水好，草场恢复了一点。前几年干旱的时候每年光买草都要花好多钱。去年雨水好也要买草，买了快2000捆，花了将近2万元，前年花得更多。

嘎查一共100多户，家家都差不多1000多亩草场。从分草场以后，我家就在这儿住着，已经16年了，没有公共放牧场也没有公共打草场。这些年，草一长出来就让牛吃了，入冬草坡上就没什么草了，冬天只能靠着外面买来的草。

1997年以后，我家最多也就养四五十头牛。分草场之前最多养过300只羊、40头牛。那时候随便走，想去哪儿都可以。1997年之后就不让到处走了，草场少，养不了羊，1000亩草场都放牧了，没有打草场，用草只能从外面买。嘎查里像我家这样的有20来户，不能打草，每年必须从外面买。草场不行了之后，网子中间的路都是软沙子，摩托、农用车啥的都没法走，平时想从外面拉草进来都不行，只能秋天买了草之后先放在外面，等冬天沙窝子上冻，地硬了以后再拉进来。

三个自然条件几乎相同的嘎查，因利用方式不同，草场植被状况发生了明显的差异，草场分季节并且共用的最好，草场分包到户和夏季也在沙地里放牧的都很差，这在现场从裸沙面积的多少就可清楚地看到。

除了克什克腾旗这三个沙地嘎查的不同放牧方式的对比，我们还专门选择了太仆寺旗的M嘎查和相距60公里的自然条件近似的镶白旗的N嘎查进行对比。

M嘎查一直没有承包到户，草场承包只限于纸面，始终保持全嘎查牧户共用草场的方式。N嘎查则从1984年牲畜承包开始就逐渐落实了草场到户，各家都拉了网围栏进行放牧。

两个嘎查内，我们使用样方的方式在草原生态专家刘书润老师的指导下进行植被调查。两个嘎查情况汇总如下：

• M 嘎查因为草场面积过小，虽然承包到户却只限于纸面，包括 M 嘎查在内，整个太仆寺旗贡宝拉格苏木都保持着不拉围栏、共同使用草场的方式。而这种只在纸面上的承包也是被苏木领导认可并支持的做法。嘎查草场被分成了两部分，放牧场和打草场，其中打草场被平分到各家进行打草，打完草之后仍然共用放牧。

• 对比案例地 N 嘎查与 M 嘎查的自然环境类似，距离约 60 公里，自然条件差别不大，也同样是人多草场小，但打草场和放牧场都承包到户且以围栏分割，有少部分公共夏草场共同使用。

• 两地都实施阶段性禁牧的政策，每人每年可得到 3000 元补贴，载畜量要求 13 亩草场放 1 只羊。实际上并未实施。

在进行了样方和样线调查之后，我们发现，承包经营的 N 嘎查的草场上羊草仅占 4.41%，其余均属退化植物，且呈现群落破碎化、斑块化，植物种类组成单一化的趋势。而一直共用草场的 M 嘎查的羊草占 62.93%，退化植物占一小半，说明也有退化现象，但比 N 嘎查好得多，且植被分布较均匀。简言之，共用草场放牧的 M 嘎查的生态状况明显优于承包放牧的 N 嘎查。

放牧压力方面，共用草场的 M 嘎查合 4.8 亩一个羊单位，承包到户的 N 嘎查则合 8.4 亩一个羊单位，即共用草场的 M 嘎查的放牧压力是承包到户的 N 嘎查的近两倍，但是草场状况却优于 N 嘎查。

由此可见，共用草场的 M 嘎查无论是生态状况还是放牧承载能力都优于单家独户围栏放牧的 N 嘎查。不同的利用方式的最直观的表现就是景观，M 嘎查的放牧场一望无际，植被虽然低矮，明显能看到被啃食的痕迹，却非常均匀。而 N 嘎查的草场则被大大小小的围栏分割，因为各家利用方式和时间的不同，各围栏内植被的高度、种类也都不同，一眼看去完全以围栏为边界，成了各种破碎的斑块，且其中占优势的是大籽蒿等一年生草本及单一的克氏针茅群落。

而通过对 30 多户牧民的入户访谈后，我们得到了一些牧民们的观点和意见：

• 两案例地牧民都表示，共用草场是最适合牧区的放牧方式，承包放牧的 N 嘎查的牧民认为，只有在共同放牧的 M 嘎查的放牧场上才能有大量的好草，自己的围栏里的草“越来越臭，越来越粗”。

• M 嘎查虽然共用草场，对生态好，却有部分牧户开始希望独户经营，尤其是牲畜少的牧户，认为当前的共用草场不公平，牲畜多的人家占了便宜，造成了大户吃小户，致使小户利益得不到保障，希望能够将自家草场围栏起来进行出租流转。

• N 嘎查虽然认为共用草场好，却普遍认为难以重新合作共用，障碍在于怎样保障牲畜少的人家的利益，以及外出打工者如何从草场上获得利益。

在草场承包制实施的时候，M 嘎查所在的苏木领导对承包到户可以只存在于纸面，现实中仍然维持共用草场的生产方式的认定，造成了 M 嘎查与众不同的特殊现象，这保障了公共资源不被分割，被认为是最好、最生态的放牧方式。在与承包放牧的 N 嘎查的对比中，无论是牧民们的看法还是草场样方调查结果，都证明了这一点。

可这种共用草场方式却未能解决公平分享草场资源的问题，存在大户吃小户现象。在我们进行调查的时候，M 嘎查中已经出现了少数牧户正在将自家草场进行围栏，并打算将草场出租。嘎查中也确实存在少数大户，牲畜数量在 500 羊单位以上，且没有得到限制，牧户们提及的“大户吃小户现象”确实存在。

要求分草场的牧户所选择的办法是拿出自己的草场并拉围栏进行出租。虽然这样做的牧户尚属少数，但他们的要求却有草场承包和经营权流转的法律为依据，嘎查对此没有应对办法。而将对公平的需求寄托在社区内生长出的自我管理的内制度上，却困难重重，因为更高一层的外部制度不但没有支持这一点，反而从支持单家独户的角度给合作造成了冲击。这一案例充分说明了，内部制度虽好，但是受制于有法律为依据的外部制度，是很难持续的。

另一方面，通过生态调查，我们能看到，M 嘎查共用草场的方式保留了一定的牲畜的游动性，对生态来说远远优于 N 嘎查的承包经营。这给了“合作草场放牧利于生态”这一观点有力的事实支撑。

但它也同样面临如何控制牲畜数量的问题。毕竟，降雨条件良好的 2013 年 M 嘎查的羊草群落占 62.93%，退化群落占一小部分的数字上已经可以看到草场也在承受过重的放牧压力。一旦经历气候波动中的旱年，草场承受的压力会明显加重。而仅仅一个嘎查内的草场共用，也远远无法抵抗草原气候的剧烈波动，若不能进一步打破嘎查界限，也只是放大了的草场承包而已，虽然“牢”大一些，却也仍然是画地为牢。2015 年夏季 M 嘎查遭遇了多年少见的大旱，放牧草场状况变得极差，打草场被迫开放，牧户不得不靠贷款度日，这时一些牧民开始看到不能远距离走场避灾的问题。

要想彻底解决这些问题，恐怕同时需要外部制度供给与内部制度生长共同作用，包括打破村、乡间隔，制定草场等公共资源的利用规则，同时控制载畜总量等措施。

13. 打草产业链

如今，秋季一辆辆跑在公路上的大型运草车成了草原上的新景观，渐渐地，我们发现，运草车不光秋天打草季节，甚至全年在牧区宽阔而空旷的公路上都能看到，只是秋季格外多一些而已，而大车们奔向的目的地也从最初的锡盟西部、乌兰察布、呼和浩特市发展到天津、上海、广东、福建等地。每年打草、买草成了牧户们入冬之前的头等大事，在养牧为主的草原上，草是如何游动起来的？又如何走上了向外输出的道路？2013 年我们开始对打草产业链进行了粗线条的调查。

2013 年的锡盟，赶上了丰水年，无论是东部本就水草丰沛的草场还是西部的荒漠草原，草都比往年要高和密。虽然在草原植物学家眼里，草高并不代表草场恢复了和不再退化，但一片高草无论怎样都比光秃秃一片更让人欣喜。在横穿内蒙古自治区的省级大通道上，川流不息的拉草大货车成了一道景观，垛成倒梯形的草捆满满当当，连车身达到五六米高，每车都在 30 吨以上。一个牧民告诉我们，他的一个牧民朋友从东乌珠穆沁旗租了一万亩草场打草以后，自己投入买了两辆大车把草拉到东苏去卖，一年就赚了 70 多万元。这类宛如神话般的发家故事还有很多，我们的调查也从租草场打草的草老板开始了。

13.1 锡林浩特草市

2013 年 9 月 25 日在锡林浩特市郊的一个大停车场，停着的都是运草车，停车场的收费员告诉我们，这边停车一天20元，草车大都已经预定出去了，供应附近旗县，还有呼和浩特、北京、天津以及山东等地。差不多就是来了就卖出去了，并不在停车场卸车。2013年在锡林浩特市的草价是一吨800~900元左右。当我们在停车场里进行随机访谈的时候，也有些牧民直接开着农用车过来挑草，他们大都是住在郊区的搬迁进城的奶牛村村民。

草老板

我已经干了好几年了，专门包草场打草，然后再把草运出去，都是先接订单然后拉过去。近的巴盟、东苏、西苏、张北，远的呼和浩特、北京、上海、浙江、江苏、山东、山西都有，最远的还有香港过来人要草的。最近这几年南方要得特别多。咱们是小草贩子，一天两三车往外卖，人家大草老板都是签了长期供草合同的，一包就是几万亩草场，打下来直接就运走了。打草季节每天从锡林浩特到二连的路上，光40吨的草车就得200多辆。

我今年在西乌珠穆沁旗包了2万多亩草场，每亩最低13元最高20元。打草成本一亩6.5元。堆草一天一个人工200元（一车20多吨的一天一个工就够了）。打捆机打大捆每捆4.5元，小的1.4元。装车一吨90元，卸一吨30元。装车必须得4个人，搭配着干活才能把车装起来。装车不光是个力气活，还得有技术，这样装的车够高而且不会散，每人每天900元，一天4个人大概能装一车到一车半。运到东苏，车费和油费算上，一吨30多捆（大捆），最多能卖1200~1300元。

司机不如装卸工挣钱，因为路上罚款罚得厉害，都是抓超载的，抓一次200~300元就没了，交警扣车的话，一晚上要罚3000元，可不超载根本挣不回油钱。

这几年草价一直往上走。去年最好的草一吨700元，今年已经涨到800元了。2010年租草场一亩6元，最多8元，现在一样的草场得20元一亩。也就是从2010年开始草大批往外走的，这两年外面要得越来越多。现在到处建草棚，听说是北京来的人建的，草还没打下来就已经有订单了。东北那边也卖草捆，但他们那儿都是水草，草的营养不行，牲畜不爱吃。今年草场租金高了，可出草率低了，去年一亩能出5捆草的今年只有3捆，所以今年草价高了很多，而且都运到外地了。你看路上跑的车，一般70斤一捆的大捆草几乎都是走外地的。

苏尼特右旗今年一捆草得卖40元，（苏尼特）左旗近一点，可能便宜些，但不会低于30元一捆。如果过年以后缺草，就得50多元一捆了，就算没遇到灾明年春天也得45元一捆。

我们包草场的小老板，因为得雇人租设备，风险也很大，包的草场如果一亩能出4捆半的话，差不多一捆草也就是挣10元，一亩挣个50元，出草率低了还可能要赔钱。

这几年草场越来越贵，包草场也难了。现在一般从大小暑就开始包草场，到打完草收完，前后两个月，资金多了能多挣点，因为设备人工都要出钱。去年草多，但是下雪早，好多草没拉出去都直接堆在草场上了，去年包草场的老板很多就亏了。这个生意还得有资金才做得起。

往外地运草的载重车老板

现在（2013年）拉到北京一吨能卖1250元，比本地高350元左右。40吨的车，一车的油费8000多元。不过到东苏和到北京的油费差不多，因为往东苏的路不好走。我接的活儿一般都是拉到河北保定，价钱都差不多。司机如果空车回，一趟给司机2000元，如果配货就是6000元左右。

北京那边都是大牛场要的，西六环那边有几个很大的三元奶牛场，至少都有8000多头牛。他们一头牛一天得吃五六斤青干草，对草需求量大，这边的草营养价值高，很受欢迎。我已经跑了五六年了。三五年前一车草也就是现在一半的钱，草价是一年比一年高了。现在是高峰期。今年锡盟一斤草4角钱，拉出去就是6角。我一年最多能跑二三十趟。

现在只要是外面来包草场打草的，90%以上都是卖给外地的，很少一部分运到东西苏。这儿现在是草都，半个中国都过来拉草。锡林浩特自己的草还不够。

13.2 外来打草人

东乌珠穆沁旗草场上宝昌来的打草人

我今年包的草场10元一亩，7月份过来看了草场以后租的，挺好的，一亩就能出3大捆草。包了一家的草场，8000亩，主人家里600多只羊。打算都打成70斤的大捆，卖出去，一吨480元左右，拉去北京那边。为了今年打草，我专门买了三个打草机，一个就1.7万元，双刀的，打得快。再雇两个人，一天给200元。要是不买打草机就要花钱请别人打草，按亩给钱，那就不合算了。这样算下来，差不多一亩地有16元的纯收入。我这俩月怎么也能赚十几二十万元吧。我是手里钱太少了，要是有钱多包点草场还能多赚。我们宝昌过来打草的人挺多的，有的一包就是好几万亩。

呼伦贝尔打草场上的老板

我包了5万亩草场，一亩7元，就是一家人的。草打下来都是运到福建、山东、北京，给奶牛场。都打成70斤的大捆。这边牧民自己打草喜欢弄圆捆，一捆500斤，那种不好运输，还是70斤的好装车。拉到山东、福建，加上运费，能卖到1000~1200元一吨，差不多合一捆草40元。打草打捆再加上租草场，差不多一捆的成本是20元。一亩能出2.5捆，5万亩就是12万捆，一捆挣20元，这几个月应该能挣到200多万元。

前几年我也是做草生意，在黑龙江做，那边都是羊草，一亩起码能出4捆，也挺好的。不过今年那边涝了，就到这边来打了。运输的大车一车装37吨，1150多捆，标准是34吨。肯定要超载的，要不司机挣不到钱。拉到山东，36小时，司机报酬是6000元。

西乌珠穆沁旗打草场上的四个装卸工

我们是跟着老板干活的，按车算钱，每人每天600~800元，差不多一个35吨的17.5米的大车，装满了就得一天。装70斤一捆的草捆，拉到天津的大牛场去。那边的牛场牛多，要的草也多，一般一头牛一天得8公斤的干草。到天津一吨五六百元运费（包汽油和过路费）。装一天卸一天跑一天。

我们现在干活的这片草场是老板包下来的，没狼针，虽然产草量一般，一亩才100多斤，但是比较贵，租一亩草场20元。

我们装的这个大车以前是拉煤的，13.5米长，现在为了拉草专门加长了，买这样一台车起码得50万元。

装卸的必须是四个人一组，得配合特别好，要不太累了。要装8层。草叉2.2米。两个人叉草往车上送，一个在车上接住，一个把草捆垛好。只有有经验的才能把草捆垛成下窄上宽的梯形，能装得又多又结实，否则很容易在大车拐弯时侧翻和散开。

我们四个人搭班干了四五年了，河北人，都是跟车走，车到哪儿人就跟到哪儿。这次的草我们也不知道拉哪儿去，要先去锡盟才知道去哪儿。

刚开始接触这些草老板们，光是打草成本、装车成本、租草场多少钱、打捆多少钱这些数字就让我们听得晕头转向，其实算简单一些，在作为产草地的锡盟东乌珠穆沁旗和西乌珠穆沁旗，一捆70斤的草从打下来到运输，差不多一捆12元，而卖出则能卖40元，赶上春季青黄不接的时候能卖50元。这就能看到其中的利润空间了，一捆草的利润最多能超过300%（当然利润被分配在各链环上）。这个结果让我们震惊，什么样的生意能有这样多的利润和回报？是什么造成了一个原本依靠天然牧草放牧而且目前又因草场退化而缺草的地方开始了直接出卖牧草的生意？值得注意的是，与牧草价格一路飙升同时发生的是，牧区草场普遍处于加速退化中，牧民生产成本直线上升，众多牧户都走上了贷款养牧负债经营的道路。

听了草老板们的叙述后，再来听听牧民们的看法。

13.3 打草区的牧民们

东乌珠穆沁旗一牧民

我今年准备存1万捆草，我是包的草场，自己打。我5元一亩租了2000亩，一租三年。打草人工一亩6元，能打6~7捆（小捆，30斤一捆）。捆草一亩7.2元。没有狼针，都是羊草，挺好的，是我们嘎查内的。打完了卖出去2000捆，最终等于买草上花2万元就行了。这比直接买草便宜多了。今年我400多只大羊，80多头大小牛，70多匹马。如果不自己打草，至少要花10万元的草钱。

去年我家牛马都没卖，贷了5万元，就想发展大畜，就算遭灾了哪怕买草也要扛着，十几万的草钱几个牛就顶出来了。因为现在有棚圈了，又能买到草，只要牲畜不死来年就能下崽赚到钱。我家牲畜最多就是现在了。

不过现在好的打草场不好租，越来越贵，一年就用两个月，每亩至少10元以上。满都宝力格（东乌珠穆沁旗的一个苏木）去年一亩租金23元呢，不过人家草场确实好，一亩能打十几捆草。

西乌珠穆沁旗牧民

我们嘎查基本都能打草，草也长得高，就是狼针太多。我家一共4000亩草场，今年全部都打了，一亩地能出5捆小捆。打草机都是自己的，差不多要打十来天，现在就怕机器坏，那就耽误事儿了。今年打完了打算全部卖出去，因为狼针太多了，有草贩子来收草，一捆六七元，拉到呼和浩特、北京去。自己家用草再买好的，价格也差不多，找没狼针的好草。

东乌珠穆沁旗某嘎查长

现在草场越来越贵了，放牧场租金一亩五六元，5元已经是最低，打草场10～13元。当地人放牧的觉得5元一亩就不低了，可外来户出得高，10元都可以，结果草场都给他们租走了。他们只要一亩能打3捆草就能赚钱，打得越多赚得越多。一捆7～8元，3捆就是20多元。今年最差的草场一亩能打3捆，好点的打7～8捆的也有。我们附近的人家只要有点富裕的打草场几乎都租出去了。

现在的打草跟以前不一样了。老牧民都知道，再打草也不能打干净，怎么也要留一条草带，这样冬天可以截住雪，有雪的地方来年返青早，牲畜冬天也能有雪吃。可外来打草的可不管，都打得光光的，而且搂两三次草，陈草枯草都给搂没了。这样冬天留不住雪就容易干旱。枯草在蒙古语里叫"包格"，好处很多的，能存雪能保水能保温。有枯草的草场春天肯定比其他草场返青早、长得好。但是现在人都不太在意枯草。

如果能连续有去年和今年（2012和2013年）这样的雨水，不打草，别让牲畜吃太厉害，两年就能有枯草层了。现在的草场，远看草高近看稀稀拉拉的，就是因为没有枯草了。等枯草出来，慢慢多了，就能变成土，跟金子一样，这样的土上才能长草，草才能密实起来，还能留住水分不干旱。从分了草场之后，已经有十五年没有枯草了，都是因为承包了。以前大集体的时候，1万多头（只）牲畜2000多匹马，都还能有枯草层呢。

不过现在的人都不在意这些了，都是什么能赚钱就干什么了。

去年往满都去的路上都是大车，拉草的，有些草打下来都没来得及打捆拉走就下雪了，结果春天还在往外拉草呢。这是牧区很大的问题。去年我专门看过，从沙麦到满都，一路200多公里，也就是家里羊多一点的人家草场上还剩点草，其他的都给打光了。我们这儿前些年一直旱，也就是2011年才有点雨，大量打草从去年（2012年）开始，只要长点草就让打掉了。

打草时间也都提前了，现在是什么都不管，只要能赚钱就行。70年代打草要求必须8月中旬以后才能开始，那时候草籽儿熟了，也都掉在地下了，打草就对明年长草没太大影响。现在草籽没熟就开始打了，差不多提前了将近一个月，所以碱草少得多了。7 月你去草场上看，一眼看过去，打草机比牲畜还多呢。打草搂草打捆，都有专门的机器，也有专门给人打草、捆草的人，就是为了打草。这些都是外面来的人，专门打草。一亩 6 元打下来，一亩 1.6 元打捆。打草打得早些，草湿，有营养而且压秤。包草场打草的人都愿意提前打，草湿能多卖钱。另外，如果打草时间晚一些，那些一年生的草就没了，打下来的就少了。

其实政府规定的是必须等到 9 月 1 日以后才能打草，可实际操作不行，因为狼针太多了，必须趁着早点狼针软的时候打草，这样打下来的草还能吃。打得晚了，狼针都硬了的话那草就没法用了，扎羊扎得厉害，羊吃那个，下巴都扎透了，舌头下面都是针，掉膘。有时候羊在针茅多的草场里一走，都直接往肉里扎。有一年冷库直接就把肚子的肉割掉不要了，里面扎的全是狼针。听说西乌珠穆沁旗那边还有马驹子被狼针扎死的，这种事儿以前从来都没有过的。不过外面奶牛场这两年开始要狼针草了，专门找那种带狼针的，他们是要把草加工成草颗粒喂牛的，所以不怕扎，说有狼针种子的草有营养。

所以现在包草场打草的都提前打，趁着草湿多卖钱，我们当地人自己打草也都提前了，至少提前 20 天，赶在针茅结籽儿出针扎羊之前都给打掉，要不羊皮上只要扎了一根，那张羊皮就卖不上钱了。如果说没扎的羊皮能卖 100 元的话，扎了的 10 元都没人要。

这种打草卖和卖打草场的比喂牲畜省事，还稳定，尤其对那些没有牲畜的人来说，不用干什么钱就来了。满都那边人少草场大，一家光卖打草场一年就是十几万元的纯收入，什么都不用干。要是同样草场放牧的话，一年要卖 200 只羊羔子才收入 14 万元，还得刨除各种成本，所以靠卖草场生活的牧民也越来越多了。不过我们嘎查草场小，人多，是东乌珠穆沁旗人均草场面积最小的嘎查。嘎查里大部分人家都打不了草，牲畜光吃都吃完了，只能花钱买草。

其实这些草应该按内部价格给需要的牧民，结果政府根本不管这些，从草场直接拉草是 6 元一捆，加运费就是 8 ~ 9 元，人的费用越来越高了，其实政府应该调节，应该有个价格控制标准。这些问题的根儿还是在承包上。草场承包给你是让你放牧的，不是为了让你出租的，这种靠出租的人就应该把草场收回。对这种人发补助都是白搭。草场不是商品。你不放牧还要那个草场做啥？你没能力生活可以给你低保，帮你孩子找工作什么的。但是现在没有牲畜的成了牧主成了爷了，租草场一次拿三五年的租金，十几万元，拿到手里就乱花了。花完了就到处借钱赊账。

牧民是一年一年发补贴的，可是一租草场就是三五年，得咬牙一次把钱拿出来，还不能不租。结果租到手里又碰到干旱，所以现在牧民放牧是越来越困难。可打草场是一年一租的，每年5、6月看完草场才订价格合同的，没有一点儿风险。

外来人包草场打草是近些年的新情况，也让这位老嘎查长有很多意见，认为外来人没有保护草场的动力，搂草搂得太厉害，妨害了草场的生长和更新。其实，自从开始大规模打草，打草场退化问题已经逐渐凸显出来，也许外来包草场的人会打得“格外狠”和搂草“格外干净”，但当我们进行草场实地调查时，单看草场状况有时很难分辨出当地牧民和外来包草场的区别。因为毕竟自家草场上打草与外购干草相比，是更加适合牲畜、成本更低的，与高价外购相比，首先选择的必然是先将自家草场上的存量尽可能用尽。

不过老嘎查长还提到了“包格”枯草层，以往的访谈中虽然也有牧民提到过枯草层，却没能引起我们的注意。包格到底在草场和放牧系统中占据着怎样的位置，发挥着怎样的作用？其后的调查中我们也对这个问题进行了追访。

13.4 牧民们议论打草

苏尼特左旗退休干部

打草也不能老打，草籽儿都拿走了，怎么可能长好？以前东苏也有枯草，好几年的厚厚一层，黑黑的，软软的，有营养。1958年我们几个小伙子被大队派去隔壁嘎查打草，草特别高，不好打，我们就偷懒不打草直接搂枯草交账。当时的枯草特别好，有半尺厚了。但是1966年大旱之后，慢慢地，枯草就不多了，有的地方有，有的地方没有。我们嘎查的4万亩打草场到1990年还有枯草呢，主要得保护。一两年不进牲畜，控制让大畜进去。但是后面没有管理，枯草就一下没有了。现在别说枯草了，连草都少了很多，稀稀拉拉的，一撮草才几根。如果说以前一撮草有100根的话，现在只有30根了。我记得1989年吧，外面有记者来让我看看草种类，找以前的草种，那时就有很多草找不到了，现在就更厉害了，草都变了嘛。

苏尼特左旗牧民

我年轻的时候在阿巴嘎旗和苏尼特左旗交界的地方干过十几年，放马放羊放骆驼，什么都干过。那时候雨多，草也好，比现在好太多了，一般的草场都能打草。地下的枯草层都是厚厚的，都是牲畜吃草吃不完剩下的。现在就没了，牲畜还不够吃呢，怎么会剩下？牲畜爱吃枯草，尤其冬天接羔时候，搂上点枯草就够喂羊羔了。我记得从1975年以后枯草就一年年不行了，后来干脆没有了。

东乌珠穆沁旗牧民

租草场前几年挺容易的，现在打草场贵了，最高的一亩20元，一般都16～17元，最低10元，结果放牧场的价格也高起来了。我们现在最担心的就是以后能不能租得上草场，尤其是到雨水不好的时候，是不是就只能靠买草喂羊了。

现在嘎查内能打草的地方很多，但是有些人已经租出去了，一租三五年。打草这个事儿，我们也没法管，他们也是为了生活嘛，我们这些养牧的肯定会受打击，租不到草场。这几年这样的事情就很多，差不多出租的都给了外面人，外面人出价高，也有自己打草卖出去的。我们嘎查50多户，大概有十几户没有牲畜靠出租草场生活的。我家是最富裕的了，上1000只羊的就是两家。

一般放牧的人家大部分支出就是租草场，还有买草料，我们嘎查雇人放牧的少，自己就干了。但是租草场要求一下拿出三年的租金，那就得20多万元，还是有压力。这些年狼针是越来越多，但是奶牛厂喜欢狼针草，有种子。

马群是不会破坏草场的，会让草长得更好，还会长好草。打草太多不好，越打草越长得不好，就剩了下面的小草以后，刮风草根都会露出来。放牧的草场是平的，打草的地方逐渐变得凹凸不平，摩托都不能走了。外面来打草的，用的大搂草钯子，厉害呢，什么都留不下来，间隙小，刀也低。牧民自己打草的都会把刀子放高，打完了还能放牧，而且不怕丢草。

羊喜欢吃枯草，尤其是春天和冬天。一年的枯草是白色的，两年的是灰色的，三年的是黑色的，就有了油分，穿马靴走，靴子都是亮的，那个有营养，羊喜欢吃。所以枯草很重要。没有枯草的草场草高质量也不行。

我们在草场调查的时候也注意到了他提到的草场越来越凹凸不平的问题。草场退化不仅带来了草种类、高度和盖度的降低，还影响到了表土。草场退化、高度、盖度降低，造成了表土被风吹走，留下的草都成了一撮一撮的，尤其明显的是针茅。稀稀拉拉的针茅丛和根系凸出地表，丛与丛之间表土被吹走，生长着一些低矮的一年生草本。是什么造成了这种情况？也许是没了枯草层的缘故，也许像这位牧民说的那样是因为打草太多的缘故，有时很难得出明确的因果关系。

呼伦贝尔某贫困牧民

草场比以前差多了，过去草高。以前冬天都是直接放牧的，只有一些走不动的老弱畜才给补喂一点干草和料。现在主要是因为牲畜多了。草低了就必须打回来喂，要不下雪了牲畜就吃不到了。牛羊冬天也必须有暖棚。

其实账算下来，不养羊卖草更合适，养羊纯收入没多少钱。我家去年打了200捆草，成本1万多元，都是自己打的。不包括机具费，一捆草 500 斤成本 50～100 元，每斤草成本 0.1～0.2 元，买草每捆 200～500 元，每斤 0.4～1 元。

以前我们这儿是直接拉散草，80 多里地，凌晨 3 点走，一天拉 4 吨草，慢慢拉。这两年开始有圆捆机，可以打成 500 斤一捆的大草捆，运输起来就比较方便了。不过雇个捆草机，打一个大草捆得 15 元。而且还得用叉车才能把草捆搬到车上，光叉车就 10000 多元；冬天没有大车还走不了，二手的大车至少五六万元，运费一捆就 30 多元。

呼伦贝尔某牧民

我小的时候不打草，到 2000 年或者 1997、1998 年开始大规模打草。我是 1996 年结婚的，1800 只羊，当时我老公公当家，一冬天一根草都不喂，都是他来放牧的，羊膘情也好，而且羔子都没损失。那时候的草场家庭小四轮都能走，现在雪大了，四驱车都走不了。因为以前过冬不打草，有高草的地方雪是软的，现在草都打掉了，截留的雪薄，被风吹得硬硬的，外面是一层硬邦邦的冰壳，走路都没法走，更别说羊要吃草了。结果，草低了必须要打草。越打草，雪越硬，结果必须要打草，这就是种恶性循环。

关于冬季放牧，我们也请教过一些老牧民，虽然很多人都表示冬季放牧远比打草回来饲喂要省事得多。如果直接放牧的话，一群羊一个人就足够了，而舍饲喂养至少需要两三个人工，包括每天要把草捆从囤草的仓库搬运出来，打开，再喂给牲畜三顿草、两顿料，可现在真正做到冬季放牧不饲喂的几乎没有。

对放弃冬牧的解释也有很多，比如冬天太冷，跟牧的人太辛苦；草太低，牲畜无法顺利吃到雪下的草；以前靠马等大畜踏破冰雪让羊吃到下面的软草，现在没有了大畜……但能够看到的是，随着草场的不断退化，牧民们已经失去了优质的冬草场，打草饲喂也成了不得已的选择。

做草生意的牧民

我做草生意没多久，我们这儿大规模打草也就是最近十几年。我自己就是在嘎查里拉草跑着，谁家需要用车什么的，给人家干活打打工。我们嘎查100来户，没车的忙不过来的就雇我。我也给需要草的人介绍牵线，比如你家有草他家需要草这一类的。现在你能看见的大车都是外面的，只有小拖车是我们牧民自己拉草的。

草场承包时我刚结婚，只分到两个人草场，一人1900多亩，一共才不到4000亩，家里大羊300多只。家里的草场都是石头，打不下来草，必须租别人的草场打，还得雇人。租草场1000多亩，加上雇人等等，要花四五万元，打完了卖出去一部分，能抵消一半成本。因为一捆草光是装卸和垛草就要2元。草场好了一亩能出六七捆（30斤）。如果不打草直接买草，得买4000捆，一捆10元，所以还是自己打草便宜一点。另外我还给人家拉草，一年挣个两三万元。

现在租放牧草场便宜，一亩八九元，租打草场的都得十几二十元一亩了。本来没这么高的价格，外面来包草场的人多了，就把草场价都拉高了。现在年年都得打草，就算不往外卖，自己放牧的也得打。因为雪一大就放不了了，只能把草打回来直接喂。

现在狼针成灾得厉害，都是因为大畜少了。如果马多了，长的草种类都不一样了，狼针也少得多。

在内蒙古东部的产草区，除了像这样自己做起草生意的牧民，其他的只要在放牧的牧户们不少家庭都购置了一套以上的打草机械。从拖拉机到打草机到搂草机，甚至还有价格昂贵的捆草机，而打草各个环节也都有了一系列配套的市场服务。一套最简单的打草设备也差不多要3万~5万元，一些比较先进的效率更高的机械则要10万元以上。在打草季节，旗镇上到处都能看到打草设备出售、出租和维修的店铺，以及雇工广告。

在我们的调查中发现，虽然打草时间提前了，但仍然有极大的时间限制，否则草就干了黄了。对一些草场较大的人家来说，甚至必须购入三套以上打草设备，如果只有一套机器，一旦遇到机械故障就只能停工了，劳动力需求也相当大，只能雇人干活。即使这样高成本的打草，由于草场价格持续上升，干草价格也逐渐提高，仍然比直接外购草捆花费低。这让每年的打草设备人工越来越专业，打草场价格越来越高。

在西乌珠穆沁旗，我们甚至遇到了一个打算依靠打草卖草摘掉贫困帽子的嘎查。

海××嘎查长

> 我们嘎查是草畜平衡区，一亩补贴1.71元。2008年大旱，这两年（2012、2013年）可以了，雨水好了以后，草也好，现在草剩得多，不光能打草，还能卖草，牧民的收入也好多了。一捆草能卖8元。平均一家都能打1万多捆，自家用3000捆就够了，其他的卖出去再刨除费用，一家能净赚3万多元。
>
> 我们嘎查是盟级贫困嘎查，127户里只剩了58户养牧，55%都进城了，去锡林浩特陪读打工什么的。一般人家也就是100~200只羊，有400只羊就是大户了。2008年我们这儿大旱，一捆草卖到24元，买不起，还不如处理牲畜，好多人家就是那一年变成无畜户的。
>
> 这两年我的草场都能打草，放完牧还能打。我们这儿家家都打草，可惜草质不好。我们嘎查打草面积有25万亩，平均一亩3捆，75万捆。嘎查留下30万捆，出去45万捆。这是纯收入的。一亩地3捆，打一亩6元，捆一捆1.2元。一捆卖出去7元。一亩净赚12元。一捆纯收入4元，卖出去全嘎查180万元纯收入。
>
> 我2009年当上嘎查长，今年我建了一个草业合作社，想一起卖草，跟外面大老板订合同，北京的一个老板专门往唐山和天津发草，还有锡林浩特的伊利牧场，自己卖价格太低而且不好联系。我们打算各家自己打，然后统一卖。上面给了我们一台72万元的打捆机，我们自己掏24万元。这个已经给了，一事一议的项目给的。今年已经有了一个30吨的合同，他们大车过来拉走。

一个因为干旱而贫困下来的盟级贫困嘎查，又因为卖草开始逐渐恢复起来，可依靠卖草发展真的是一条可以走下去的道路吗？一个依靠天然牧草进行生产的地方，开始不再生产牲畜而是直接出售牧草，真的合适吗？很难想象如果再次遭遇干旱，这些从依靠放牧到依靠卖草的牧户们该如何生活，这些投入了几十万元的机械该如何处置。2014 年我们回访这个嘎查时，因为遇到严重干旱，嘎查与外面签的打草合同停止了，打草合作社也没有成立起来，一个前一年访问过的牧户，当时在正忙着跟外来人谈打卖草的生意，一年后的今天干脆把自家草场都租给了放牧的牧民，自己到其他地方当羊倌了。

14. 划区轮牧的实验

“划区轮牧”是草畜优化管理的手段，然而在草场承包前提下真正实践并成功的案例却少之又少。往往我们奔波上百公里，辗转到达各个划区轮牧试验点，却被告知已经停止或失败。下面是一个位于锡林浩特市的一户牧民朱××实行划区轮牧的项目点，在我们所见到的所有案例中算是较为成功的一个。2014 年 9 月我们来到了这个项目点。

14.1 因地制宜而不是照本宣科

我家草场 7000 亩，另外还租了 5000 亩，不过租的那块草场在 2012 年因为合同到期已经退回去了。

我是 2006 年 8 月开始划区轮牧的，是个政府项目。我先把自己的草场划成小区，第二年把租赁的草场也划区轮牧了。牲畜数字上一直维持着平衡，过冬牲畜就是 480 只羊。刚承包分牲畜的时候我家只分了 100 多只羊、六七头牛、四五匹马和一峰骆驼，后来慢慢发展，最多的时候就是 1999 年夏天，1200 多只羊，60 多头牛，30 多匹马，只有骆驼没了。

不过牲畜多的时候草场不行，年年都得买草买料，成本特别高。而且牲畜多了以后，纯收入其实反而不行，就是因为费用太多了，加上以前的牲畜价格不高，每年纯收入也就是 3 万多元就不错了。尤其是 2000 年元旦的时候，白灾加上沙尘暴混合，之后又大旱，草场上都没草，最后不得已只能让羊走场，费用高，成活率也下降，积攒的钱都投进去了。那年我们全苏木接羔成活率最高的就是我家，也只有50%，平时几户都是100%的。我们这儿的牧户好多人家山羊羔子一只都没接上，掉羔了。那年我存草多，而且刚好新盖了棚圈，所以羊死得并不多，大羊几乎没有死。可是要走场，要买草料还得买奶粉，必须是无糖奶粉，有糖奶粉羔子吃了拉稀，存款几乎都赔进去了。那次遭灾以后，看看这么着不行就开始减少牲畜了。

到2006年，因为接到一个政府项目，开始划区轮牧。其实当时我并没想什么划区轮牧，只是琢磨能不能别在春天而是在冬天就提前接羔，这样养到秋天卖的时候肯定个头更大，是不是就能卖更多钱？2006年初，正好赶上市长下来视察，下午五点多来我家时我正在接冬羔呢，四大领导班子就来了。他们就说哎呀，这羊怎么这么好！走了那么多家就没见过那么大的羔子这么好的羊！而且我家不是把饲草料满地扔那种，都是弄的铁槽子里放草料。他们回到市里就开了全市畜牧业领导会议，点名要把我家当典型，开始投钱。当时问我发展想法，我说想要把草场围上一块，接冬羔的时候能把羔子放进去，多省事儿呢。他们就问，你要不要搞个划区轮牧？我说那就更好了啊。结果当年夏天就开始拉围栏了。我自掏10%，2万多元，其他都是项目资助的，设计是草原站搞的。

围栏拉起来当年就见效了。因为之前没有围栏，谁家牲畜都能进来，牲畜多了草场肯定就不好。现在有了围栏，不光别人牲畜进不来，自己家的羊也不需要羊倌，省大事儿了。以前我雇羊倌一个月50元，到现在估计一个月3000元都不止了吧。划区轮牧后我就把羊倌都辞掉了，而且把羊都分开。我的草场7000亩和租的6000亩一起，一共分成了13块小围栏，羊分成好羊一拨，中等一拨，次的一拨，直接赶到不同围栏里去就可以了，既不会混群也不用人跟着。

本来这个划区轮牧的项目是草勘院、草原站设计的，设计得挺好的，每一个围栏里面都打一口井，这样羊不用回来就能在草场上饮水了，但是不符合我们这儿的实际需求。锡盟春天和秋天都冷，更别说冬天了，总不能一直在草场上吧，每天还得回到圈里吧，那你那么多井就没什么意义，而且还得留出好多进出围栏的路，浪费了好多面积。而且他们的设计特别严格，1000 亩一个小块，方方正正的，碰上坡、碰上沟、碰上路的都不管，就是死板划开。那些设计的人根本就没下车看看我的草场，就用 GPS 一测量就直接派施工队下来了！我一看不行，要是这样我宁可不要这个项目了。最后我把市草原站站长也叫来，说得考虑真正能适合我们的、我们需要的方案。后来他们尊重了我的想法，以房子和井为中心分散出去，像个太阳一样，13 块围栏，这样饮水也好、进出棚圈也好都方便。围上以后，那草好得，长得高得，一点地皮都看不到了，车在里面走，大石头都感觉不出来，因为草厚。

我租的那块 6000 亩草场，从 2002 年开始租了 10 年，租金从一亩 5 角钱长到最后一亩 7.5 元，我们锡林浩特放牧场租赁费最高的就是我这儿了。本来我是希望能够长期租稳定一点，所以才一次签了 10 年的合同，也审批了，盖上了草原监理的章，可政府忽然规定一块草场租赁最多不能超过五年，后来又说不让超过三年，租赁十年的一律作废，我就没办法啦。就从那时候开始，租金就两三年涨一次，从 5 角钱一直涨到 7 元多。现在合同到期，草场已经退回去了。

虽然草场价格一直在涨，不过租草场怎么都比买草料合适，至少羊能在里面转悠吧，而且我的划区轮牧不是死教条的。开始他们跟我说一个小块里面放七天，我就照做了，可后来觉得这样规定其实不合理。你必须观察草，根据实际情况调整，应该换个小区还是继续放，草长势不行的三天可能就得走，有的草你放了十天还挺高，为啥不用呢？

我的经验就是一般到干旱、热的时候，两天就得换地方。因为旱了，羊再来回走，草很快就不行了，好几天缓不过来。你把羊撤出来让它三四天缓缓，草还能立起来，要是一直让羊在里面，草就都趴着了。所以干旱、热的时候，就得尽可能勤换草场。我的轮牧小区有 200 亩的，也有 500、1000 亩的，这都是我自己设计的。比如春天接羔的时候，便于好找羔子，就得放到小一点的围栏里，200来亩的，大的草场更方便羊溜达。

再有就是年年打草不能老在一个地方打，适当换着地方打比较好。我家草场现在基本都是羊草了，这都是我一点一点改良的。我一开始做过实验，撒过羊粪沫子的土壤保墒好，而且能留住雪。我把羊粪沫子往草场上撒，撒厚一点，压实了，有十来公分吧。羊草喜欢肥力大一点土软一些的地方。就这么一年一年一点一点地改，羊草能串根儿，草场上就都变成羊草了。现在我有2000多亩纯羊草的草场了，原来那2000亩里面也就30%的羊草。

现在牲畜数量是最少的了。牛和马都没了，就剩了600多只大小羊，过冬要是按照草畜平衡30亩一只羊，我家就只能养250只羊。其实用不着，只要草好就可以了，我家现在是保持着过冬羊480只。但是羊少了生活紧，我多次向领导申请多养点羊，没有批准。

话说回来，牧民日子最好过的时候是1987、1988年。那时候年轻人比较能干，加上山羊绒值钱，每只羊一年就能卖200多元的羊绒，顶两只羊的价格了。那时候羊不值钱，是羊绒先涨价涨起来，其他价格后来起来的。别看现在纯收入一说多少万，可是现在钱不值钱，你拿个万八千进城一趟，回来就基本上没钱了。那两年确实好，就算国家还收税也不算什么。现在你看一家牧民一年光是草料钱就好多。

我家好一些的是我还自己开的有饲料地，100亩，大概1987年开的。我是从东北过来的，农村长大，开地必然比天然草场强嘛。我的饲料地一亩能出5000多斤青贮，不结籽儿。我这是旱作，一点水都不浇。因为我种地的地方选得好，只要下点雨就能积水，每年都能长2.7～2.8米高。

我现在是从5月末到10月份的时候，用划成格子的围栏，10月打完草之后，就把羊放进打草场里，吃剩下来的散草，不轮牧了，随便吃。入冬到春天基本就不出门，在圈里喂打的草，还有我100亩的饲料地每亩打5000来斤的青贮，差不多就够用了。

不过项目给的围栏，人家只建不修，都得靠我们自己修，八年光修围栏就投入五六万元了。头一年拉围栏，因为下大雨就冲坏了13截，后来又因为挂了猪毛菜压坏过不少，都是我自己花钱修的。但是有了围栏就不需要雇羊倌了，这么想的话这笔投入也不算太多。

这些年我家羊没有绕着围栏想出去的，够吃了，就在里面吃，吃完就趴着，膘情也好。2002年到现在，就2010年好像旱过一次，但是不怎么严重。划区轮牧挺好的，可以做，但是牲畜数量一定不要太大，太多了的确是不行的。

他的草场的确如他所言，已经是入秋九月，草依然丰茂，羊草的比例也比较高。但是在评价他的划区轮牧实验的效果时必须考虑进去的是，锡林浩特市的年降雨量平均在250~350毫米，草场耐牧性较强，他实行划区轮牧的10年里基本没有遇到大旱，他的饲料地甚至可以不需要灌溉也能每亩打5000斤的青贮玉米。这种相对优越的降雨条件不是每个地区都能有的。另外，他的牲畜数量从之前的1200只降到480只，以及灵活掌握放牧时间也起到了相当关键的作用。特别是不断给草场上羊粪是一项重要的措施，使他的草场具有了一定的人工改良性质，从而提高了草场的承载力和稳定性。所有这些条件组合在一起是该案例较为成功的原因。这个案例也很值得继续观察和总结经验，而不是照本宣科地套用外来经验。朱××的经验同样不能原封照搬。

2016年9月，通过电话，我们对朱××进行了回访。

今年旱得厉害，轮牧草场只有最初放牧的围栏里可以打点儿草，其他围栏里都打不了草了。我还是坚持划区轮牧，草场比别人家的还是好，不过针茅比过去几年多了，因为针茅耐旱。去年开始把5000亩退回不租了，自己草场也够用的，羊就差不多维持在大小羊900多只的水平。现在的问题是羊价下跌得太厉害了，2013年一只羔子卖800元，今年才300元。去年没卖羊，为了生活只能贷款了10万元，这还是我家这么多年第一次贷款呢。现在看来去年把羊卖了可能会好些，没想到今年会继续旱，羊价还继续掉。

今年只下了一场大雨，又急又大，把我家围栏冲垮了七八段，自己修的，花了2000多元。围栏上政府没再投入。原来我租的5000亩草场的那家去年也跟我学划区轮牧，但是效果不好，因为他家有大畜，破坏围栏得厉害，而且草场都是先放牛再放羊，今年又旱，所以不成功。其他牧户没有划区轮牧。总的来说我觉得划区轮牧还是挺好的，就是羊价下跌的影响挺大，不知以后会怎样。

14.2 呼伦贝尔的划区轮牧点

这个划区轮牧的案例在呼伦贝尔草原，特点是寒冷但相对湿润，草很高很密，也比较耐践踏。案例点的草场整体平坦，没明显地形变化，所以轮牧小区的设计也比较规整，宛如教科书范例，放牧场6个小区方方正正，从羊圈出来，中间是一条牧道，两边各三个放牧小区，门冲着牧道，可以保证轮流放牧的时候牲畜从牧道都能直接到达，水井就在羊圈旁边。2013年8月我们调查时，主人正在纠结要不要继续轮牧。

我家是2002年开始划区轮牧的，一共8400亩草场，其中4000亩的夏季草场分成了六个小区，一个区600亩左右，另外的4000多亩作为打草场封闭起来，专门打草用。每个小区里面放7天，42天轮一遍。我们这儿除了承包到户的草场，还有一大片归旗里所有的公共夏草场，靠着河边。每年6月到9月，大家都把牲畜放到那边去。所以我的小区轮牧其实就是每年春末夏初放一个月，9月回来以后放到11月，全年使用差不多三个半月。

牲畜基本保持1000只，最多1300只大小羊，再多就不行了。有一年羊数达到过1600只，一放到围栏里，草很快就吃光了，眼睛都能看得到的，一个小区里连7天都待不住，草就没了，公用的夏营地草也不够，只能早早赶回来处理掉。所以这么着我就知道，我家的草场最好就是保持着1000只羊的水平，不能再多了。我们嘎查70多户，我家算是大户，不能再发展了，要不草场不够。嘎查大部分都是中等户，像我这样的大户有十来户。

我家是承接的内蒙古草科院的项目，他们投入5万元，我投入2.7万元拉围栏，饮水就用的我家自己的井，没有另外打井。我家是陈巴尔虎旗第一家实行轮牧的，刚开始效果很好，旁边人家的草场杂类草很多，我家就是碱草（羊草）为主。但是这两年不太好了，针茅多了，不知道是不是因为天旱了的关系。而且现在每个小区的出入口都被踩踏得很厉害，这一点没法解决，因为不管在哪个小区，每天进进出出的围栏口肯定是踩踏压力最大的。

开始的时候，草科院他们每个月都下来人测草量，后期就是我给他们测，把记录的数据邮过去，让他们研究，再后来就没人搭理我们了，有三五年了吧，也没有继续投资，围栏坏了什么的也都是我们自己花钱修。

羊的膘情挺好的，不过也没特别好，跟不轮牧的人家差不多。刚开始的时候我家坚持了3年不去夏场，每年在轮牧的格子里从5月一直放到11月，可2006—2008年大旱得不行，只好开始去公共夏草场，另外还租了一块2000亩的草场待过一个秋天，5元一亩，要不轮牧的格子里都没草了。干旱那几年草场退化厉害，草矮了还稀了。有一年旱得都没法打草，4000亩打草场一共才拉了一车散草3吨，每年都花四五万元出去买草。

这几年冬天太冷，已经没法放牧了，都是打草喂。原来的4000亩打草场不太够了，现在是夏天让牲口都去河边公共夏草场上，让家里草场的草长几个月，连放牧场带打草场的草都打下来，要不然不够。我小的时候我们这儿是不怎么打草的，就是1998年到2000年左右开始大规模打草了。我是1996年结婚嫁到这里，当时大家庭没分家，1800多只羊，我老公公每天赶着放牧，一冬天一根草都不喂，羊膘情也好，而且羔子都没损失。而且那时候因为不打草，下来的雪盖在草上都是软软的，小四轮都能跑；现在每年打草，雪也大了，都让风吹得硬硬的，四驱车都走不了。结果越打草雪越硬，越得必须打草，恶性循环了。

以前我们卖羊羔都是 11 月中旬，现在 7 月中旬就要卖，趁着狼针还没长出针来，不扎羊皮，一张羊皮还能卖 110 元，要是让针茅扎了就不值钱了。今年卖了 400 只羔子，平均一只 750 元，拉到海拉尔自己杀的，要是卖给二道贩子就没这么高的价儿了。

这个案例让我们清晰地看到，轮牧不是做不到，而是必须有诸多条件的，比如草场耐牧性强，牲畜数量必须限制，还必须有足够大的草场，能够保证每一轮的轮换让其他小区有足够的休牧时间等。另外，主人也对我们坦陈，在家庭承包的条件下，不能走场避灾，遇到干旱时小区轮牧还是无法解决问题。

15. 牧民合作社

近几十年来，内蒙古牧区经历了大集体（公社化）阶段、家庭承包责任制阶段，随着制度变迁而来的是生态退化、牧民生计艰难等问题，如今，正在经历新兴合作阶段。然而被牧民、研究者和政策制定者认为可以解决草原生态问题、牧民生计问题的新出路——“合作”，在牧区的发展却是形式大于实质，甚至举步维艰。是什么造成的这种局面？是什么阻碍了牧区的合作？我们从 2010 年起就开始关注牧区合作社问题，却遇到绝大多数合作社只是集中在产品销售环节，比如牧民们联合起来一起卖羊而未触及深层的合作需要，如合作制度设计、生产环节等，许多合作社甚至只是为了套取项目而建立的，目前大多都处于停滞状态，名存实亡。在调查了多个合作社后，仅在此选取几个有代表性的案例，大致展示这些合作社的现状。

15.1 呼××尔合作社

呼××尔合作社是个备受外界关注的案例，2010 年我们第一次对其进行调查，2011 年，该合作社的工作整体进入停滞状态。虽然工作停滞了，这个案例却涉及了方方面面，非常值得深入思考和总结。

呼××尔嘎查位于呼伦贝尔市新巴尔虎右旗的达赉湖边，整体草场呈长形，南端紧邻达赉湖（达赉湖分两个湖，分别为呼伦湖和贝尔湖）。1996 年实施草场承包到户时，全嘎查 57 万亩草场，分包到 44 户牧户。到合作社成立前一半多草场都被租赁给了外来户，22 户牧户成了无畜户，靠出租草场为生。

2008 年，全嘎查有三分之二的牲畜都是外来户的牲畜，被出租的草场超载过牧，退化严重。同时，草场划分到户时并未考虑草场的季节利用问题，原先嘎查南部为夏草场，北部为打草场和冬草场，中部为春秋草场。承包到户后各家都拉了围栏，限制了游走，无法再按不同季节走场。分到南部夏草场的牧户，冬季牲畜无冬场可用，分到北部冬草场和打草场的牧户，则夏秋季节羊备受针茅之害。针茅的特点是，结实时种子上的长芒常会刺伤羊的口腔、皮肤，甚至进入皮下组织和肌肉，严重时引起羊的死亡，而针茅灾害在草场承包后，特别是 20 世纪 90 年代末 21 世纪初开始被常常提及。

2010 年我们第一次对呼××尔嘎查进行调查的时候，合作社刚成立了不到一年，正是秋天打草季节，大型打草机轰隆隆地工作着。合作社骨干那日××充当我们的向导，带着我们从北向南穿越了整个嘎查的草场，“我们嘎查一直以来最大的问题就是外租草场，外来户租了草场就使劲儿用，你们看看，只要是退化特别厉害的就都是出租给外面人的草场”。这是这个嘎查遇到的最大问题，同时，也是合作社成立的一个重要原因。

合作社负责人呼××对我们谈到：

我们合作社是 2009 年 11 月成立的，核心成员 9 户牧户，以清理外来户为主要目标，动员全嘎查牧民参与。

我们嘎查一共有 180 多个人，44 户（老户，不包括新成立的分支户），57 万亩草场。从草场分到户开始就有人把草场租出去换钱了，到 2009 年我们合作社成立的时候，已经有一半多的草场都在外来户手里。他们不爱惜草场，嘎查里凡是租出去的草场都用得很厉害，退化严重。因为外来人给的草场租金高，嘎查里的无畜户宁可草场坏了也要租给外来户。我们几个嘎查骨干在一起商量，觉得这样下去不行，再这样以后想找牧民都困难啦，一租十年二十年的，那不就都是外来人的地盘了吗？草场上的人都不是牧民，都是外来的非牧户了。草场都被别人占了，你还能说自己是牧民吗？没有牲畜、没有草场算什么牧民呢？

不光是那些租出去的草场，整个草场都跟以前没法比了，退化得厉害。为啥退化的说法不一样，一般都说是天灾，雨水少了，旱，所以草场不行了。其实旱在哪儿？就是不能游牧了而已。原先自己草场不下雨就搬走了，所以没有旱的概念，现在说旱了，就是因为走不了场，只能在自己的一小块围栏里转悠，本来就旱，还得继续放牧，草场肯定越来越坏。现在老说抗灾抗旱，能抗得了吗？大自然只能躲避、适应。原先老说游牧落后，其实最好的方法就是游牧。我这个想法老人们支持，不过承包以后牧民们想的都是怎么分这 57 万亩草场，怎么给自己争取到最大利益。

分了草场，有什么权利了？也就是说“这是我的，我想租就租，不用你管”，别的也没看出有什么好处。天天骑着摩托来来去去，费油，草场还越来越差。这就是学农区呢，一块块都划给个人家，可人家农区能浇水，牧区能浇水吗？地方那么大。最小的草场都得超过 3000 亩，只能靠天。农区是破坏了土地，种庄稼才能得利益，我们这儿正好相反，保护好了生态才能有利益。

我们牧区以前一直都是到处走着放牧的，该饮水了就去水边，该抓膘了就去结草籽的草场上。以前整个嘎查都没有井，夏天去呼伦湖边的夏草场或者用泉眼的泉水，冬天就吃雪。承包了以后很多牧户分到的是没水的草场，只能打井或者就得用车拉水，这种重复投入很大。还有一些牧户分到的是只有狼针的草场，我家就是这样的，分到的是以前嘎查的打草场，草是很高，可每年秋天针茅抽穗的时候没法用，必须出去租没有针茅的草场，要不狼针会扎到羊皮里，皮子就不值钱了，有的羊还会被扎死。

如果能把大家组织起来，再像以前那样能到处走场的话就好了，狼针的问题、水源的问题就都能解决了。我们嘎查几个骨干在一起商量，决定成立合作社。不过要想重新合起来放牧，第一件事就是要把那些租出去的草场收回来。

2009年合作社成立，政府专门给了我们57万元的补贴，好让把草场租出去的牧民能提前中止合同。当时还有个背景，就是整个自治区都有个政策，驱逐外来户，鼓励在草场流转的时候优先考虑流转给本嘎查牧民。有了这样的政策支持，加上政府给的补贴，2009年一年我们就收回了20万亩草场，还有十几万亩会慢慢收回。

合作社成立了四个合作小组，进行合作放牧、打草、运输、经营旅游。不过现在暂时运行的就是合作放牧和打草。之前我们收回的租给外来户的草场作为合作社的放牧场，给主人放牧补贴，就相当于合作社租用那些牧户的草场了。不过不是按亩数给钱而是按放进去多少牲畜给钱。嘎查现在一共9大群羊，牲畜多的人家单独放，小群的合起来放。这样合着放牧，省劳动力，成本也小了，本来200只羊的人家雇羊倌是雇不起的，现在几家人可以合起来雇一个羊倌，节省出来的劳动力可以出去打工或者干别的。

秋天打草的时候，我们不用家家户户都买机器或者租机器，合作社有一套设备就可以了，大家一起劳动，效率也高。参加打草的牧户可以按劳动力给工资或者用草捆顶工资，草捆以成本价卖给合作社成员，多出来的草捆还可以卖钱作为合作社的收入。

当然入社是自愿的，如果有人想退出，继续出租草场也可以。

2010年11月，我们对呼××尔合作社进行了电话回访。电话里，合作社的负责人很是兴奋，虽然刚合作放牧了一年，但是因为在一定范围内打破了草场界线，重新开始按季节倒场，这一年秋季，合作放牧的羊羔比附近嘎查的羊羔平均每只至少增重10斤，每只提高收入100元以上。“已经很多年没见到羊羔这么胖了，胖得尾巴都爆了，再也不像围栏里的羊要跑着找草吃，而是吃饱了草卧下了。”

2010年冬季呼××尔嘎查遭遇了雪灾，在周边嘎查大部分牧户都损失了30%～50%的牲畜的时候，呼××尔嘎查却因为合作打草，只支付基本的机器磨损费、汽油费和人工费，大大降低了草料上的开支，备草充足，在雪灾中没有损失。

至此，呼××尔合作社的初步成功成了一个极为引人注目的牧民合作范例。

但是2013年夏，当我们时隔两年再次对呼××尔合作社进行回访的时候发现，从2011年年底合作社就暂停了工作，整体处于停滞状态，其中的原因是复杂的，原先的合作社负责人呼××也已经辞去了理事长和嘎查书记的职务。

在呼伦湖边，我们遇到了一户牧民，他正是之前合作社进行合作放牧的牧户之一，在他看来合作社的停滞是不奇怪的。

我记得你们，你们2010年的时候来过，当时我正好在打草队里干活呢，见过你们。我家就是最开始合作放羊的三家之一，合着放羊只放了一年，后来羊群太大了，就分开了。

我家的草场是我的还有父亲母亲的草场一起，一共11000亩。2009年刚开始合作放牧的时候，我家300多只羊，一起放牧的是三家，每家的牲畜数量都差不多，都是200只基础母羊，大小羊300来只。

合作第一年我家负责放羊，在我家的草场上。三家的羊放在一起，也不做耳记什么了，就记生产母羊多少，等接羔子了就按母羊的比例来分卖羔子的钱，死的也是，都是按比例分摊。本来说的是要按羊的岁数什么的来算入股比例的，觉得太细太麻烦，就只按照母畜比例分了。用我家的草场按市场价给我租草场的钱，我家放牧还能拿个羊倌的工资。

第二年，有一户就因为羊太多退出了，剩了我家跟另一家一起。第三年，我们两家也都分开了，每家的羊都超过800只，单是我家现在就1000多只羊了，一个人放不过来了，再在一起就没法放了。只能各家自己放自己的羊群了。

合作还是好的。三家一起，出一份羊倌的工资就可以，这样成本低多了。现在干什么都要花钱，合在一起能省好多钱省好多事，比如大群羊的防疫就比三家自己做防疫方便，还便宜。而且，信用社都是要求三家或者五家联保才能贷款，我们三家有合作，一起贷款也方便。但是合作必须是牲畜差不多、草场差不多的在一起，要不想法就多了，很难合起来。

小户，尤其是那种刚结婚的小家庭最应该合作的，成本低，劳动力问题也能解决，三五家一起，用不了两年就能发展起来。

我现在还是想合作的，但是羊群太大了，而且也找不到合作的人。至于打草合作，开始做得还是不错的，具体的你们找打草小组的人问问吧。

看来，这三户合作放牧继续不下去的原因是羊发展得太多了，一个羊倌不够用，如果再雇人则原先合作后能够省人工的优势就失去了。而且羊多少不一，各家都有了自己的想法，所以又分开了。这是羊无控制发展的结果，若采取按照各家草场多少来控制各家羊数，并且三家草场也合用，或许还可以继续合作下去？

他一句“人的想法就多了……”道出了很多琐碎的障碍和苦衷。为什么人人都说合作好，却鲜见成功的合作案例？很多时候，恰恰是一些现实而琐碎的障碍成了合作社无法继续走下去的主要原因。

我们继续寻访打草小组的成员，最终在镇上一栋居民楼里，见到了当时的打草小组的成员，原本希望能够听到比较详尽的打草小组的运作状况和遇到的问题，没想到的是话题很快说开去了，最后集中在了对合作社架构和负责人的意见上。

我们打草小组一共十几户，不是合作社分配的工作都是自愿的，当时我是副嘎查长。我们知道，国家专门给了合作社资金买捆草机和打草设备，所以加入进来，觉得可以降低草料成本。

第一年我们租的嘎查里的一家人的打草场，当然要付租金，第二年去的是嘎查机动草场，也要付费。

打出来的草捆卖给牧民们，跟你自己租草场打草价格差不多，头两年180元一捆，后面是200一捆。这就让大家不满意了，既然合作社已经有了那么多设备，还都是国家出钱买的，怎么还能以这么贵的价格卖给自己牧民呢？让我觉得不但没省钱还赔上了人工。所以我跟着打了两年以后，就自己买机器打草了，除了自己家用还能卖一两万元。

合作社最大的问题是理事长不听大家的意见，本来外面来的老师给我们讲课都特别好，很有道理，如果能按照外面老师说的那样做肯定能干好的。可理事长什么都自己做决定，什么都是他一个人说了算，财务也不公开，要买什么也不跟大家打招呼，如果能听从大家意见也走不到今天这步。

比如，一开始政府给的项目钱下来，大家的意见是希望买羊的，买回来无偿分给牧民，这样无畜户就能发展牲畜了。可是理事长觉得应该买设备，就买了运输的大车。后来又用合作社的名义贷款了80万元，本来说好的是要买牛买羊，结果理事长认为打草很重要，把钱买了打草机捆草机，每年都花两个月打草，投入时间和劳动力，结果打下来的草的价格还跟从外面买的差不多，大家就觉得不值了。

我们这儿以前都不习惯打草的，储草也少，结果遇到灾以后再买草就花钱太多了。去年就是500斤的大捆，秋天的时候一捆150元，等到了冬天大雪灾的时候就是500多元一捆了，翻了三四倍。储备草不足的牧民只能借高利贷，卖羊还债，根本入不敷出，最后成了无畜户。所以草对我们这儿确实很重要，合作打草的做法很好，可结果不好。

如果按我们当初的设想，买牲畜所有户都能受益，都能得到实惠，无畜户也都能慢慢发展起来。而买设备打草，只有有牲畜的人家会受益，可以得着草，对无畜户来说没什么用。当时40多户，只有十来户有牲畜。

如果要做好合作社，必须得听大家的意见，上面出资金，牧民参与合作，分红享受利润，这样就可以了。

看来在一个组织内部是否能够实现民主和共识确实是非常关键的问题，但另一方面，自己不投入，指望能够从外部拨款直接获益的想法恐怕也是合作社维系艰难的重要原因。

与合作社成员们的访谈之后，我们见到了现任嘎查长。

我2009年当兵，2011年复原回来，合作社就是2009年成立的，我回来的时候整个合作社已经基本停滞了。牧民都很失望，再做工作很困难。

本来我们合作社是很有名的，可能就是因为太有名了，现场会太多了，各个地方来人也太多，光是吃喝招待费就让我们嘎查出现了很大的困难。那些来开现场会学习的，都是管吃管住，没注意十来万元就花出去了。之前旗里很照顾我们，给了57万元的资助，一部分用在了招待上，一部分用在了合作社里。

我觉得最大的问题还是钱的问题。当初合作社成立牧民一分钱都没投入过，想的就是没有成本赚了就是白赚，结果都没责任感，经营上一有点不好的就都跑了。

整个合作社的结构里做得最好的是打草合作，不过为了买打草设备，以合作社名义从信用社贷了80万元，现在还没还上，每年打草的油费、租草场钱也都是理事长呼××他一个人垫付的，几年一直打草也没能把钱收回来。有些人家是订了草，打草组给出人工拉到家，他们就是不给钱，理由就是这是国家出钱买的设备，打下来草不能问牧民要钱，说不给就不给了，或者只肯出打草成本，就是汽油费和人工费。结果现在合作社运行不下去，那80万元的欠债呼××一个人担了，设备也拿走抵账了。

放牧合作就是几户之间的合作，一户放牧，另外的人就出去打工了，效果挺好的，可是到了分利润的时候就出矛盾了。承接的那家要干活还要用自家草场，出去打工的几家又不想多给他分钱，结果都不干了。

开始的时候，整个嘎查是合作社，书记和理事长都是呼××，现在他下去了，我上来当嘎查书记，就把合作社和嘎查分开了，要不太乱。比如划区轮牧是上面给合作社的项目，但是必须牧民执行，是给嘎查还是给合作社？就有冲突。

我们嘎查禁牧的多。因为我们的贫困无畜户多，结果就把其他嘎查的禁牧指标都给我们了。我们一共 57 万亩，将近 30 万亩禁牧了。西旗规定禁牧区不能打草，旗长来了说可以，但是禁牧区的 30% 打草费要上交给畜牧局。不过我们的禁牧区还是照常放牧，也没人查。远近来说我们嘎查草场最好了，牧民是不会破坏草场的。现在还有七八个外来户没有清理出去，有两个起诉到法院把我们集体告了。因为他们是九几年在苏木领导介绍下入户的，户口进来了，但是没草场。当时因为放牧还要交草场费和税，好多牧民不养那么多羊，结果苏木领导就把富裕的外来户迁进来放牧。现在让他们走他们不走，就把我们集体告了，还在起诉过程中。

牧民里也有互相告的，有些人禁牧进城了，就去告那些拿着禁牧补贴又正常放牧的。

今年国家民委给了我们一个 100 万元的养牛项目，发展蒙古牛，我就想着看看能不能跟合作社结合。说的要买 80 头牛，其实钱根本不够，因为还要买设备、盖牛棚、打井、雇人、买料等等。我跟上面说，钱别给我们了，你们直接给我盖棚，给我买牛。要不钱过来，这个领导电话说我这儿有牛，那个领导电话说我这儿有基建队，你怎么办？那就更不够花了。现在我们几个年轻人想干点事，但是没有启动资金。项目可以找，可折扣太多了，一个项目拿过来到手里就只有一半了。

从新任嘎查长兼书记的年轻人那儿我们得到了一些相对客观的看法，比如合作社里最大的问题在于前期大家都没有投入，所以没有责任感。但是合作社的核心呼××仍然是我们必须要拜访的关键人物。几次联系未果，最终我们在旗镇上见到了他。

合作社不是一两年的事，也不是说败就败了，有个过程的。

合作时间最长的是打草组。头一年，合作社出设备，谁的草场能打草就去打，油是他们自己掏，设备我们出，打下来就归他们自己。也就十多户，打得过来。第二年因为我们的草场不好，打不了草，就只能出去租公共草场了，打下来按成本算89元一捆500斤的大圆捆。成本就是租草场费，油费这样算下来，也是十多户参与。当时市场价圆捆送到家200元，我们的不到100元，还是合适的。可那些人都不算差价，说我们在里面赚钱了，我们的成本就是89元，没多要，所以我挺生气的。

到第三年开始禁牧，嘎查三分之二的牧户36万亩都禁牧了，真正有牲畜的只有十多户。有些牧户有钱了就不想合作了，禁牧的草场一亩补贴9元多，一家只要有1万亩草场，每年什么都不用干就能收入快10万元了，本来就有些人闹意见，这下人心就都散了。

我们的合作社问题就出在没入股，没投入，所以大家都没责任感上。现在看，如果一开始让社员掏钱了，就谁都离不开谁了。从合作社成立开始，除了政府给的57万元的资助，其他的支出都是我承担的，包括买打草设备的80万元贷款，现在也是算在我头上。如果一开始就让他们掏钱就好了，不过当时牧民也没钱，因为那时候还没有禁牧补贴。第三年，禁牧补贴下来了，我就开会想让大家入股，一共80万元的设备，平摊每家5万元，如果掏了就都加入进来算股份分红。结果大家都不干，就没谈成。

合作放牧小组当时有3组，每组两三家。我家跟另两家一起合作的，围栏也拆了。但是后来禁牧下来后，我家草场是草畜平衡，另两家是禁牧的，他们有了禁牧钱后就不想放牧了。一家拿着一年8万元的禁牧补贴去镇里住了，另一家住到旗里了。禁牧补贴一发下来许多家就开始买车，原先我们全嘎查只有一辆皮卡车，现在都十几辆了，而且没有一个人自己放牧了，都是雇羊倌。

我觉得禁牧补贴没有用好。补贴还没下来的时候，我就给旗里提过建议，能不能把这个钱拿到集体手里，还能干点大事。我们嘎查一年补贴400万元，五年就是2000万元了。我的想法就是这个钱不能发给个人，应该用来还贷款，买羊回来，每家再用这个羊入股。然后合作社分配工作和经营、分红。比如你家多少补贴占多少比例，有劳力投入的另外算，这就是真正的股份制合作社。

旗里政府没同意，因为说上面有规定，补贴必须直接打到个人的卡上。这是一次很好的机会，结果谁都没抓住。其实我们嘎查开大会，当时大家都同意了这个做法，也都签字了，要不是旗里老是插手嘎查的事也就做成了。

结果补贴发下来，有牲畜的都发展起来了，没牲畜的还是没牲畜，好多人家内部也开始为了分补贴打架了。

现在干什么都干不起来，都是等着中央给钱了。一说要干点什么就说要跑项目，我觉得还不如别给，自己干就是慢一点，还是能干成。国家项目一下来家里都出矛盾。

2010 年我们第一次访问呼 × × 尔嘎查时，也曾拜访过当地苏木（乡）的负责人。在谈到呼 × × 尔合作社的这种模式是否可以进行推广和复制的时候，苏木书记很为难，他承认呼 × × 尔合作社很成功，这种成功在现有体制框架下却是极难复制的，最重要的一点就是承包制度以及当前实施的草场流转制度。他说："国家规定土地和草场是承包到户的，并且可以自由流转，这是法律规定的，在这种情况下，我们无权干涉牧民出租自己的草场，甚至我们阻止牧民把草场租给外来户才是违法的。"这是一种很尴尬的情况，外来户往往能出较高价格租赁草场，这一方面抬高了当地整体草场租赁费的水平，一方面也让绝大部分流转草场集中到了外来户手中，当地急需草场的牧户们却租不到，而且这样不合理的状况却是符合价高者得的市场规律，也是符合法律的。

现在新一轮的生态补奖，给了牧民极大实惠，却给合作社带来极大的反推力，据我们调查，草场最多的人家甚至能拿到每年 18 万元的禁牧补贴。这种政策导向不利于牧民合作。

就像访谈最后呼 × × 说的那样："我们当初收回外来户草场时就是冒着一定风险的，国家规定允许牧民对草场进行自由流转，嘎查或合作社并无收回的权力。幸好赶上了政府清理外来户的政策才能实现。现在要求牧民们合作使用生态补奖，也是没有法律依据的，生态补奖鼓励的是让牧民们不再放牧，我们没有权力要求他们合作，同样也没权力要求他们拿出草场共同放牧。”

目前国家不断加大力度的生态补奖政策是建立在草场承包制度基础上的，进一步与个人和单家独户对草场的经营权挂钩，是草场承包政策的延伸，这对合作是个巨大冲击，也是合作受外部制度制约的一个实例。这个合作社最大特点是试图改变草场分割状态，实行草场共用，但是陷入了多种问题而受阻。

15.2 鄂尔多斯市阿尔巴斯山羊合作社

阿尔巴斯山羊合作社位于鄂尔多斯市的鄂托克草原上，2011 年成立，成员 107 户，跨越了三个镇两个苏木的 31 个嘎查，是个少见的跨区域的合作社。对这个合作社，我们从 2012 到 2015 年，进行了三年的观察。

2012 年刚接触这个合作社时，正是牧区牧民合作社方兴未艾的时候，一些学者的研究表明，绝大部分牧民合作社都只扛着个合作社的头衔却并没实际工作。而这个合作社，不仅跨嘎查跨苏木，甚至还自主建起了一个颇具规模的屠宰场及冷库。在我们以往的牧区调查中，时常能从经历过大集体的老牧民和年青一代的新牧民口中听到这种念叨，牧民就应该有自己的冷库屠宰场，这样就能够绕过二道贩子绕过大冷库，直接跟市场和消费者接轨，至少能增加收益 20% ~50%，还能安排牧区的富余劳动力。那么，真正实现了这个构想的合作社是否能够顺利走下去？他们在现实中又会遇到怎样的挑战？这也是我们持续对阿尔巴斯山羊合作社进行观察的主要原因。

春季休牧与合作社起因

“2000 年我们这儿经历了一年严重干旱后，草场就越来越差了。原先一年四季都可以放牧的草场，现在每年最少 6 ~8 个月都必须依靠舍饲圈养才能过活。2000 年以前，还没有成规模地喂饲料，可后来草场越来越差，喂得越来越多，不只喂老弱畜，而是全部的羊都要喂了。稍遇干旱一年有 10 个月都要人工喂，2011 年最厉害，有的牧户喂了整整一年，光饲草料就买了 30 吨，花了十几万元。”合作社的负责人马××尔这样描述在他眼中的牧业生产。

但同时，他也承认，草场越来越差不光是干旱的关系，牲畜数量增加确实给草场带来巨大压力，所以他希望能够通过建立合作社增加牲畜收益降低牲畜数量，让生态能够恢复健康。

“我1985年结婚，家里给分了100来只羊，到1991年发展到500多只，到2000年左右最多，发展到700多只，4800亩草场。那时候还不怎么会用饲料。只是老弱畜补喂一点，每年买料不超过3000斤。”马××尔说。虽然有些牧户在草畜双承包之后因为不善经营等原因衰败下去，但像他这样牲畜翻了四五倍的牧户不在少数。

但是由于牲畜数量过多，草场渐渐不够用，再加上连年干旱，外购草料补饲的数量越来越大，饲草料的价格越来越高，牧业上的利润空间也被越挤越小，甚至有牧民告诉我们，他通过算账发现，从2010年后，养300只羊和500只羊的获利是基本相等的，因为500只羊看似饲养规模更大能获益更多，实际上却需要更多的饲草料投入，刨除成本后的获利与养牧300只羊差不多。唯一不同就在于如果赶上了好年景，可以多放牧少人工饲喂，500只羊才能有更多收入的可能，而这种可能性则完全维系在当年的降雨量和降雨时间上了。

2000年干旱后，政府开始大范围实施季节性休牧政策，每年春季休牧三个月，必须舍饲。这个政策的主旨在于让春季返青生长的牧草能够不被牲畜采食，让草场休养生息，但却给牧民们带来养牧成本更高的后果。原本牧民们冬季已经完全依赖舍饲，饲草料投入年年增加，现在又将牲畜能够采食啃青的三个月纳入舍饲范围，使得舍饲时间人为延长，成本更高。而且牧民们普遍认为，这种季节性休牧遇到干旱毫无意义。

“我们这儿是阿尔巴斯山羊产区，主要就是产山羊绒的。‘鄂尔多斯羊绒衫温暖全世界’你们肯定听过吧，说的就是我们这儿的阿尔巴斯山羊。”合作社负责人马××尔说。这个地区曾经因为羊绒闻名于世，可长时间的圈养舍饲直接影响了山羊绒的品质，也让牧民原本就已经因为成本太高而难以维持的生产遇到了更大困难。

“舍饲对羊绒肯定有影响的，本来到了季节就能挠下来的绒，现在挠不下来了，只能用剪子剪，硬要挠的话，把羊皮都揪破了，一身血。剪的时候除了绒，还有羊毛也被掺在里面，羊毛比羊绒粗，这样羊绒的质量就不行了。而且羊这东西就得在草场上来回走，以前我们这儿的山羊都是雪白的。后来冬天必须得舍饲了，但是至少每天还能出去溜达活动一下。现在这休牧的三个月天天圈在羊圈里，羊身上都是草屑屑和粪球，黑黑的，也不能出去活动，羊的精神不好，身上也脏，羊绒也都不好了。”合作社的社员这样告诉我们。

原来阿尔巴斯山羊绒被誉为软黄金、纤维宝石，绒毛长、细都是跟放牧环境密切相关的。专门放牧阿尔巴斯山羊的老牧民解释说，山羊在极端干旱寒冷的环境下，才能生长出保暖性极好的细长绒毛，在开春时候“跑青”出汗后，正是山羊自己也要脱去绒毛的季节，这时抓绒很容易，用铁爪子轻轻挠几下绒毛就会脱落下来。而长时间舍饲圈养，山羊一直处在温暖环境，直接影响了羊绒质量，而春季不能跑青出汗，到了该脱绒的季节，就算硬揪绒毛也很难揪掉。

“过去的绒，我们这儿不分等级都是一个价格，因为质量都很好，现在不一样了，人家说你的绒好就 180 元一斤，里面有羊毛啦，不干净啦就 140 元一斤，再不好的再便宜人家都不要了，价格最低的时候能掉下来四成。”合作社的一位监事长告诉我们。

羊绒在鄂尔多斯牧民的收入中占有重要位置。与其他地区牧民不同，这里的牧民每年除了秋季卖羊收入外，还能有一笔重要的春季卖羊绒的收入，而且这笔收入往往占到全年收入的三分之一以上。这对大部分过了春节手里就再也没有现金的牧户来说是极其重要和能够解燃眉之急的一笔收入，却被休牧政策直接影响到了。而另一方面，休牧还带来生产成本的增加。

“舍饲我们一般也就给羊喂个半饱，一天一只羊 1.5 元。要是足足喂，一天一只大羊就得 4 斤草 8 两料，草 4 角一斤，料 1 元一斤，一只羊一天就要 2.4 元。我家 200 只羊，3000 亩草场，休牧三个月光饲料费就要 46800 元，补贴只有 4500 元，差太远了。”合作社一位老牧民给我们算了这笔账。

因为高昂的舍饲成本，实际上严格执行休牧的牧户只是少数，更多牧户都被迫选择了“夜牧”和偷牧，即每天天黑了把羊赶出去，早晨天亮时候再圈回来。执法者偶尔又会下去检查，遇到偷牧的还要抓羊罚款（2012 年调查时牧民反映一般抓住一次一只羊罚款 200 元），冲突屡屡不绝。

“羊就是要到处走才能健康。我们这儿就算是再干旱的时候，你看地上已经光光的没什么草可吃了，羊出去一圈回来肚子也是圆滚滚的。舍饲的话喂再多羊也就是不死，不会长胖。”这种说法相当有代表性，不光是合作社内部，在我们调查其他牧业地区，如锡林郭勒盟、阿拉善盟、呼伦贝尔市等牧户的时候也不断听到牧民这样的反映。

“季节性休牧是从 2002 年开始的，但是一直没给过补贴，直到 2009 年才开始发每年每亩地 1.23 元的休牧补贴，到 2011 年开始生态补奖项目，我们被划成草畜平衡区，每亩 1.51 元的补贴。真正休牧的人少，怎么都得把羊赶出去溜达一下的，但是这几年干旱不长草，放出去也就是溜达一下，主要靠喂。要不就是放在庄户地，吃去年种地剩下的秸秆。”

2011 年开始实施严格控制载畜量的草畜平衡政策和禁牧政策，禁牧的牧户每家只能养 25 只羊，每亩草场补贴 6 元。休牧和草畜平衡的人家要求 30 亩养一只羊，每亩草场补贴 1.5 元，多出来的牲畜要完全舍饲圈养。但随着草场的逐步恶化，外租草场和外购饲草料的费用越来越多，进入了恶性循环。

2011 年，阿尔巴斯山羊合作社成立了，旨在通过集体宰杀、分割、出售，绕过二道贩子和冷库，提升牲畜价格空间。

“我们合作社是 107 户牧户组成的，就是为了能直接卖羊，提高利润挣钱，然后康复生态。生态现在不健康了，需要恢复健康，牲畜上收益提高了就能少养一些。没有利润保护不了生态，不保护生态又不会有利润。现在有人说，牧民增收就要羊多，这样才能利润多，可是羊多了生态就不行了，这是两个大矛盾。我们找过自治区的 40 多位专家，给我们分析问题指导我们发展。我们也想了，牧业的利润和产值都不低的，但为什么牧民得不到利益呢？就得通过合作社进行产业化、市场化，这样利润就能抓到手里了。”

已经出过不少门，见过不少大世面的马 × ×尔这样介绍他们合作社建立的原因和初衷。通过与市场直接对接，提升利润空间，这确实是很多农业、牧业合作社的着重关注点，可在牧区这种生产成本日益激增的情况下，这条道路能走通吗？

碰壁与受阻

2012 年我们对阿尔巴斯山羊合作社调查的时候，参观了他们的屠宰场和冷库。彩钢搭建的房屋中，按照食品卫生要求还建了消毒室、屠宰传送带、屠宰室、速冻室等，尽可能做到屠宰、分割、包装、冷冻一条龙。合作社负责人马××尔刚参加了广州的商品交易会回来，他们注册了自己的商标，还设计了产品包装盒，希望能将自己的产品推广出去。在2012年中，他带着他们合作社生产的小包装羊肉，参加了广州、南京、上海等多个城市的各种交易会，最终却没能如预期签成各种订单。

2013年，我们再次对合作社进行回访时，却被告知合作社基本停滞。原来，合作社基础建设投入的100多万元是几个负责人各自借高利贷筹的款，原本希望建立后就能得到政府项目支持，结果希望落空，几大出资人都深陷高利贷债务中。而之前他们憧憬的开拓市场的希望也被现实击垮。因为资金短缺，合作社收羊无法立刻付清羊款，只能承诺产品销售之后偿付。而随着生产成本越来越高，牧民们急需现金周转，结果社员们宁可将羊继续卖给二道贩子或冷库马上换取现金也不愿卖给合作社。

另一方面，产品开拓上也遇到了问题。“我们牧区的羊肉是世界上最好的羊肉，就应该卖高价，你看日本的牛肉，一斤都能卖到300～500元人民币，我们的羊肉为什么就不能卖出80～100元呢?”在最初谈起合作社的发展时，负责人马××尔曾这样说。让他们困惑不已的却是，尽管他们已经想了各种办法，参加各种交易会，仍然没能拿下几个订单，好容易签下来的几个小单子只是要求几百份一斤两斤的小包装，最多宰杀几十只羊就够了，后续则因定价过高而没能继续下去。

而且虽然一直打出的口号都是鄂尔多斯草原的绿色羊肉，但实际上由于纯粹草原羊价格过高难以销售，且社员们更多选择将羊卖给二道贩子，有时合作社只能收购市场上的育肥羊进行加工，已经与绿色品牌不符了。从未跟市场、渠道打过交道的合作社，面对市场上对产品精细化、有针对性、有个性的各种要求也无力应对。种种原因加在一起，让合作社刚刚启动了一年便停滞下来。

之后的两年，我们不断对合作社的状况进行回访。2014年，该合作社所在地区经历了一场不小的旱灾，一方面，这让牧民们不得不延长舍饲圈养时间，有的牧户甚至必须连续舍饲20个月以上，大大增加了生产成本支出；另一方面，羊肉价格发生大幅度下跌。羊肉价格从往年的每斤32元降到了22元，羊因为营养跟不上，体重也平均下降了 10～20 斤，平均每只羊的收入比往年少了将近一半。2015 年，牲畜价格继续下降且又遭干旱，活羊收购价格继续下跌，价格只有之前的一半，已经无法负担羊自身的饲料支出。很多牧户在成本提高收益下跌的双重打击下破产，甚至背上沉重的高利贷等债务。此时的合作社，无力收购和外销羊，其加工销售都停止了运行，甚至连年检的费用都交不起了。同时合作社因经营不善已经更换领导班子，原班的领导层一方面陷入高利贷危机，一方面也陷入债务引起的法律纠纷中，机器厂房都已闲置。

在回访中，社员们被问到为什么合作社会失败，应该从什么方向改进时，大多数仍然反映，失败就是因为缺乏资金，应该积极申请项目款，应该继续开拓市场，选择合适的领导班子，提高畜产品价格，或政府应该出台牲畜最低收购价保护牧民利益。大多仍将注意力放在了市场和资金上，认为是市场开拓不足，真正需求草原羊肉的客户与合作社没达到理想对接。这些或许都有一定道理，但实际上，合作社遇到的是最根本的生产环节问题而非单纯的市场问题。即使能够通过政府项目资助或贷款解决了债务问题和前期资金投入，但接下来势必仍将在生产成本不断攀升的问题上碰壁。只考虑提高销售环节的收益，不想办法降低生产成本，这条路终究会走得艰难而充满各种风险。而生产成本居高不下与草场退化有关，这不可避免地会触动草场承包制度。

这是一个希望通过市场手段和行为绕开生产环节，提高收益，同时指望销售获益能够带动生态恢复健康的合作社案例。虽然目前停滞下来，却也是在牧民合作方式道路上的一次有益的探索。

15.3 想建立合作社，但力不从心

严格来说，下面的并不能算是个合作社的案例，而是一个不成功的尝试，但这种尝试本身是有意义的，起码反映出了在基层想要成功实现合作有多么困难。

娜仁××是我们访谈里难得的一个女嘎查书记，在牧区妇女的地位相对一般农区来说还是比较高的，但是妇女大多担任的都是村里的会计、妇女主任等职务，真正能够当上嘎查长和书记的是极少数。她在锡盟苏尼特左旗的红旗嘎

查，第一次见面是2010年10月，草场已经枯黄，我们驾车从东苏旗镇向北行进的时候，遇到了她。当时的她只像一般牧民妇女那样，用块围巾包着头顺便也遮住了半张脸，坐在丈夫的摩托车后座上正在赶着牛群往家走。搭讪中我们了解到她居然是嘎查书记，而且对牧民合作颇有想法，但其后的追访却发现，她却没能实现理想辞职了。其实这种情况十分普遍，受了灾害打击后绝大部分牧民都能看到合作的优势，特别是在规避自然风险，降低生产成本方面的优势，但就是因为种种原因合作不起来，娜仁××无疑也遇到了同样的问题。

我是2004年开始当嘎查书记的。我们嘎查一共80户，大户20户，贫困户15户，其中真正没牲畜的有七八户，其他的贫困户家里也就是二三十只羊。说是大户，其实也就是家里有个300多只羊，一般户家里150~200只，只够吃喝。

2006年那次大风又旱，嘎查绝大部分人家都走场了，往东南方向，一部分去了隔壁苏木，一部分去了西苏（苏尼特右旗）。那一年真是困难，实在没办法了。从2006年1月份开始刮风，刮到6月，平均起来每天晴天不足半天，从羊棚到家只有三十来米都看不到路找不到家。棚圈后面堆满了沙子，跟后墙都平齐了。墙边的沙子都是满满的，还得雇人花钱清理沙子。羊身上都是沙子，羊的脊梁都快成了山了，有时候羊背不动了还要给它抖抖沙子。两个人每人攥着两条羊腿，把羊倒过来抖，抖了沙子羊才能站起来。围栏都让沙子压了，牲畜被压死的也不少。有的牲畜风太大不出去，就背风在圈里趴着，慢慢地，连着两三天不动就被压死了。人住的屋里沙子都很厚，天天扫都扫不完。草场上光光的，就连草根都刮出来了。

我家从2005年11月开始喂草料，喂到2006年的6月，整整8个月。2005年秋天买草的时候，一捆还24元，到了2006年6月，已经涨到50元一捆了，那年光买草就花了4万元。要再喂下去，买草料都买不起了，必须要走场。我家走的是赛罕高毕（几十公里外），那边也不是特别好，不过比我们嘎查多下了一场雨，至少比这儿强。我男人的妹妹嫁到了那边，所以算是去亲戚家走场，没花草场费。我们带着草料赶着羊过去，路上走了三天，6 月 20 来号走，到 8 月初回来，将近两个月。一共 700 多只大小羊，30 多头牛。

当时我家本来有1000 只羊的，为了买草料，卖了 100 多只带羔子的母羊。一对羊才卖了 300 元。本来光羔子一只都能卖 300 元的，但是当时急用钱，没有现金了，必须卖了才能养剩下来的羊。这么多年来，卖对儿羊的就是这一次，以前从来没有过的。

在嘎查里，卖对儿羊的还有一家，比我家还惨，他是低价把所有的羊都卖了。因为养不起了，羊开始一天饿死四五只，只能卖多少钱算多少了钱。要不羊死了就算拿车运走也不值钱，还不如在死前贱卖了。

那时候有低价来收羊的。要卖羊的打电话把收羊的买卖人叫来，用车拉走。实际上这些人就是钻空子，那些羊大都是运到城镇，卖给一家一户去了，人家用草喂起来，养大了再卖。

我们走场回来的时候，棚圈后墙的沙子都堆满了，雇人用修公路的推土机推出来，堆在房前（我们看到那里有座土丘，还以为是自然形成的，没想到是清理出来的沙子）。刮风的时候白天清理了，第二天又满了。围的网围栏也都被沙子埋了压了。

那两年是最艰难的时候，银行也不给放贷款。有的贫困户牲畜大部分都死了，想去银行贷点款买草，结果贷不出来，我们也都不敢去了。贷款也就是这两年才开始的，还是信用社给的一分一利息的贷款。

2006 年灾情以后，没有了牲畜的人家很多，现在的无畜户里基本上都是那时候造成的，到现在还没翻身，只能靠着出租草场生活。不过我们大队比较严，草场只能租给内部的人，所以外来户的问题还不是很明显。

其实草场还是像过去那样游动的好，还能分出来季节草场，现在放牧都固定下来了。我家 17000 亩，自己分了冬季和夏季草场，17000 亩，这样比一个围栏的要好，草场还能恢复一点，这边不行了就挪那边去，在一个地方固定草场是最坏的。

我们想在嘎查范围内建一个苏尼特羊的合作社。我们这儿基本上都是苏尼特的特殊品种的羊。原先这儿有过典型的苏尼特羊基地，因为这儿的草场是最适合的。当时的基地是畜牧局经管站来定为苏尼特羊的起源地，下面的百姓也比较拥护，但是虽然有这样的设想，不过还没实施。关键是，牲畜多的人家合作效益大，牲畜少的人家没太多好处。

我们的想法就是，让牲畜多的带动牲畜少的，草场合起来，让牲畜多的人出工资和草场费，牲畜少的和没有牲畜的人挣工资和草场租金。这个设想讨论了一年啦，最大的困难是没有启动经费。主要就是要钱建立四季的草场围栏，还有建合作社的一些杂费。大概明年能开始实施起来吧！你们下次再来就会看到我们的合作社了。

2012 年我们又对娜仁××进行了回访，我们去的时候不巧，正好她家二女儿从蒙古国读书回来，还带了一帮蒙古国来的老师和同学，家里客人非常多，但仍然抽空聊了聊。她年初已经不再当嘎查书记了，上次见面提到的组织牧民合作社的事情没有能够推进。除了担任嘎查书记，之前她还任过会计和妇女主任，为了公共事业，她耽误了家里的很多事情。本来牧区就缺少劳动力，她天天为了集体的事情忙碌，又不会开车，要处理事情或者出去开会都必须要丈夫给她当司机，家里的牲畜就只能雇个羊倌。这几年雇羊倌越来越贵，也很难雇到好羊倌。另外她说："现在牧民们的心也不往一起使劲儿，同时我代表牧民向上反映的意见总是得不到解决。"最后，她还是退了下来，不再担任嘎查书记了，也不再提合作的事情，用她自己的话说就是"应该到了让年轻人去干的时候了"。虽然这个意向中的合作社没能实现，但是合作的必要性和没能合作起来的原因都是清楚的，这也与许多意向中和现实中的合作社遇到的问题是一样的。

15.4 共享饲料地的合作社

苏尼特左旗旗镇旁边的巴彦××嘎查就在锡林浩特到苏尼特左旗的必经之

路上，2006 年我们第一次对锡林郭勒盟进行路线型考察的时候就拜访过这里，特别是位于路边的特古斯老汉家。还记得 2006 年 8 月，刚经历过风灾的东苏草场上因为几天前下了点雨，光秃秃的砾石地上开始冒出一些一年生草本，还有成片的开着粉白花的沙葱。特古斯家的玉米地在这种色彩单调的环境里，以一种冲击性的油绿吸引了我们的视线。

老汉告诉我们，家里 200 只羊，100 亩饲料地，全部种了玉米。其中 80 亩地的收益用于支付抽水的电费、雇佣的人工费、种子化肥等成本，20 亩饲料用于喂自己的羊，基本持平。他以玩笑的口吻说："我现在已经不是牧民是农民啦，什么春分秋分白露，什么时候应该耕地施肥上水，我清楚得很哪。"

当时我们的考察组对饲料地问题总体上持保留态度，组内的生态专家刘书润教授说："这里太缺水，在这儿种玉米浇的不是水，是金子，种出来的那都是金豆子！"然而，缺水无法挡住开地，因为其背后客观存在着巨大的压力——越来越大的买草买料的支出。

2008、2010 年的调查中，我们了解到，就是 2006 年的一场大旱和风灾让锡盟政府加大了对饲料基地建设的投入，整个巴彦 × × 嘎查 140 户牧户，其中 40 多户有机井的人家都开了饲料地，这些饲料地却很少维持产出饲料的目标，绝大部分都被租给了外来人种经济作物。我们访问过的特古斯宝音家的 100 亩，也在不断扩张。

2010 年，我们再次回访的时候，特古斯的二儿子巴 × 尔已经接了父亲的班，成了一家之主，家里的饲料地也从之前的 100 亩扩展到 400 多亩，并架上了水利部门项目供给的能浇灌 300 亩的被当地人称为"威猛特"的美国进口喷灌机。400 多亩耕地中只有不到 100 亩种了青谷子和莜麦等饲料，其他都出租给外来户种植油葵、西瓜等经济作物。每亩每年能获得 400 元的租金。

2012 年，第三次回访时，巴 × 尔又把租出去的饲料地收了回来自己经营了。

> 我父亲以前就腿脚不方便，已经到了旗镇里看孙子了，家里的事儿主要就是我来干。家里 2 万亩草场，目前有 400 来只羊、40 头牛。现在要求草畜平衡，卡得很严，我家又靠近路边不能超载，所以除了自己家的牛羊，我每年秋天还会买进一些当年的小牛犊，喂养到 2 岁

时再卖出去。家里饲料地种出来的青谷子、青玉米也能消耗掉，要不遇到雨水好的时候根本用不完，也没人买。

饲料地现在是500亩。根据项目要求，我们毕竟是牧区，主要还得种饲草料，项目规定了至少有80%的面积要种草和饲料的，所以租出去的地都拿回来了，现在只有80多亩面积种土豆和西瓜、香瓜，其他仍然种青贮玉米和青谷子。种瓜的部分一共雇了两家人，每年10万元的工钱，签合同的时候说定每亩至少要产5000斤以上的西瓜，达不到的话扣钱，超过的话，每超过一吨就增加100元，这么算的话雇人比把地直接包出去合算。

牧区一直以来都面临着严重的降水不均衡问题，降水区域不均衡，降水年份也不均衡，这让承包后无法再低成本走场的牧户们有了极大的对饲草料的需求。但是应对这种需求而出现的饲料地却又遇到一种尴尬，即遇到旱年时还好，遇到丰水年种出的饲草没人要。巴×尔买进牛犊饲喂的做法可以充分发挥饲料地的作用。当然对地下水的不合理消耗是另一个议题了。

2013年，我们再次拜访了巴伊尔，仅仅隔了一年，他的养牧策略又有了很大变化，由于牛犊人工饲喂耗费劳动力太大，执行起来非常困难，他放弃了育肥小牛的做法，开始了种草合作社的探索。

之前我家遇到的问题就是草料地上头不让种经济作物，可都种草又不好卖。2010年6月我联合了12户牧户搞了个种草合作社，一家出1万元用我家的饲料地一起种草，到秋天收了卖出去后分红。结果试了一年就失败了，卖不出去，只能一家给了3000元的草，收下来的草一直压到第二年春天，碰上雪大，才把草卖出去把钱还上了。

后来看这样不行，2012年3月就又联合了15户牧户注册了个种草育肥的合作社，几户原来参与种草的牧户又跟着继续种草育肥了。15户每家1万元入股，占合作社注册资金的10%，其他的资金我家出，我用威猛特喷灌机抵押贷款了100万元。我家负责种青谷子、青莜麦、青玉米，他们15户买我的草，一包草30斤，市场价9~10元的，他们从我这儿买一包5~6元钱，买回去主要就是喂羊羔用。到秋天他们处理羔子的时候不往外卖，而是按市场价卖给我，我来育肥，赚钱分红。

羊羔还是需要吃青贮的，比吃干草长得快，到秋天卖的时候，吃青贮的羔子能比吃干草的羔子重5~7斤，一只羔子能多卖50元。年景不好的时候大羊也得吃青贮。一只羊羔子最少要吃一包，30斤，大羊吃得更多。这样我的青贮就能出去了，而且能增殖。不用喂料，光喂青贮就能让羊增重。如果说大羊不喂只放牧一个月能长三四斤肉的话，喂上青贮，一个月就能长10斤。

合作社的好处是加入合作社的那几户能得着便宜的青贮，羊羔子个头儿大，对我的好处是我不用养太多羊，费力气接羔，只要买进他们的羔子育肥就行了，主要是冬天的三到四个月饲喂，然后5月的时候放一放，5—7月份就要卖出去，养的时间太长草场就不够用了。这样喂下来本来800元一只的羔子可以卖1200元。

去年收了2000只羊羔，到今年卖出去。就用青莜麦和青贮、谷草喂。我收的是母羔子，养一年再卖给牧民，牧民都抢着要。因为牧民要自己培育母羊的话，就要空养一年，从我这儿买直接就能配种接羔了。

我家忙不过来还雇了一家人，一年6万元工钱，也是我们合作社的成员贫困户。

不过羊肉还是那种只吃草场草的羊肉好吃。就算我这个没喂料，只吃青谷子，羊肉还是不那么一样，我能吃出来，挺明显的。育肥羊肉我吃一斤都不饱，草地羊肉硬，半斤就饱了。所以这个育肥还不是个长时间的办法，以后发展还得想别的办法。

在我们告辞离开的时候，看到饲料地边已经安上了水表，只掏电钱不花水费的年代很快就要过去了。巴×尔说，4月份的时候，水表已经安上了，只是还没开始收费，他的威猛特喷灌机一个小时要抽60吨水，每年6月中旬到8月中旬，基本全天24小时转着，六天转一圈，也就是每年在浇地上的耗水最少也要 8.6 万吨。这对本就成本偏高的种草喂羊将是进一步的挑战。

2014 年 8 月在整个牲畜市场行情下跌的情况下，我们再次对巴 × 尔进行了回访。饲料地虽然没有重新种经济作物，却又遇到了水费电费的障碍。

今年羊价太低了，去年一斤羔子（活重）还 12 元呢，今年 9.5 元都没人要，来的二道贩子出价就没有高于 9 元的，差不多一只羊比去年能少卖 200 元以上。

今年饲料种的是谷草和青莜麦，耗水跟玉米差不多，好处是不用雇人。玉米虽然产量高，可种出来没人要，还得粉碎做青贮，太麻烦。谷草和青莜麦直接用打草机打下来就可以了，跟喂草是一样的，冬天喂的时候也省事。不过因为羊价不行，饲料地成本太高，今年的饲料地减少到 320 亩了。

去年饲料地还是 500 亩，水利局收水费整个夏天花了 2000 多元。电费去年是 2 角 8 分一度电，花了 7000 元；今年 4 角 1 分一度电，估计电费至少要翻倍了。因为原来有电费补贴，现在取消了补贴，电费单价就提高了。而且人工费也高了，以前是 130 ~ 150 元一天，现在低于 180 元没人干，还得买尿素化肥的，饲料地的成本越来越高了。

之前你们来的时候，我做的育肥，只做了一年，已经不做了。育肥的羊本来就成本高，喂得多，还没人愿意收，还是自然的羊肉才好吃。去年（2013 年 11 月份）政府也有文件下来，不鼓励育肥羊了，真正的苏尼特自然羊肉的价格比育肥羊高。本地羊毛重一斤 9 元，育肥羊白条羊肉一斤才 9 元，这就差多了。

我们的合作社也不行了，今年合作社成员的草场 70% 旱得厉害，都开始走浩特（走场）了，租草场价钱是一只羊一个月 30 元，去年是 15 ~ 20 元一个月，今年一旱就更贵了，羔子也收一样的钱。牛是一头 120 ~ 170 元一个月，去年是 100 ~ 150 元一个月。现在好草场找不到，也不好讲价，必须要有人脉、有关系的才能找得到。走得时间长了不划算，时间太短了羊又不行，有的人家已经开始提前往外卖羔子了。

经过几年的观察，其实巴×尔设计的种草养羊的合作社还是有一定的合理性的。在普遍将饲料地转租给外来人种植经济作物的情况下，他至少做出努力，希望能够通过合作让水资源分布不均的干旱区能够共同享用，在一定程度上缓解了外购草料的需求。而且牧区本身由于降水的波动性，确实需要饲草料的补充，但也因为其波动性，饲草料无法保证每年都能顺利销出；用合作社短期育肥方式能够解决丰年饲草料卖不出的难题，并实在做到了让牲畜增值。

但是最终，这个合作社也没能顺利走下去，一方面舍饲圈养的育肥方式会影响到苏尼特羊的品质，注定不可持续，而在遇到大灾的时候，社员们都在忙于租草场走场而无力再继续合作。这个案例提示了我们：青贮无法完全替代天然草场，遇到旱灾牧民还是首选走场，同时靠青贮育肥的羊肉品质下降，另外地下水资源利用开始收费使饲料地成本提高了。这些都是绕开天然草场共用，仅仅实行饲料地合作遇到的问题。

16. 草原上的奶牛村

2000 年前后，在草场退化、沙化后，内蒙古牧区一些地方选择了建立“奶牛村”的方法转移部分牧民，减少草场的放牧和人口压力，让他们集中饲喂高产奶牛，并配套一定面积的饲料地，用以解决转移人口的安置和发展问题。十几年后，这些奶牛村走得如何？这是否是一条可以继续走下去的路？我们将锡林郭勒盟正蓝旗的 B 奶牛村和苏尼特左旗的 C 奶牛村作为持续观察的点，不断回访并记录下了这个过程。

16. 1 B 奶牛村

位于浑善达克沙地的正蓝旗共 80 多个嘎查，2000 年后由于草场严重沙化，其中 22 个嘎查整体搬迁在多处建成了奶牛村，截至 2013 年我们调查的时候，旗里大多数奶牛村已经名存实亡，其中一个奶牛村甚至只剩了 1 户，初建奶牛村时配套的青贮饲料地也几乎都转包出去种了经济作物，一般年景青贮无人购买，牧民从自家草场上长距离打草替代青贮（最远距离将近40公里），2012年我们第一次来到B奶牛村调查时，正蓝旗正在计划进一步打造“奶牛小区”和育肥牛基地的建设，2013年第二次调查时却发现B奶牛村大部分奶牛村正在自发把高产奶牛替换回土种牛。到2014和2015年，整个高产奶牛产业基本收缩为几个养殖大户，绝大部分牧户已经重新放牧了。

2012年，我们对奶牛村的小伙子萨仁××图进行了访谈。

我家承包了1000亩草场，禁牧前家里有120来只羊，30多头牛，禁牧搬迁的时候就全部都处理掉了。现在（2012年）已经禁牧10年了，我也在奶牛村干了10年了。前5年奶牛村在旗镇附近，后来城市规划又把我们搬到离旗镇20多公里的这个地方。10年前嘎查的草场确实退化了，有的地方成了大沙坑。禁牧后好起来了。现在我不想再养奶牛了，因为草料太贵奶价太低。我养了大小牛共12头，其中4头挤奶，每年靠挤奶才才收入7000多元。家里4口人，平均靠生产牛奶收入1750元，加上国家补贴每人每年3000元，每人每年生活费才将近5000多元。村里几乎每家人买饲料都得赊账。我最多赊账欠了4万元，现在还没还完，得靠卖牛赚的钱来还账。全村奶户赊账买饲料一共欠着200万元。其实在奶牛村的10年里生活靠的不是挤奶的钱，是卖了十头牛的钱。每年可以把不产奶的牛卖掉，每头牛可收入5000～6000元。但是还需要买进产奶的牛，每头都1万多元。因为卖的牛多买的牛少，能挣点钱。但是每年还要花去不少给牛治病的钱，还得买打草的机具，剩下的生活费用就很少了。

为了少花点草料钱，大多数奶户都尽量不买饲料地的青贮玉米，回到自家草场上打草。家里的草场已经恢复了，但是不允许放牧。虽然草场离奶牛村有40来公里，但是打草喂牛比买青贮饲料的成本低得多。但是打草也很累，除了投入劳动，还要自备打草机具，每年秋季打上十几天草，打下来还要从40公里外用农用蹦蹦车把草运回来，每天一趟，去年光是运草就运了36天。要是遇到天旱年景或者牛多了还得买青贮，青贮是从奶牛村的饲料地买的，雨水好的年景就便宜，越是天旱价格也越高，最贵的时候粉碎好运到家每斤达到 0.2 元。2010 年我买了 5400 元青贮，要是自己打草的话成本才 1300 元，1 年能省出三四千元（相当于现在 1 个人 1 年的最低生活费）。今年（2012 年）雨水好大家都打草喂牛，饲料地的青贮虽然价格降到几分钱 1 斤还是卖不出去，再加上玉米被早霜打了更卖不出去了。每年春天，饲料地刮沙子厉害。刮风的时候，家里都刮进沙子。这房子质量也不行，外面刮大风里面刮小风。

奶牛不光圈着，也得在草场上溜达一下啃啃青草，所以我也租过两年旁边的草场，我们好几家联合起来租的，11 元钱 1 亩租了 1000 亩，夏天放牧用。可草场太小了，放进去 80 多头牛，也就吃了一个礼拜就光秃秃的，没有可吃的了。奶牛吃得少踩得多，个头儿又大，食量本来也大。但是夏天吃点绿草对牛好一些，溜达一下也能好一些。牛天天圈着，一放出去就撒花地蹦着高地跑。

现在许多奶户不想再干下去了，因为比不上以前在草场上放牧，我也不打算干了。除了生产开支太大，也太累人了，忙季每天只能睡上几个小时。我一个亲戚，他们两口子，媳妇在蓝旗的一个饭馆干活，男人就是倒腾煤，现在人家好了，买了个车跑出租呢。但是真的离开也不是那么简单的事情，在奶牛村买房子已经花了 2 万多元，还有这些家具机具，走的话都不知道能不能卖掉，离开后还得重新盖房子置办家具……

根据萨仁××图的叙述，我们算了一下，饲料在奶牛养殖的支出中占到总支出的 85%，而且是完全无法替代的部分。大部分奶牛户都只能通过减少饲料投喂量来降低成本，但减少饲料就意味着降低产奶量，降低收入，仍然无法从根本上解决问题，越来越多的牧户开始退出奶业，寻求其他谋生途径。另一方面，为了能尽可能降低成本，牧户们普遍选择从自家围封的草场上打草，长距离运输到奶牛点的做法，以减少购买青贮的这部分投入。（实际上，青贮的开支只能占到总支出的 12%）

而萨仁××图家的 12 头牛如果只靠奶款收入则每年亏损 3550 元，还不包括前期购买牛的成本投入。2010 年开始，每人每年能拿到 3000 元的生态补偿款，另外还有每年处理掉两三头公牛犊的收入，约为每头 500 元，一头大牛 6000 元左右。他家的主要收入依靠的不是卖奶而是卖牛了。

B 嘎查的牧户离原草场的距离最远达到 38 公里，据萨仁 × ×图和其他村民说，他们嘎查的草场大部分都是沙地，禁牧时已经严重沙化，几乎全是裸沙了，可见禁牧也是迫不得已的选择。可为了生态治理，牧户被整体搬迁草场全面禁牧，而高投入、高成本的奶牛饲养业中，唯一允许牧户们压缩成本的部分就在占总支出 12% 的青贮上，以自家草场上打下的青干草全面替代青贮。

以萨仁 × ×图家为例，即使不雇工自己打草，仍然每年要花费 1300 元油费，刨除人工，只比青贮节约了 4100 元。并且在打草季节，每天必须在早晨 3 点出发，用自家的蹦蹦车拉草，因为距离太远的关系，一天只能拉一趟，持续拉一个多月。

而用青干草替代青贮却不符合奶牛饲育的要求。B 嘎查的牧户们也接受过多次养殖技术培训，专家们建议，要收获高质量、高数量的牛奶，必须保证青贮与青干草的配比达到 2 : 1 以上才能保证牛奶中的蛋白含量，但这些对奶户们来说已经是无法顾及的方面了。饲料成了奶户们最大的开销和负担。B 嘎查全村都在饲料商处有赊账，萨仁 × ×图最多时欠款 4 万元，只能靠卖牛还钱。全村一年赊欠饲料款在 200 万元以上。如果不能当年还清，隔年则要多收一分五的利息。

其实政府在项目设计之初也考虑过如何降低奶牛饲养成本的问题，并特许 BW 嘎查开垦了 3500 亩高产饲料地。其余奶牛村也都有 1000 ~ 3000 亩不等的配套饲料基地，但却在一两年之后都转包给了外来公司及个人进行了农业开发。

一方面这些牧户们没有能力和条件自己种植饲料，一方面当草场上草恢复之后，牧户们也自然地选择了成本更低的、利用天然草的方式，而不愿再购买青贮。如 B 嘎查被特许开垦的 3500 亩饲料地，转包给了名为雪 × 的农业开发公司，转包条件为，公司每年付给 B 嘎查 2 万元租地费用，保证每年供给 B 嘎查 600 万斤青贮，合同期限为 30 年。实际上雪 × 公司只用了不到 1000 亩种青贮饲料，其余都用来种良种土豆，卖到山东等地。经过初步估算，种土豆的土地，亩产8000斤左右，按市价0.5元，每亩产值4000元。即使成本达到50%，纯利润每亩也能达到2000元。保守估计，2000亩每年的利润也在400万元左右。为配合奶牛村需求而特许开垦的饲料地成了能攫取大量利益的农业用地。

另一方面，饲料价格居高不下，奶价却随市场波动剧烈，而且奶站因为“抗生素超标”“奶质量不合格”等理由不断将奶退回给奶牛户，在种种压力下，许多牧民都在考虑转产。2012年，因为市场影响，肉牛价格居高不下，一些牧户甚至将奶牛当作肉牛来卖，并表示养奶牛不如养笨牛。

有的牧民说：“现在就是二道贩子、奶站还有卖饲料的都挣钱了，我们买饲料越多，他们赚钱越多，等于是咱们养着这些老板呢。出去打工还能有工资，在这儿养牛不见得能挣到钱，还得给老板送钱。”

B嘎查的老嘎查长钢××说：

> 养奶牛太费人工了。一天到晚都要围着牛转，每天3点半就要起床挤奶，错过时间奶牛就要生病，到了喂草的时间、喂料的时间，一点都不能马虎，还要担心料的价格太高，奶被压价，奶牛会生病。价格方面，奶牛户完全没有谈判的能力，只能听凭奶站定价，因为牛奶挤出来就必须卖掉，没法存放。以前放牧的时候，哪怕早上八九点起床也可以，不需要打草、拉草，不需要喂料，牛自己就会去草场上，如果市场价格太低，最多当年不卖牛犊再多养一年。尤其今年（2012年），一头当年牛犊就能卖到7000～8000元，比4头奶牛一年挤奶赚得还多。现在很多牧户都想能重新养土种牛，我家也是，可惜牛价格太高，就算想回头都买不起牛犊子了。

2013年，仅仅时隔一年，我们再次来到B嘎查。从离嘎查两三里地开始，就不断遇到土种牛、小群的羊和马。放牧的牧民告诉我们：

> 奶牛村真是不行了，我们现在都是两三家合租一块草场，一亩12元，慢慢地把奶牛处理掉买土种牛和羊回来，还有的人家干脆买

马，估计就要回去放牧了，反正草场也都恢复得差不多了，与其把草打下来，再那么费劲拉回家舍饲，还不如把牲畜赶过去自己吃。

奶牛肯定是不行了，买草买青贮太贵了！我们现在都不是靠着卖奶而是靠着卖牛犊赚钱了，卖奶的钱只够养它们自己吃的饲草料的钱。买着草料喂奶牛还不如你自己直接卖草呢，我们那儿有个一直没养牛的，就把家里草场上的草打下来卖，每年都有三五万元的收入，他倒是赚钱了。

而B奶牛村的村长说：

现在我们大部分有点能力的就都搬走了，一个村剩了30多户，有百十头笨牛，1100多只羊，还有四五十匹马。光靠奶牛不行呢，受罪，而且成本高。饲料一斤1.47元，奶一斤才能卖1.4元，太不合算了。

我们人均毛收入8400多元一年，去年6000多元。因为每年每人有3000元的补贴，看起来好像挺高的，可根本不够生活的。

现在贩奶的还有卖饲料的兽医都赚钱了。好多人家待不下去，要不就是出去打工了，要不就是进城了。估计我们这儿也就是再撑个几年，不出10年就绝根儿了吧。我们嘎查2002年搬出来，到2008年的时候，原来的草场其实长得可以了，大部分人都想回去，给上头打了报告，但是没批准。

嘎查12.6万亩，10.6万亩可利用草场。如果可以重新回去放牧，最好集体拉网子，一个大放牧场一个大打草场，大家一起用，要是还跟以前一样，一家一个小网子，每口人200来亩，草场还是得坏，持续不下去。

一路上我们访问到的许多人家的高产奶牛都被放到了草场上。这些奶牛体型远大于土种牛，食量也大，对草场造成的压力更大，许多已经恢复的沙丘草场重又沙化退化，露出了裸沙。据老牧民们说，按传统，沙地草场是冬窝子，只有在冬季上冻之后才可以用，夏季是严格禁止牲畜进入的，可自从草场承包之后，许多人家只分到了沙地，也就只能一年四季在沙地上，很快就破坏了沙地外部的保护层，让整个沙丘都“活化”，成了移动沙丘，最后不得不禁牧。禁牧的那几年，虽然牧民生活艰难些，沙地却恢复得极快，一两年内植被就恢复起来，很难见到裸沙了。可现在又重新开始放牧，尤其是这些高产奶牛身大体重，一蹄子踩下去一个深深的印子，草场很快就又沙化了。

2015 年 8 月，我们再次来到了 B 奶牛村，嘎查长没在，他媳妇接待了我们。

现在养奶牛彻底不行了，挣不到钱，今年好多人卖牛，我看用不了多长时间，奶牛都得卖光了。以后还是得养活笨牛。笨牛好养活，草场不好的时候喂青贮，草场好了自己打草就行了。

现在村里没剩多少户，但能有点门路的都出去打工了，剩下来的人养养羊，养养马，把奶牛慢慢换成笨牛。反正就在村周边这么放放，回来再喂点儿。村里有 1000 多只羊了。原来的草场是不让去的，头几年是可以打草，打完草能回去一段时间，可去年牲畜去得多了，一下去了好几千头（只），那边都是沙包，一下就坏了，今年就没让去。

如果只是我们自己的羊和牛应该还不至于的，主要是我们自己去了以后，别人也都过去了，外面来租草场的也多，一下就都给糟蹋了。

现在大部分人家都不挤奶了，因为饲料太贵，一袋子北京的三元颗粒饲料，过去 120 ~ 130 元，现在得 155 元。奶价倒是也涨了，1.55 元一斤，可他们说我们这边是奶牛小区，自家牛要交奶的话不能养在自己家，必须分开养，而且是公司替你养，托管给他们养，一头牛一天要交 60 元，要不就不收你家的奶。这种情况就真赔钱了。

我家去年还没换笨牛，不过也不挤奶了，就是把奶牛当笨牛养着，也不用给那些产奶的饲料，要不就太不划算了。今年我家把六个大奶牛都卖了，还剩几头小牛犊子，打算慢慢换成笨牛。现在牲畜价格整个都不行，怀犊子的大牛才卖 11000 元。我觉得养 20 多个大牛差不多就够生活了。下雨好的话不用买草料就够了。去年年头好，1000

亩能打2000捆，足够用。今年雨水不太好，打下来的草还没捆，可能有1000多捆吧。挤奶肯定是不干了，人累不说还赚不上钱。不知道现在村里还剩多少奶牛，大部分人都不挤奶了。

我家的牛现在是包给人家放的，等于是租草场，一个牛一个月140元。6月20日走，9月20日回来，在这边喂点青贮玉米什么的。

这两年我们这边马群也多了，可能有300匹了。有的人家都30来匹。养笨牛的也有，我不知道有多少。但是今年不让回草场了，政府管着，只能买草料，就更艰难了。

B就像个缩影，我们在2012年到2015年的不断回访中看到了这个奶牛村逐渐衰落的过程。在草场极度退化时禁牧作为一种“休克疗法”有其必要性，可草场是如何退化的？“休克疗法”期间是选择适合当地的能够充分发挥地方优势的生产方式还是外部引进的生产模式？禁牧恢复之后的草场又该如何利用？这些都是问题。

16.2 C奶牛村

锡林郭勒盟为了让退化草场恢复，也采用过集中饲养高产奶牛作为牧民的转产尝试，C奶牛村就是其中之一。2006年我们对其进行第一次调查时，老白正是村长，刚搬到新村里两年多的他对整个奶牛产业还充满希望，我们将他作为C奶牛村的一户典型户做了跟踪调查，由于C奶牛村就位于锡林浩特到苏尼特左旗的必经之路上，所以2008、2010、2013、2015年，只要路过我们都会停下来做个回访，也有了一个相对比较完整的关于这个奶牛村的记录。

老白2010年访谈：

我是苏尼特左旗南部沙窝子的牧民，大集体的时候是马倌。2003年听政府说可以从牧区搬出来集中养奶牛，而且说“这牛一天能出80斤奶，你们只要唰唰挤奶就能挣钱”，而且只要出来养牛，政府又给房子又给牛的，以后就不再是牧民啦，就跟工人一样每天上班就行了，多好啊，觉得这个事儿应该可以做。而且我家儿子多，人多草场少，还不如搬出来养牛呢。

所以我家是第一批移民过来养奶牛的，2005 年让奶牛户们选出来当村长了。刚来的时候说照顾我们，给的是澳大利亚进口的奶牛，每户给 7 头，一头牛都是 1.85 万元买进来的，一共只跟我们要 1.5 万元，其他的都是政府掏。最多的时候我们这儿有 1200 多头牛。

来了才发现跟我们想的不一样，我们都是牧民，草地上的牛每天只要放出去，不用管就行了。可这进口的外国牛跟我们的牛就是不一样，投资大下的奶才大，全得靠人伺候着。来的时候政府宣传，这种牛高产，一天能产 80 斤奶，可我们养来养去，一天也就二三十斤奶，牛还老生病，感冒啊，奶子疼啊，一病就得花好几百元给它治。

刚开始谁都不知道应该怎么养牛，一天给多少草给什么料，也不知道怎么伺候它们。后来畜牧局也老组织专家给我们上课，还有专门的书，慢慢学。我发现这澳牛就是不适应这儿的气候。

气候不适应，首先冻耳朵尖，冻一圈儿，能看出来，有时候就冻硬了，化脓。硬的那一层第二年春天就掉了，你不管的话就会发炎。还有鼻子冻，能把鼻子冻出血，就算在棚圈里也不行。虽然暖和，但是下面它拉尿啊，你不铺粪沫子，奶子就会起炎症，冻了。养个牛比伺候月子还麻烦。奶肿了、破了，麻烦死了。一天挤四五次奶，挤完了还要用盐水酒精给擦。

当时因为不会喂，料也是七凑八凑的，自己买的，都是听说什么饲料好就喂什么，本来应该给 10 斤料的，就给了 5 斤，结果下奶不行。那时候料也不行，蛋白质含量也低，下不了奶。

蒙牛也来开了奶站，收奶子一斤 7 ~ 8 角钱，结果每家七八头牛一天才能收百十斤奶子，还有的牛根本不下奶，还是不行。

第一批来的有 125 户，大都是牧民，家里有草场的，结果来了没多长时间，发现这个牛不好弄，有 79 户就把牛退了回草场去了。退牛就是把政府给的牛都退回去，房子交回去，政府把那 1.5 万元的押金给你。2008 年的时候是 60 户，后来又陆续走了一些再迁进来一些，现在（2010年）在这儿的就是40多户了，大部分都是以前大集体时候给队里干副业的，什么皮匠、毡匠、赶车的那些，他们承包的时候只分了牲畜没分草场，之前也就是在旗镇郊区一些公共草场上放放牧，倒是来这儿有了个地方待。现在剩下的人，都是一些比我岁数小一点但也40岁以上，打工没人要，这儿住房条件好，而且牛现在也喂出来了。二是他们没有草场，没有地方可去，这儿总的来说饿不死，虽然不是太大的收入，生活上一般能过。

这几年过去，牛也适应了，人也适应了。原来的第一批的进口澳牛都淘汰了，留下的都是第二代第三代的牛犊子，比原来能适应环境了，就是冬天还是得注意保暖，给穿个衣服啥的，尤其是大牛快下牛犊子的时候，更容易感冒发烧。现在的料也都好了，都是合成的饲料，已经压好的，有专门的催奶料、下奶料、干奶料，人都会喂了。现在我家里一共15头牛，就留了3头挤奶的大牛，其他都放在我大儿子的草场上，等快要下犊子再拿回来。都在这儿圈着喂草料，太贵。

2010年我们访谈的时候正是11月，天空飘着雪花。老白家的牛圈里，几头牛正在围着个炉子烤火。我们笑说，这牛的生活还挺好，老白无奈地摇头。

我们查了政府公开的统计年鉴，C移民区2003年开工建设，投资678.4万元，建成移民住宅128套5568平方米，青贮窖128个。建立地点在巴彦××嘎查，由政府出面在原来苏木所在地的草场上修建了奶牛村。

2005年，政府出面从巴彦淖尔嘎查租用1000亩地开垦，专门为了C奶牛村配套建设高产饲料基地。按每亩10元的价格租用，租期10年，共10万元（有说法这笔钱是奶站付的，不是政府或者奶牛村付的）。针对这片饲料地，政府配套了5口机井和一个能够浇灌1000亩的大型喷灌机，并且在2005年由政府雇工试种了一年的青贮玉米，产量达到亩产8000斤左右，2006年开始交给奶牛村的奶农们自己经营。

2006年我们第一次拜访老白的时候，正是他们拿到饲料地自己经营的第一年，对未来还充满了憧憬。之后奶农们集体经营了饲料地两年，在降低饲料成本方面确实起了一定的效果。除去雇工、电费、种子化肥等成本，平均每斤青贮比市场价格低了 8 分左右。

2009 年，因为一直没有拿到这块草场的租赁费，巴彦 × × 嘎查收回了土地。我们访谈的 2010 年正是奶牛村失去了饲料地的第二年。

> 去年我们这儿又迁走了一些人。没办法，成本太高了。自己种青贮的时候一袋子 3 元，不能自己种了，从外面买就要 12 元一袋。这等于没有了青贮地就白白受了损失了。我们的 1000 亩地拿走包给私人种了一年豆角又种了一年葵花又种了一年西瓜，都没成，但是也没赔，可我们就损失大了。现在全村就剩了 40 来户，分了两个奶站，一个伊利的，一个是我们这儿自己人开的小奶站。我家在小奶站上挤奶，主要是做奶食卖到旗镇上。
>
> 最难的就是每天都得围着牛转，一天到晚松不开手。你说去旗里干点啥吧，不能离人。你要说累吧，也不是特别累。早上喂一回中午喂一回，一天领到奶站上挤三四次奶。可没了那个饲料地，我们喂牛的成本一下就高了。本来我一头大牛一年还能挣个 1 万多元，现在它能把自己的饲料钱挣回来就不错了。
>
> 我现在想的是，技术上的困难时期过去了，牛和人都适应了，产奶也基本能平衡草料，只要大家想通了，能合作，一起从养奶牛到做奶食，把自己的生产链条建起来就能发展。

2010 年我们结束访谈的时候，老白对未来还是抱有些希望的。他也仍然在奔走，期望通过努力能把饲料地要回来。

2012 年 8 月，我们再次回访的时候，老白正在他新租的草场上放羊。

> 我们奶牛村的小村长一直在跑饲料地的事，2011 年把那块地又从嘎查手里租回来了，3 年给 5 万元，转手就包给了一个老板种青贮，今年是第二年，每年给村里 5 万元。这样等于不管产量怎么样，村里能拿到中间差价的 10 万元。而且这个承包的小老板说好了必须种饲

料，按照你有多少头奶牛就给你多少青贮那样低价卖给我们，而且是按照奶牛配给的办法卖。平时一袋子青贮45斤，卖12元，我们可以按6元买。不过村里现在只剩了十几户了，奶牛剩了100来头。

我们专门去了那1000亩饲料地，发现只种了400多亩，还有40来亩大葱，原先的1000亩的喷灌机也给拆成了几节子，两个奶牛村的人在这儿打工。老板正好在。

我是锡盟过来的。去年种的青谷子（小米），还有玉米、小金瓜和土豆。还是青贮玉米的产量高，但是青谷子的营养比玉米好。这是第二年了。去年因为土豆价格不好，赔了15万元。

今年这儿可能是玉米种子撒得太密了，长得不好，低，估计产量比人家的能少一半吧。现在4个机井（一共5口井，有一口已经干枯）同时抽水，每5个小时等半个小时水。因为周边都开的地，一到该浇水的时候，四边都抽水，这儿的水就有点不够了，1000亩地也种不上，只能种400亩，这样看明年可能也够呛。

另一面，老白2003年时跟小儿子一起搬迁进奶牛村，草场留给了大儿子经营，2008年他和老伴两个人留在奶牛村，而让小儿子以租草场的方式重新回到草场放牧。他家在南部沙窝子，2010年开始草场全部禁牧，他承包的7000亩草场按每亩9元发放禁牧补贴，每年共6.3万元。他的小儿子在北部租草场2万亩，每亩3元，养600多只羊。他租赁草场的地区核定载畜量是90亩一只羊，所以也是在超载过牧中，他说："现在没有人不超载，不超载就没法生活了。"

我们牧民还是得搞本行，放牧。羊的利来得快啊。我孩子两口子一年刨去生活费租草场买草买料，净收入五六万元，在奶牛村喂五六头牛还挣不了这么多呢。我们现在十几头牛也就是一年挣四五头牛犊钱，这在村里都算是最高水平了。这中间不勤恳的话，奶牛病了或者牛犊损失了都有可能。

所以抓现钱还是要在草地上。不过那是抓老天爷的空子，比如前些年一直旱，我们没有做，这两年好一些了，就能抓点钱。要是有了钱就能在旗里有个生活基础，开个买卖开个店的。要不你空手去城里打工的话，挣多少你吃多少，最后也剩不下什么钱。你给老板打工也就是解决温饱，剩下也不多了。

我们南部草场本来就少，放上 50 头牛刚好，加上羊就不够用了。所以我来的时候带着小儿子过来的，大儿子在原来的地方放牧，就只放蒙古牛。羊都包出去了。

2009 年吧，我一看奶牛村不行了就赶紧租草场，在北部租的，租了 6 年，1.5 元一亩，现在已经涨到 3～5 元一亩了。以前包出去的羊收回来又买点羊经营。觉得奶牛村这边行了就这边，这边不行就靠那边生活了。

养高产奶牛不是个牧区的出路。虽然说这儿将来可以深加工，但这是我给这个奶牛村想的办法，而真正说，这不是解决贫困户，给那些没有草场的人找的真正出路，也不是这个地区发展畜牧业的路，不沾边，两码事儿，最后也就是个副业。成就成了，不成也没办法，成不了气候。

2013 年 3 月回访时，老白刚刚接完羊羔。

今年接了 200 多只羔子，草料上各种加在一起不到 2 万元，租草场一年花了 4.5 万元，租了 1 万亩。去年卖羊收入不到 10 万元。草场补贴南边 6000 亩每亩 9 元，一共 5.4 万元。

其实拿着南部的补偿过日子比较好，至少稳定呀。

现在草场越来越贵了，再往下就更不好租了。估计到 5 元一亩都租不到了。其实草场租赁费超过 4 元就已经不划算了。听说还有个规定，租草场的人要在规定的载畜量基础上减掉 30%，那就没法养了。其实我租草场那个嘎查全都在超载，超出一倍的人都是普遍的。

奶牛村那边，现在牛价好，一头牛1.2万元，我们就打算把奶牛当肉牛卖了，现在是一个大牛的奶钱刚好养它自己和一个牛犊。赚钱的事儿跟你没关系，都是兽医、卖草料的赚钱，我们就眼睁睁看着钱在手里过一下而已，只要牛不生病就是好的。还要三点起床赔劳力。我家把牛都处理了，七八头也就收回十来万元。从进奶牛村到走，能不亏就算挣了。如果算上买牛的钱，还有十年的劳动力，那就是赔了。整个村还剩16户养牛的，能挤奶的牛只有80来头。包饲料地的老板没有继续包地。好像又退回给嘎查了，种的葵花，还可以。

现在我们也只能从养羊上找空间，超载过牧。如果跟规定的那样，超载一只罚款30元的话，没法保护草场的，牧民宁可被罚钱也得多养羊。

2015年，C奶牛村奶站撤销，仅剩的五六户人家靠经营奶食为生。老白也彻底从奶牛村搬了出去，他在旗镇上买了楼房，小孙子也到了上幼儿园的年龄，他跟老伴就打算彻底陪孙子念书，他笑称自己算是退休了，草场上的营生就让孩子们去干吧。

从2006年到2015年，九年间，我们看到了C奶牛村从一开始的奶牛不适应环境，牧民不适应奶牛，逐渐磨合到奶牛、牧民都能适应了，却因为高额成本无以为继，即使在配套的高产饲料地发挥作用的那两年，仍然是在大量消耗稀缺地下水资源的前提下进行的，且仅仅能保本而已。最终奶牛村的衰落几乎是必然的，这也让我们不得不思考，“集约”与“粗放”，究竟什么样的生产方式才是最适合牧区的？

结　语

看着已经完稿的一篇篇访谈，宛如又回到了牧区，回到了一次次的牧户访谈现场。当然，我们的调查和研究只是一个开始，这一次的总结也只是一个阶段性认识的总结。

艾尔·巴比在《社会研究方法》中指出，社会研究基本遵循两种方法，一种是从理论出发的演绎法，一种是从事实出发的归纳法。我们的调研工作显然属于后一种，即从事实入手逐步得到认识和结论。我们决定把牧户访谈原文整理出来，并尽量原汁原味呈现给读者，也是与读者分享我们得到的认识的同时，分享产生这些认识的事实来源。同时，也是给牧民们提供一个发出声音的渠道。同时牧区太特殊，牧户们居住异常分散，以致每个案例的个性都很强，很难用几个归纳出的共性结论代表整个区域，再加上牧区整体都处于强烈的动态变化中，无论是降雨量、草场植被，还是各家各户应对变化的不同方式，以及不断变化的政策，都给整个地区增加了复杂性，所以访问到的各家的特殊情况和大量鲜活细节的记录，比起滤掉了这些细节的结论，或许具有更加重要的意义和价值。

然而，对于牧户调查的重要性存在不同认识，比如有人认为牧户调查无用，认为对单个牧户的调查只能说明局部问题，无法说明整体和为宏观决策提供依据，所以意义不大；另外，从逻辑推导的方法容易脱离牧户实际情况去进行理论抽象，缺乏实际调查，仅凭推理认为舍饲圈养因集约化程度提高必然给牧民带来更好的收益和保护草场的效果，而走进牧户和他们的草场后才会看到牧民生计和草原生态不断下降的事实；再者，牧户面临的问题是综合的，快速解决问题的行事习惯喜欢简单化的手段，比如认为草场退化就是因为牲畜数量过多，牲畜数量过多是因为人口压力，于是控制载畜量和转移人口就被认为是足够有效的解决问题的办法，而实际上，草场退化除了与牲畜数量和人口有关之外，还与牧区实施的草场承包制以及市场失灵有关。所以，调查研究得出什么样的结论和提升到什么样的理论，都必须以事实为据，故牧户调查不可或缺。

我们采用的基本方法是在事实的基础上再寻求理论解释的归纳研究法，这一方法用在草原牧区这一特定地区时仍会遇到一些特殊问题。以下是我们在调研实践中得到的一些粗浅的心得。

一、问题预设与不断修正

回想调查初期，我们常常陷入一种纠结：是用一张完善的调查表格挨个提问的方法得到我们想要的答案，还是先作为一个倾听者尽可能地进入调查对象所关切的问题中？若没有预设问题，走入牧户家庭中，势必两眼一抹黑，连问题都提不出来，就很容易收集回来一大堆情况和数据又不知能得出什么结论。那么，必须预设问题清单。但是，若抱着一种先入为主的理论或结论，到事实中寻找证据，又会让整个调查很容易陷入预设的偏见中。现在回过头来看，问题清单必须有，但又必须是开放式的，需要在过程中不断做加减法和去伪存真。

我们最初的课题内容设置为三大块：牧区的饲料地问题、牧区的城镇化问题及禁牧政策带来的各种问题。但在实际中我们不断突破着预设题目。在饲料地问题上，我们原设的内容集中于饲料地生态影响，之后我们却发现，饲料地出现了大量异化现象，甚至出现牧户将饲料地外租获取地租的情况。这就让我们对最初预设的牧区饲料地问题调查进行了相应的扩展，并进一步认识到饲料地在草原上具有公共资源性质。

诸如此类的问题扩展，不断扩充着我们的问题清单，也将我们的视野不断拓宽。我们在原设的三大块课题内容基础上增加了打草链调查、合作社调查、大户发展与牧区分家问题的调查、牧户贷款问题调查、划区轮牧案例调查等，并在 2014 – 2016 年大部分牧区遭遇干旱时开展了针对牧区应对干旱的专项调查。在觉察到草原生态应该是认识牧区的基础，也是评价政策的基本依据后，邀请著名草原生态与植物分类学家刘书润先生加入我们的调研，增加了一些草场植被调查工作，包括在不同方式利用下的草场植被对比调查、一二年生植物暴发情况的调查。

许多让我们始料未及的事实和问题，其实早就存在，只是由于我们有限的认识，并未在初期就引起我们的注意。但走入牧户让我们在不断的学习和认识中关注到了这些，也促使我们在调查中不断扩展内容和调整方向，形成了预设和开放结合的调查方法。

二、定性与定量

另外不断让我们警醒的一点是，在草原这个不断剧烈变化的环境中，任何问题都不是孤立存在的，无法用简单的因果关系解释，多因多果现象普遍存在。在这种情况下，若没有一定事实和认识的积累就直接进行简单因果的定量调查，很容易走偏，甚至在定量表达中丢失大量丰富的内容。比如，我们在选定 B 嘎查作为草畜平衡区重点调查对象前，已经对生活在其中的几位牧民精英进行过多次访谈，同时也对其所在地区的一些牧户进行了随机访谈，对这一地区的主要问题有了初步了解，这就使对 B 嘎查的调查有了一定的指向性。我们把这种方法叫做“先面后点”（先在较大范围踏查和初步掌握当地情况基础上再选点系统调查）的调查方法，就是先定性后定量的方法。这在植被选样调查中也同样如此。

而选点后进行系统调查时，仍然会遇到定性与定量之间关系的问题。若只重视那些可量化的数据，就会丢失大量丰富内容，如牧户牲畜数字背后有许多不同的故事，他们牲畜存栏多少的原因可能与年景有关，也可能与当年出售牲畜多少有关，而出售牲畜多少可能与还贷情况有关，也可能与就学就医有关，或者与设施建设和购置机具有关，还可能与刚分家有关，若不了解背后的原因只使用定量数据进行分析，就会得出不符合实情的判断。

同样的，在对一个地区或一个问题上有了定性的认识后，问题清单的设置也就颇有讲究了，比如，我们在进行关于草场承包制的调查时，若只是提问“承包是不是好的?”或“你认为应不应该承包?”，可能得到的回答是肯定的。

但是问到草场状况时，又会得到回答“承包后草场退化了”或“围栏后草场退化厉害了”。事实上，我们也确实得到了很多类似这样前后矛盾的回答，这往往与我们的问题设置模糊不清有关。而在实地工作时，结合对草场生态状况的调查才会明白，牧户们所谓的“承包好”是针对什么而言的，又是在什么特定状况下的结论。若换一种提问方式，如“承包后草场是好了还是坏了?”或“草场承包对牲畜和草是好还是坏?”，或者“牲畜承包和草场承包你赞同哪个?”就会得到完全不同的答案。绝大多数牧户认为牲畜承包好，但是草场承包到户并围栏后草场退化得厉害了，尤其是租赁草场，这是符合草场实际状况的，因此对实际状况的了解是这类问卷调查的前提。

在调查方法的摸索上，我们有了几大原则：1. 认识和结论必须基于事实也只能基于事实；2. 田野调查必须从定性到定量，不能盲目追求量化；3. 问题清单必须是开放性的，是要被不断调整的。这些原则也许与其他地方的社会调查方法不尽相同，却是我们在实际工作中不断摸索得出的经验。

三、调查中的困惑

虽然认识到草原生态状况是牧区政策最终的评判依据，但整体而言，牧区却缺乏长期的草原生态监测。由于草原牧区一直处于剧烈变动中，很难找到具有充分可比性的事实。而一些诸如牲畜数量、出栏数量等数据往往与官方公布的数据有较大差异，其中更缺少牧户购买草料、租赁草场、建设投入、就学就医、打工、消费情况的数据，这导致我们只能依靠一家一户的调查，可是这种调查很难形成宏观上可比较的数据。

为了弥补这些欠缺，得到一些连续性的，至少在某个牧户的时间轴上可以进行纵向比较的事实和数据，在力所能及的范围内，我们采取了对重点牧户进行跟踪调查、不断回访的方式，这种回访（访谈两次及以上）占到我们牧户调查数量的一半以上。即使回到北京，也会用电话了解其变化状况。在这种情况下，照片记录也显得异常重要，能够记录很多难以描述的可视性强和可以作为横向对比的事物，如同一类型草场的不同状况等。本书由于篇幅所限仅提供了我们所拍摄照片中的极少部分。

四、调查中的协助者

工作中，我们虽然逐渐摸索出了一些调查和研究方法，但有个我们很难控制但又很关键的问题，也是每次进入田野调查前都会让我们再三掂量的问题，那就是调查中的协助者们，这其中包括了当地的向导、翻译和一些关键人物。由于牧区居住分散，牧户与牧户之间有的相隔几十上百公里，若没有一个当地向导，我们的调查几乎根本无法进行，甚至连目标牧户都无法找到。就连司机，如果不熟悉所调查地区，就会陷入围栏困境而寸步难行。再加上内蒙古牧区大部分居民都是蒙古族，使用蒙古语，为了保证沟通顺畅，不至于对受访者的意见出现误解，一个好的翻译也非常重要。作为协助者，不仅能认路，熟悉当地牧户，而且在大部分牧户中应该保持良好关系，能够进行顺畅沟通，不仅蒙古语流畅，还得对牧区事物如草畜双承包、大集体、合作社等特定概念熟悉和理解。

在工作中，我们请过一些当地年轻牧民承担这个工作，却都比较遗憾。虽然那些年轻人很多都读了大学或正在读，能够讲很流利的汉语和蒙古语，但他们早早就离开了牧区进城上学，很多牧户都不认识，再加上他们并没经历过大集体、合作社和公社的阶段，甚至对“草畜双承包”的都很生疏，对牧区生产也不太熟。

我们也尝试过请一些基层干部作为向导或翻译，他们大都非常关心牧区发展，对当地牧民生产生活状况比较了解，而且有自己的观点和看法，仅仅跟他们交流，就让我们受益匪浅，他们能够在我们进入一个全新区域进行调查时，提供非常大的帮助，还能够给我们推荐非常合适的受访者。在进入牧户家时，他们能够进行非常有效的沟通，在短时间内说明我们访问的目的，取得受访者的信任。进行工作计划时，他们表现出很强责任感，把调查当作“自己的事”。用他们的话说，“你们的工作就是为了牧区为了牧民，就是为了我们”。不过矛盾也在于此，他们往往非常执着于表达自己的观点，在访谈中，往往会在一些值得讨论的如对某项政策的看法上，他们会把重点放在表达自己而非询问受访者意见上，而在我们向不同受访牧户提出重复性问题时，他们会觉得“已经是显而易见的问题，你们有必要一问再问吗”。虽然存在这些困惑，这些基层干部们仍然是我们不可或缺的重要协助者，在工作中给我们提供了无可替代的无私帮助，也成了很好的朋友。

除了上述这两类人，我们还发现了一些“关键人物”，他们不仅是重要访谈对象，同时也能充当重要协助者的角色。比如一些已经退休的苏木甚至旗县的干部，一些放牧经验丰富同时在牧民中拥有很高威望的老牧民，一些头脑灵活精明的牧民中的“精英”，他们往往思路清晰，同时了解实情，甚至不用我们多说就能准确掌握我们的调查目标。在他们的个人访谈中，他们能够深入浅出、侃侃而谈，在他们充当协助者时，他们能够准确翻译，表达我们的意图，甚至主动帮我们安排车辆和行程。这些是我们非常宝贵的在牧区的帮助者，也是很好的朋友，甚至在结束了调查后，也能经常通电话，交换信息沟通近况。

最后，我们想强调的是，这些访谈录是我们所得结论的来源，我们希望能尽量客观地展现所发生的事实，在事实的基础上再做引申与讨论，尽量脱离意识形态局限。毕竟，牧户的问题是来自第一线的是综合的，是政策的最终“试剂”。

将牧户访谈记录公布，至少能为牧民提供话语渠道，希望在一定程度上起到下情上达的作用。

图书在版编目（CIP）数据

草原的逻辑 ：续. 下 / 郑宏著. —北京 ：民族出版社，2018.1

ISBN 978 -7 -105 -15290 -2

Ⅰ. ①草… Ⅱ. ①郑… Ⅲ. ①草原保护 - 生态环境 - 研究 - 内蒙古
Ⅳ. ①S812.6

中国版本图书馆 CIP 数据核字（2018）第 041900 号

草原的逻辑 续（下）——牧区田野调查笔记

著　　者：郑　宏
责任编辑：向　阳
责任校对：郎　洁
封面设计：金　潇
出版发行：民族出版社
社　　址：北京市和平里北街 14 号
邮　　编：100013
网　　址：http://www.mzpub.com
印　　刷：河北鑫兆源印刷有限公司
经　　销：各地新华书店
版　　次：2018 年 3 月第 1 版　2018 年 3 月北京第 1 次印刷
开　　本：710 毫米 ×1000 毫米　1/16
字　　数：402 千字
印　　张：24.25
定　　价：60.00 元
ISBN　978 -7 -105 -15290 -2/S · 74（汉 14）

该书如有印装质量问题，请与本社蒙古文发行科联系退换。

蒙古文室电话：010 -58130680　蒙古文发行科电话：010 -58130904